WTB

Wissenschaftliche Taschenbücher

Mathematik · Physik

Werner Ebeling
Harald Engel
Hanspeter Herzel

Selbstorganisation in der Zeit

THEORIA CUM PRAXI

Akademie-Verlag Berlin

WTB Wissenschaftliche Taschenbücher
MATHEMATIK/PHYSIK

Eine Auswahl lieferbarer Bände:

Hans Bandemer / Siegfried Gottwald
Einführung in FUZZY-Methoden
Theorie und Anwendung unscharfer Methoden

Dietrich Bender / Ernst-Egon Pippig
Einheiten, Maßsysteme, SI

Christian Edelmann
Druckmessung und Druckerzeugung

Roland Glaser
Grundriß der Biomechanik

Dieter Leuschner
Thermodynamik in der Biologie

Roland Leven / Bernd-Peter Koch / Bernd Pompe
Chaos in dissipativen Systemen

Robert Rompe / Hans Jürgen Treder
Zählen und Messen

Werner Stolz
Messung ionisierender Strahlung

WTB

BAND 309

Werner Ebeling
Harald Engel
Hanspeter Herzel

Selbstorganisation in der Zeit

Mit 57 Abbildungen und 1 Tabelle

AKADEMIE-VERLAG BERLIN

Reihe MATHEMATIK UND PHYSIK

Verfasser:

Prof. Dr. rer. nat. habil. Werner Ebeling
Humboldt-Universität Berlin,
Sektion Physik

Dr. sc. nat. Harald Engel
Zentralinstitut für Physikalische Chemie
der Akademie der Wissenschaften der DDR

Dr. sc. nat. Hanspeter Herzel
Humboldt-Universität Berlin,
Sektion Physik

ISBN 3-05-500709-3
ISSN 0084-098 X

1990
Erschienen im Akademie-Verlag Berlin, Leipziger Str. 3—4, Berlin,
DDR-1086

Lektorin: Heike Höpcke
Gesamtherstellung: Maxim Gorki-Druck GmbH, Altenburg, 7400
Bestellnummer: 7640240 (7309)
Printed in GDR

Inhaltsverzeichnis

Eine Ursache, deren Beschaffenheit man nicht unmittelbar einsieht, entdeckt sich durch die Wirkung, die ihr unausbleiblich anhängt.

IMMANUEL KANT

Es ist die Natur des Endlichen selbst, über sich hinauszugehen, seine Negation zu negieren und Unendlich zu werden.

GEORG W. F. HEGEL

1. Einleitung

Die Beobachtung der Welt, in der wir leben, zeigt uns eine Fülle einfacher und komplexer Prozesse. Zu den einfachen Prozessen zählen wir die Bewegung von Wurfkörpern, Pendeln und Schienenfahrzeugen, die Bahnbewegung der Himmelskörper und auch die eines Elektrons im Wasserstoffatom. Seit den Pionierarbeiten von GALILEI, KEPLER und NEWTON haben die Wissenschaftler eine ganze Reihe wichtiger Erkenntnisse über das Wesen und die Grundgesetze dieser Prozesse zusammengetragen. Einige dieser Erkenntnisse gehören heute schon zum verfügbaren Wissen jedes gebildeten Menschen. Viel weniger wissen wir über komplexe zeitliche Prozesse, zu denen wir etwa die Strömung eines Baches, die Meereswellen, das Wetter und alle Abläufe in der biologischen und sozialen Sphäre zählen möchten. Der Schrei eines neugeborenen Säuglings, die Sprache, die Bewegungen und das Verhalten von Kindern und Erwachsenen, die Prozesse in unserer natürlichen Umwelt sind offensichtlich wesentlich vielschichtiger als die Rotation eines Planeten. Trotzdem sind auch diese komplexen Prozesse mit Methoden der modernen Wissenschaft analysierbar, wie hier aus der Sicht der Physik gezeigt werden soll.

Naturgemäß muß eine Untersuchung komplexer Prozesse mit dem Versuch beginnen, eine gewisse Ordnung, d. h. eine zumindest vorläufige Klassifikation in die Fülle der Erscheinungen zu bringen. Eine weitere wichtige Aufgabe muß darin bestehen, Prototypen aus den einzelnen Klassen auszuwählen und systematisch zu analysieren. Eine erste grobe Einteilung liefert uns die Sprache, mit der wir komplexe Prozesse beschreiben. Wir unterscheiden sprachlich zwischen umkehrbaren und nichtumkehrbaren Prozessen, zwischen periodischen und nichtperiodischen Prozessen, sowie deterministischen und stochastischen Prozessen. Weiterhin benutzen wir für die Bezeichnung von Prozessen die Worte Wachstum und Zerfall, Fortschritt und Rückschritt, Entwicklung und Evolution sowie noch viele andere Termini, die wir alle zunächst in ihrer umgangssprachlichen Bedeutung benutzen wollen. Von zentralem Interesse für das Anliegen dieses Buches ist der Terminus Selbstorganisation. Wir fassen ihn zunächst umgangssprachlich als einen Prozeß auf, der das System „von selbst", d. h. spontan, ohne Steuerung von außen strukturiert. Daß es solche Prozesse in der Natur gibt, zeigt uns unsere Erfahrung; das Wetter und alle Vorgänge in der biologischen Sphäre gehören dazu.

Eine weitere wichtige Möglichkeit zur Klassifizierung realer Prozesse basiert auf ihren charakteristischen Zeiten. Unsere Zeitrechnung gründet sich bekanntlich auf die Einheiten Sekunde, Minute, Stunde, Tag, Jahr, Jahrhundert, Jahrtausend, Jahrmillion und Jahrmilliarde. Auch den Sekundenbereich teilen wir inzwischen schon in viele Teile ein; Untersuchungen im Picosekundenbereich gehören zur Routine vieler Laboratorien. Damit wird insgesamt eine Zeitskala aufgestellt, die etwa 30 Größenordnungen umfaßt. Als langwierigsten Prozeß, der das obere Ende unserer Skala markiert, müssen wir die Expansion unserer Metagalaxis, die vor etwa 17–20 Milliarden Jahren begann, betrachten. Nur einen Bruchteil dieser Zeit nahm die Herausbildung des Sonnensystems in Anspruch. Während die Evolution der Lebewesen nur im Skalenbereich von Jahrmillionen bzw. Jahrmilliarden beschreibbar ist, liegen die charakteristischen Zeiten für den Wechsel von Generationen zwischen einem Tag und einem Jahrhundert. Viele interessante physikalische und chemische Prozesse laufen im Sekundenbereich ab, was für die Zweckmäßigkeit dieser Einheit spricht. In der Biosphäre liegen viele typische Rhythmen im Tages- bzw. Jahresbereich, was als Resultat einer Anpassung an planetare Rhythmen zu betrachten ist. Auf nahezu allen Bereichen unserer 30 Größenordnungen umfassenden Skala finden wir eine reiche Dynamik.

Es kann nicht das Ziel dieses Buches sein, einen umfassenden Überblick über die Vielfalt dynamischer Prozesse in der realen Welt zu geben. Vielmehr müssen wir uns auf die Behandlung von charakteristischen Beispielen für Prozesse der Selbstorganisation und die methodischen Grundlagen ihrer Behandlung beschränken. Als Vorkenntnisse wollen wir beim Leser das Vertrautsein mit einigen Grundlagen der klassischen Mechanik und der Thermodynamik voraussetzen, die sozusagen die beiden festen physikalischen Säulen darstellen, auf welche sich die Theorie der Selbstorganisation stützt.

Die von Newton im 17. Jahrhundert entworfene klassische

Mechanik bildete eine sichere Basis für das Verständnis der mechanischen Bewegung einschließlich der Bahnen von Himmelskörpern. Die Leistungsfähigkeit der mechanischen Prinzipien war so groß, daß ihre Grenzen erst in neuerer Zeit deutlich wurden. Das goldene Zeitalter der klassischen Mechanik erreichte 1847 seinen Gipfel mit HERMANN HELMHOLTZ' Arbeit „Über die Erhaltung der Kraft" und geriet nur drei Jahre später in eine ernste Krise, als RUDOLF CLAUSIUS' fundamentale Arbeit „Über die bewegende Kraft der Wärme und die Gesetze, die sich daraus ableiten lassen" erschien. In dieser Arbeit formulierte CLAUSIUS ein neues Naturgesetz, den zweiten Hauptsatz der Thermodynamik, der die gerichtete Zeit explizit in die Naturforschung einführte. In der klassischen Mechanik spielte die Zeit nur die Rolle eines Parameters. Am deutlichsten kommt in der Mechanik die zweitrangige Rolle der Zeit in der Vorstellung des Laplaceschen Dämons zum Ausdruck. Nach LAPLACE könnte ein Wesen, das über eine genaue Kenntnis der Anfangs- und Randbedingungen des Universums verfügen würde, durch Integration der Grundgleichungen der Mechanik alle vergangenen und zukünftigen Zustände berechnen. Im Rahmen der klassischen Mechanik gibt es keine Evolution, Vergangenheit und Zukunft sind nicht grundsätzlich verschieden.

Ausgehend von den Arbeiten von CARNOT und HELMHOLTZ formulierte CLAUSIUS 1850 erstmalig das Prinzip, daß Wärme niemals spontan von einem kälteren zu einem wärmeren Körper übergehen kann. In späteren Arbeiten wurden diesem neuen Naturprinzip immer allgemeinere Fassungen gegeben (ROMPE et al., 1987). Heute formuliert man, daß Entropie zwar produziert, aber niemals vernichtet werden kann. Prozesse können niemals in einer Richtung ablaufen, die mit der Vernichtung von Entropie verbunden ist, sondern nur in einer Richtung, die zur Erzeugung von Entropie führt. Ein Beispiel dafür ist das Auseinanderfließen eines Sandberges – ein spontanes Auftürmen des Berges ist nach dem Prinzip von CLAUSIUS unmöglich.

Die Selbstorganisation, von der in diesem Buch die Rede sein soll, ist sozusagen das Gegenstück zur allgemein beobachteten Tendenz zum spontanen „Auseinanderfließen von Sandbergen". Unsere Beobachtungen zeigen, daß unter ganz bestimmten Bedingungen Ordnung aus dem molekularen Chaos entstehen kann. Der gesamte Verlauf der Evolution, der von der Bildung von Galaxien, Sternen und Planeten bis hin zur Entstehung des Lebens und seiner Strukturierung in ökologische und soziale Gemeinschaften führte, ist ein Beweis dafür.

Es wird sich im Laufe unserer Untersuchungen herausstellen, daß Systeme nur unter gewissen Voraussetzungen zur Selbstorganisation in der Lage sind. Dazu gehört die Existenz eines überkritischen Abstandes vom Gleichgewicht und die Zuführung hochwertiger Energie (Entropieexport). Mit anderen Worten, wir bezeichnen einen Prozeß als Selbstorganisation, der, weitab vom thermodynamischen Gleichgewicht ablaufend, unter der Bedingung von Entropieexport zu einer vergleichsweise höheren molekularen Ordnung führt. Die Theorie der Selbstorganisation, auch Synergetik genannt, stellt sich die Aufgabe, die Bedingungen für Prozesse der Selbstorganisation zu erforschen. Ausgehend von den grundlegenden Arbeiten von Schrödinger, Turing, Prigogine, Eigen und Haken ist dazu in den letzten beiden Jahrzehnten eine Fülle von Material zusammengetragen worden. In den folgenden Ausführungen wird der zeitliche Aspekt der Ausbildung komplexer Strukturen im Zentrum stehen, während der räumliche Aspekt nicht weiter betrachtet werden soll.

Dabei werden wir uns an den folgenden „Fahrplan" halten:

Im zweiten Kapitel werden die Grundmuster von dynamischen Prozessen dargestellt. Eine Diskussion der Beziehungen von Reversibilität und Irreversibilität folgt im dritten Kapitel. Das vierte Kapitel ist einer ausführlichen Diskussion verschiedener mechanischer und chemischer Oszillatoren, die wir als Modellsysteme (sozusagen als „weiße Mäuse") betrachten, gewidmet. Insbesondere wird der Einfluß von Fluktuationen, die in der Realität allgegenwärtig sind, auf verschiedene Oszillatoren untersucht.

Das fünfte Kapitel ist dem Entropiekonzept gewidmet, dem wir eine ganz zentrale Bedeutung beimessen. Es wird der Standpunkt entwickelt, daß komplizierte Dynamik nicht a priori als Unordnung aufzufassen ist. Nimmt man die Entropie als Ordnungsmaß, so können z. B. auch turbulente Strömungen einen relativ hohen Ordnungsgrad besitzen.

In den Kapiteln 6 und 7 wird gezeigt, wie aus realen Daten Rückschlüsse auf die Eigenschaften der zugrunde liegenden Systeme gezogen werden können. Es werden verschiedene Konzepte der Zeitreihenanalyse vorgestellt und auf klimatische, chemische und biologische Daten angewandt. Bei diesen konkreten Analysen wird die gesamte Reichhaltigkeit dynamischen Verhaltens zum Ausdruck kommen, denn sowohl stochastische Prozesse als auch deterministisches Chaos werden als Quellen der untersuchten Prozesse identifiziert. Abschließend stehen einige Bemerkungen zur Evolution als komplexer Prozeß bis hin zur Frage: *Quo vadis evolutio?*

2. Phänomenologie zeitlicher Strukturen

2.1. Zustandsraum, dynamische Modelle und Trajektorien

Die geometrische Veranschaulichung von Bewegungen durch Trajektorien in einem passend gewählten Raum ist ein wichtiges methodisches Instrument zur Untersuchung von Prozessen, das zuerst im Rahmen der klassischen Mechanik entwickelt wurde. Inzwischen hat die Darstellung durch Trajektorien Eingang in viele Bereiche der Wissenschaft gefunden und bildet auch ein zentrales Stück der Theorie der Selbstorganisation.

Wir betrachten ein dynamisches System und nehmen an, daß sein Zustand zur Zeit t durch einen Satz von n zeitabhängigen Parametern (Koordinaten) dargestellt werden kann. Man kann diesen Satz als einen Vektor auffassen und in der Form

$$\boldsymbol{x}(t) = \big(x_1(t), x_2(t), \ldots, x_n(t)\big) \tag{2.1}$$

darstellen. Die Gesamtheit der Vektoren $\boldsymbol{x}(t)$ spannt einen Vektorraum auf, den wir mit X^n bezeichnen und Zustandsraum bzw. Phasenraum des Systems nennen wollen.

Es sei nun angenommen, daß der Zustand $\boldsymbol{x}(t + \Delta t)$ zu einem späteren Zeitpunkt $t + \Delta t$ durch den Zustand $\boldsymbol{x}(t)$ und gewisse Parameter

$$\boldsymbol{u}(t) = \big(u_1(t), u_2(t), \ldots, u_k(t)\big) \tag{2.2}$$

gegeben ist. Die Menge aller $\boldsymbol{u}(t)$ bildet den Kontrollraum C^k des Systems. Die Parameter $\boldsymbol{u}(t)$ erfassen nämlich den Einfluß der Umgebung auf das System im Sinne von äußeren Einwirkungen oder einer Steuerung.

Die Zuordnung zwischen $\boldsymbol{x}(t)$ und $\boldsymbol{x}(t + \Delta t)$ möge durch eine dynamische Abbildung T vermittelt werden:

$$\boldsymbol{x}(t + \Delta t) = T\big(\boldsymbol{x}(t), \boldsymbol{u}(s), \Delta t\big), \qquad s \in (t, t + \Delta t). \tag{2.3}$$

Die Gesamtheit (X^n, T) heißt dynamisches Modell des Systems. Die theoretische Beschreibung mit Hilfe einer Abbildung T gelingt nur in gewissen Fällen, wo die kausalen Zusammenhänge aufgeklärt werden können. Ein solches Beispiel stellen die Planetenbahnen dar. Als Zustandsraum wählt man hier die Bahnebene, und als dynamische Abbildung fungieren die Keplerschen Gesetze bzw. auf einer höheren Ebene die Newtonschen Gesetze. Im allgemeinen Fall ist schon die Wahl eines Zustandsraumes keinesfalls trivial, sie wird auch keineswegs eindeutig durch die Beobachtungen oder Messungen vorgegeben. Man denke etwa an die den Keplerschen Gesetzen vorausgegangenen Beschreibungen durch Epizyklen.

Die Zuwächse Δt können sowohl eine kontinuierliche als auch eine diskrete Zeitfolge bilden. Bei kontinuierlicher Zeit durchlaufen die Zustände eine stetige Folge, die sich als Bahnkurve (Trajektorie) darstellen läßt. Die Darstellung von Prozessen durch Trajektorien in einem passend gewählten Phasenraum setzt bereits ein bestimmtes Modell des realen Ablaufs voraus, in dem die Zeit ein Kontinuum bildet. Mitunter sind die Trajektorien nur als geglättete Folgen von Beobachtungen oder Meßwerten gegeben. Beobachtungen realer Prozesse liefern häufig nicht eine kontinuierliche Folge von Daten, sondern eine diskrete Zeitreihe. In diesem Fall diskreter Zuwächse Δt besteht das Beobachtungsmaterial aus einer zeitlich geordneten Folge von Zuständen

$$\boldsymbol{x}(t_1), \boldsymbol{x}(t_2), \ldots, \boldsymbol{x}(t_n). \tag{2.4}$$

Solche Zeitreihen kommen z. B. durch das Ablesen von Instrumenten in gewissen zeitlichen Intervallen, durch stroboskopische Beobachtungen kontinuierlicher Zustände oder durch regelmäßig abgeforderte Berichte zustande. Bestimmte Folgen, wie etwa die der Jahresproduktionen von Betrieben oder Ländern, tragen schon von der Definition her den Charakter der Diskretheit. Den speziellen Methoden der Analyse von Zeitreihen ist Kapitel 6 gewidmet. Im folgenden fassen wir die Zeit als eine kontinuierlich veränderliche Größe auf, d. h., Δt kann im Prinzip jeden reellen positiven Wert annehmen.

Wir wir bereits erwähnten, spiegelt die Existenz einer dynamischen Abbildung T, die es gestattet, den Zustand zur Zeit $t + \Delta t$, d. h. $\boldsymbol{x}(t + \Delta t)$, aus dem Zustand zur Zeit t, d. h. $\boldsymbol{x}(t)$, zu berechnen, die Kausalität des im System ablaufenden Prozesses wider. Es gibt in der Realität zwei grundsätzlich verschiedene Möglichkeiten, wie diese Kausalität beschaffen sein kann. Ist die Zuordnung zwischen $\boldsymbol{x}(t)$ und $\boldsymbol{x}(t + \Delta t)$ eindeutig, d. h., kann ein in der Zukunft liegender Zustand bei Kenntnis der Abbildungsvorschrift T eindeutig aus dem gegenwärtigen Zustand berechnet werden, so sprechen wir von einem deterministischen System. Besitzt die Zuordnung T die Eigenschaft der Eindeutigkeit nicht, d. h., gibt es verschiedene Möglichkeiten für den späteren Zustand, deren Realisierung vom Zufall abhängt, dann liegt ein stochastisches dynamisches System vor.

Betrachten wir zunächst die deterministischen Systeme mit kontinuierlicher Zeit. Ein Beispiel dafür bieten die Hamiltonschen Gleichungen eines mechanischen Systems

$$\dot{q}_i = \frac{\partial H}{\partial p_i}, \qquad \dot{p}_i = -\frac{\partial H}{\partial q_i}, \qquad i = 1, \ldots, f. \tag{2.5}$$

Durch Integration dieser Differentialgleichungen können bei Kenntnis des Anfangszustandes $q_i(t), p_i(t)$, $i = 1, \ldots, f$ die Zustände zur Zeit $t + \Delta t$ eindeutig berechnet werden. Die Hamiltonschen Gleichungen stellen einen speziellen Typ von Differentialgleichungen dar, deren Anwendbarkeit an die Gültigkeit der Gesetze der klassischen Mechanik und die Existenz einer Hamiltonfunktion gebunden ist.

In vielen Fällen, wie z. B. bei der Modellierung des zeitlichen Verhaltens von chemischen und ökologischen Prozessen, haben wir es mit allgemeineren Systemen von autonomen Differentialgleichungen zu tun:

$$\dot{x}_i(t) = F_i(x_1, \ldots, x_n; u_1, \ldots, u_k), \qquad i = 1, 2, \ldots, n. \tag{2.6}$$

Man muß sich klarmachen, daß eine Zuordnung in Form einer Differentialgleichung eine recht spezielle Form der Abbildung (2.3) ist, die entsteht, wenn die Abbildung T für kleine Δt eine Taylorentwicklung

$$\boldsymbol{x}(t + \Delta t) = \boldsymbol{x}(t) + \boldsymbol{F}\big(\boldsymbol{x}(t); \boldsymbol{u}(t)\big)\,\Delta t + \mathcal{O}\big((\Delta t)^2\big) \tag{2.7}$$

zuläßt. Immerhin erweist sich dieser Fall jedoch als so allgemein, daß eine sehr große Zahl realer Systeme auf diese Weise modelliert werden kann. Differentialgleichungen höherer Ordnung und nichtautonome Differentialgleichungen lassen sich in der obigen Form darstellen. Auch partielle Differentialgleichungen führen im Rahmen endlichdimensionaler Approximationen (Galerkin-Verfahren u. a.) auf Gleichungssysteme des angegebenen Typs. Aus diesen Gründen fassen wir das System gewöhnlicher autonomer

Differentialgleichungen (2.6) als Standardform eines deterministischen Systems auf.

Wir nehmen an, daß die Bedingungen des Satzes von CAUCHY für die Existenz und Eindeutigkeit der Lösungen von (2.6) erfüllt sind. Bei vorgegebenen Anfangsbedingungen zu einem Zeitpunkt $t = t_0$ existiert dann stets genau eine Lösung

$$\boldsymbol{x} = \boldsymbol{x}(t; \boldsymbol{u}, t_0, \boldsymbol{x}_0), \qquad \boldsymbol{x}(t_0) = \boldsymbol{x}_0. \tag{2.8}$$

Wird t als Parameter aufgefaßt, so erhalten wir eine Bewegung entlang einer Trajektorie im Zustandsraum. Der Eindeutigkeitssatz hat eine wichtige topologische Konsequenz: Die Trajektorien können sich weder selbst noch untereinander schneiden. Die Gesamtheit der durch Gl. (2.6) beschriebenen Bewegungen definiert eine Trajektorienschar.

Im allgemeinen sind die F_i nichtlineare Funktionen der Zustandsvariablen x_i, und geschlossen auswertbare analytische Ausdrücke für die zeitabhängige Lösung stehen nicht zur Verfügung. Einige wesentliche Fragen zum Lösungsverhalten und zu den Eigenschaften des dynamischen Systems können jedoch ohne Kenntnis der expliziten Lösung (2.8) mit Methoden der qualitativen Theorie dynamischer Systeme beantwortet werden (ANDRONOV et al., 1965, 1967; BAUTIN, 1976; NEIMARK et al., 1987). Solche Fragen sind z. B.: Welche stationären Zustände besitzt das dynamische System und welche davon sind stabil gegen kleine Störungen? Sind periodische Zustandsänderungen möglich? Ist deterministisches Chaos zu erwarten? Können die Grenzen des Zustandsraumes erreicht werden? Wie hängt der Charakter der Bewegungen von den Kontrollparametern ab?

Die stationären Bewegungen, die das Systemverhalten in großen Zeitintervallen bestimmen, sind bei der qualitativen Untersuchung dynamischer Systeme von besonderem Interesse. Den stabilen stationären Bewegungen entsprechen die Attraktoren im Zustandsraum. Attraktoren sind abgeschlossene, beschränkte Punktmengen, die invariant bezüglich der Dynamik sind. Das bedeutet, wenn ein Zustand zu einem bestimmten Zeitpunkt t_0 zu einem Attraktor gehört, so gilt das auch für alle späteren Zeitpunkte $t > t_0$. Jeder Attraktor besitzt ein Einzugsgebiet, auch Bassin des Attraktors genannt, welches aus den Trajektorien besteht, die sich dem Attraktor für große Zeiten ($t \to \infty$) asymptotisch nähern. Die Trajektorien auf dem Attraktor kommen jedem Attraktorpunkt beliebig nahe. Attraktoren dynamischer Systeme können stabile singuläre Punkte, stabile Grenzzyklen, Tori und sogenannte „seltsame" Attraktoren sein. Welche Attraktoren auftreten, hängt maßgeblich von der Dimension des Zustandsraumes und den Eigenschaften der Funktionen F_i ab; darauf wird in den folgenden Kapiteln genauer eingegangen. An dieser Stelle soll lediglich hervorgehoben werden, daß die Bestimmung der Attraktoren eines deterministischen dynamischen Systems einschließlich der dazugehörigen Einzugsgebiete das Hauptziel der qualitativen Untersuchung ist.

Neben der Darstellung der möglichen Bewegungen eines dynamischen Systems mit Hilfe von Trajektorien gibt es bekanntlich eine weitere, damit in Zusammenhang stehende Möglichkeit der geometrischen Veranschaulichung. Dazu wird jedem Punkt des Zustandsraumes ein Vektor mit den Komponenten $F_i(\boldsymbol{x}; \boldsymbol{u})$ zugeordnet. Mit anderen Worten, das Differentialgleichungssystem (2.6) definiert ein Vektorfeld oder einen Fluß im Zustandsraum. Ausgehend von der Divergenz dieses Vektorfeldes lassen sich drei Fälle unterscheiden:

$$\operatorname{div} \boldsymbol{F}(\boldsymbol{x}; \boldsymbol{u}) \begin{cases} > 0 & \text{lokal expandierende Dynamik,} \\ = 0 & \text{lokal volumenerhaltende Dynamik,} \\ < 0 & \text{lokal kontrahierende Dynamik.} \end{cases} \tag{2.9}$$

Die Unterscheidung zwischen kontrahierender und expandierender Dynamik bezieht sich auf die Änderung des Volumens eines kleinen Elements des Zustandsraumes in der Zeit. Für die relative lokale Änderung finden wir

$$\Lambda(\boldsymbol{x}; \boldsymbol{u}) = \frac{1}{\Delta\Omega} \frac{\mathrm{d}}{\mathrm{d}t} \Delta\Omega = \operatorname{div} \boldsymbol{F}(\boldsymbol{x}; \boldsymbol{u}). \tag{2.10}$$

Ist das Vektorfeld $\boldsymbol{F}$ im gesamten Zustandsraum quellenfrei, so bezeichnen wir die Dynamik als konservativ. Alle reversiblen Bewegungen (vgl. Kap. 3) müssen notwendigerweise eine konservative Dynamik besitzen. Die Hamiltonschen Systeme (2.5) sind der wichtigste Vertreter dieser Klasse, da

$$\begin{aligned} \operatorname{div} \boldsymbol{F}(\boldsymbol{x}; \boldsymbol{u}) &= \sum_{i=1}^{n} \left[\frac{\partial}{\partial q_i} (\dot{q}_i) + \frac{\partial}{\partial p_i} (\dot{p}_i) \right] \\ &= \sum_{i=1}^{n} \left(\frac{\partial^2 H}{\partial q_i \, \partial p_i} - \frac{\partial^2 H}{\partial p_i \, \partial q_i} \right) = 0 \end{aligned} \tag{2.11}$$

gilt. Konservative Systeme mit zeitunabhängiger Hamiltonfunktion beschreiben reversible Bewegungen.

Ein typisches Beispiel für eine kontrahierende Dynamik liegt bei der Bewegung im Einzugsgebiet eines Attraktors vor. In diesem Fall wird ein herausgegriffenes Volumenelement $\Delta\Omega$ asymptotisch kleiner, da die mittlere Divergenz negativ ist,

$$\Lambda_0 = \lim_{t\to\infty} \frac{1}{t} \int_0^t \mathrm{d}\tau \operatorname{div} \boldsymbol{F} = \lim_{t\to\infty} \frac{1}{t} \ln \left|\frac{\Delta\Omega(t)}{\Delta\Omega(0)}\right| < 0 . \tag{2.12}$$

Ein dynamisches System mit der Eigenschaft (2.12) wird als dissipativ bezeichnet (LICHTENBERG et al., 1983). Es entspricht einer irreversiblen Bewegung zu einem der Attraktoren des dynamischen Systems. Ein einfaches Beispiel für ein dissipatives dynamisches System ist ein Oszillator mit linearer Reibung,

$$\dot{q} = \frac{\partial H}{\partial p}, \qquad \dot{p} = -\frac{\partial H}{\partial q} - \gamma p ; \qquad H = \frac{p^2}{2m} + V(q; u) . \tag{2.13}$$

Der Reibungskoeffizient γ ist eine positive Konstante, daher folgt aus (2.13)

$$\operatorname{div} \boldsymbol{F}(\boldsymbol{x}; \boldsymbol{u}) = -\gamma < 0 . \tag{2.14}$$

Zwei weitere wichtige Klassen deterministischer dynamischer Systeme sind die Gradientensysteme

$$\dot{x}_i = -\frac{\partial V(\boldsymbol{x}; \boldsymbol{u})}{\partial x_i}, \qquad i = 1, \ldots, n \tag{2.15}$$

und die kanonisch-dissipativen Systeme

$$\dot{q}_i = \frac{\partial H}{\partial p_i} + f(H) \frac{\partial H}{\partial q_i}, \qquad \dot{p}_i = -\frac{\partial H}{\partial q_i} + f(H) \frac{\partial H}{\partial p_i} . \tag{2.16}$$

Die Gradientensysteme sind ein spezieller Typ von dissipativen Systemen, bei denen als Attraktoren lediglich singuläre Punkte auftreten. Das Potential $V(\boldsymbol{x}; \boldsymbol{u})$ ist eine Lyapunov-Funktion der Bewegung, da aus (2.15)

$$\frac{\mathrm{d}V}{\mathrm{d}t} = \sum_{i=1}^{n} \frac{\partial V}{\partial x_i} \dot{x}_i = -\sum_{i=1}^{n} \left(\frac{\partial V}{\partial x_i}\right)^2 \leqq 0 \tag{2.17}$$

folgt. Jede Bewegung wird unter monotoner Abnahme von V solange fortgesetzt, bis ein singulärer Punkt bzw. stationärer Zustand erreicht ist. Bei kanonisch-dissipativen Systemen besteht die Dynamik aus einem konservativen Anteil und einem Gradiententerm. Im Fall ebener dynamischer Systeme ($n = 2$) entspricht diese Darstellung der Zerlegung des Vektorfeldes $\boldsymbol{F}$ in eine quellenfreie und in eine wirbelfreie Komponente.

2.2. *Stabilität der Bewegung und Lyapunov-Exponenten*

Da zufällige Schwankungen der Zustandsvariablen unvermeidbar sind (vgl. Abschn. 2.4), ist die Stabilität einer Bewegung gegenüber Störungen von großem Interesse. Die erste mathematisch strenge Stabilitätstheorie stammt von LYAPUNOV aus dem Jahre 1892. Daran anknüpfend entwickelten POINCARÉ, ANDRONOV u. a. Methoden zur Stabilitätsanalyse von singulären Punkten, geschlossenen Trajektorien usw.

Wir betrachten zwei Trajektorien $\boldsymbol{x}(t; \boldsymbol{x}_0, t_0)$ und $\boldsymbol{x}(t; \boldsymbol{x}_0 + \boldsymbol{q}_0, t_0)$, die zu einem bestimmten Zeitpunkt t_0 um den Abstandsvektor $\boldsymbol{q}_0$ voneinander entfernt sind. Um die Stabilität der Bewegung $\boldsymbol{x}(t; \boldsymbol{x}_0, t_0)$ zu untersuchen, wird die zeitliche Entwicklung des Abstandes

$$\boldsymbol{q}(t) = \boldsymbol{x}(t; \boldsymbol{x}_0 + \boldsymbol{q}_0, t_0) - \boldsymbol{x}(t; \boldsymbol{x}_0, t_0), \qquad \boldsymbol{q}(t_0) = \boldsymbol{q}_0, \tag{2.18}$$

berechnet. Die Bewegung wird global stabil genannt, wenn für alle Zeitpunkte t_0 und beliebige $\varepsilon > 0$ stets ein $\eta(\varepsilon, t_0)$ mit der Eigenschaft existiert, daß aus $|\boldsymbol{q}(t_0)| < \eta$ die Ungleichung $|\boldsymbol{q}(t)| < \varepsilon$ für $t > t_0$ folgt. Gilt

$$\lim_{t\to\infty} |\boldsymbol{q}(t)| = 0, \tag{2.19}$$

so heißt die Bewegung asymptotisch stabil. Kann kein entsprechendes $\eta(\varepsilon, t_0)$ angegeben werden, so ist die Bewegung instabil. Aus den Bewegungsgleichungen (2.6) folgt nach einer Taylorentwicklung in linearer Näherung

$$\dot{q}_i(t) = F_i(\boldsymbol{x} + \boldsymbol{q}) - F_i(\boldsymbol{x}) = \sum_{j=1}^{n} J_{ij}(\boldsymbol{x})\, q_j, \tag{2.20}$$

wobei J_{ij} die Elemente der Jacobi-Matrix

$$J_{ij}(\boldsymbol{x}) = \frac{\partial F_i(\boldsymbol{x})}{\partial x_j} \tag{2.21}$$

darstellen. Die lineare Stabilitätsanalyse auf der Basis von (2.20) ist für unendlich kleine Störungen exakt.

Handelt es sich bei der Trajektorie, deren Stabilität uns interessiert, um einen singulären Punkt $\boldsymbol{x}^0$, also um einen stationären Zustand

$$\boldsymbol{F}(\boldsymbol{x}^0) = 0, \tag{2.22}$$

so sind die Elemente der Jacobi-Matrix konstant. In diesem Fall ist (2.20) ein System linearer homogener Differentialgleichungen mit konstanten Koeffizienten. Das Stabilitätsverhalten gegenüber infinitesimal kleinen Störungen wird durch die Eigenwerte der Jacobi-Matrix bestimmt. Mit dem üblichen Lösungsansatz $q \sim \exp(\lambda t)$ ergibt sich die charakteristische Gleichung

$$\det(J_{ij} - \lambda\delta_{ij}) = 0, \tag{2.23}$$

deren Lösungen die im allgemeinen komplexen Eigenwerte sind. Für die Stabilität des stationären Zustandes ist es hinreichend, daß alle n Eigenwerte λ_i negative Realteile haben,

$$\mathrm{Re}\,\lambda_i < 0 \quad \text{für alle} \quad i = 1, \ldots, n. \tag{2.24}$$

Ein einziger Eigenwert mit positivem Realteil reicht aus, um den stationären Zustand zu destabilisieren, da beliebig kleine Störungen in Richtung des zu diesem Eigenwert korrespondierenden Eigenvektors anwachsen werden. Der Imaginärteil eines Eigenwertes zeigt ein oszillatorisches Anwachsen ($\mathrm{Re}\,\lambda_i > 0$) bzw. Abklingen ($\mathrm{Re}\,\lambda_i < 0$) der Störung an. Für den Fall $\mathrm{Re}\,\lambda_i = 0$ kann im Rahmen der linearen Stabilitätsanalyse nicht entschieden werden, ob der Zustand stabil ist oder nicht. Ausgehend von der Lage der Eigenwerte der Jacobi-Matrix in der komplexen λ-Ebene lassen sich die singulären Punkte dynamischer Systeme klassifizieren. Zur Illustration ist in Abb. 2.1 das Ergebnis für ebene dynamische Systeme, also für den Fall $n = 2$, angegeben (für $n = 3$ siehe Butenin et al., 1976; Arnold et al., 1983).

Da die Jacobi-Matrix in den singulären Punkten eines Gradientensystems (2.15) symmetrisch ist,

$$J_{ij}(\boldsymbol{x}^0) = \frac{\partial F_i(\boldsymbol{x}^0)}{\partial x_j} = -\frac{\partial^2 V(\boldsymbol{x}^0)}{\partial x_i\,\partial x_j} = J_{ji}(\boldsymbol{x}^0), \tag{2.25}$$

sind die Eigenwerte reell. Ein Gradientensystem besitzt demnach nur singuläre Punkte vom Knoten- oder Satteltyp ($\mathrm{Re}\,\lambda_i = 0$ schließen wir hier aus).

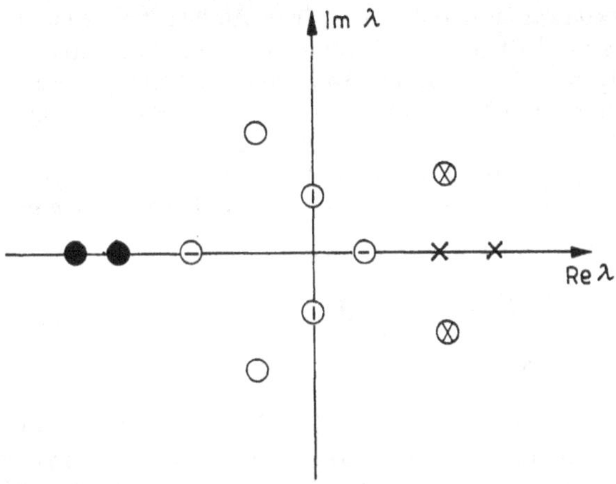

Abb. 2.1. Verschiedene Möglichkeiten für die Lage der Eigenwerte der Jacobi-Matrix in der komplexen Ebene: stabiler Knoten ●, instabiler Knoten ×, stabiler Strudel ○, instabiler Strudel ⊗, Sattel ⊖, Zentrum ⦶

Für ein Hamiltonsches System (2.5) ist die Spur der Jacobi-Matrix gleich Null,

$$\mathrm{Sp}\, J_{ij}(\boldsymbol{x}^0) = \sum_{i=1}^{n} \lambda_i = 0\,. \tag{2.26}$$

Die Eigenwerte von $J_{ij}(\boldsymbol{x}^0)$ sind entweder rein imaginär oder reell; wegen (2.26) kommen keine asymptotisch stabilen singulären Punkte vor, und die linear instabilen Punkte sind ausnahmslos Sättel.

Soll die Stabilität einer periodischen Bewegung

$$\boldsymbol{x}(t + T) = \boldsymbol{x}(t) \equiv \boldsymbol{x}^T, \tag{2.27}$$

also einer geschlossenen Trajektorie, ermittelt werden, so bleibt (2.20) in linearer Näherung korrekt, die Elemente der Jacobi-Matrix sind jedoch nun periodische Funktionen der Zeit mit der Periode T. Folglich genügen die Störungen q_i einem System homogener linearer gewöhnlicher Differentialgleichungen mit periodischen Koeffizienten. Das zeitliche Verhalten der Störungen bestimmen in linearer Näherung die sogenannten Floquet-Multiplikatoren (Bergé et al., 1984). Liegen diese alle innerhalb des Einheitskreises in der komplexen Ebene, so ist die Bewegung stabil. Für Instabilität ist bereits hinreichend, daß sich ein Floquet-Multiplikator außerhalb des Einheitskreises befindet. Dabei ist zu berücksichtigen, daß ein Floquet-Multiplikator stets gleich Eins ist. Er entspricht einer Störung tangential zur geschlossenen Trajektorie. Die Stabilität hängt vom Verhalten der Störungen senkrecht zur Trajektorie ab. Für ein ebenes dynamisches System ((2.6) mit $n = 2$) ist der eine Floquet-Multiplikator also gleich Eins, der zweite

$$h = \exp\left\{\frac{1}{T}\int_0^T \operatorname{div} \boldsymbol{F}(\boldsymbol{x}^T)\, \mathrm{d}t\right\} \tag{2.28}$$

ist reell. Eine geschlossene Trajektorie $\boldsymbol{x}^T$, für die $h < 1$ gilt, heißt asymptotisch stabiler Grenzzyklus. Der stabile Grenzzyklus erfüllt alle Bedingungen, die an die Attraktoren eines dynamischen Systems gestellt werden, u. a. zieht er alle Trajektorien aus einer bestimmten Umgebung für $t \to \infty$ asymptotisch an. Ist $h > 1$, so liegt ein instabiler Grenzzyklus vor. Diese geschlossene Trajektorie stößt hinreichend dicht benachbarte Bahnkurven ab (Abb. 2.2). Der Fall $h = 1$ ist wiederum im Rahmen der linearen Stabilitätstheorie nicht entscheidbar. Die Bedeutung der von Poincaré entdeckten Grenzzyklen für die Theorie der Schwingungen wurde zuerst von Andronov erkannt. In einer 1929 ver-

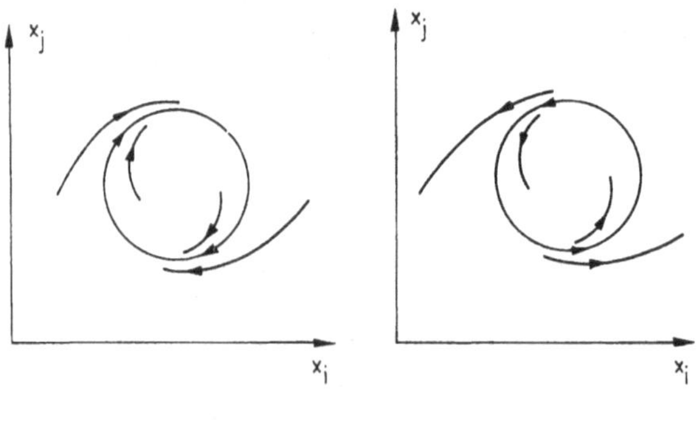

Abb. 2.2. Isolierte geschlossene Trajektorien in der Phasenebene: a) stabiler, b) instabiler Grenzzyklus

öffentlichten Arbeit (ANDRONOV, 1929) identifizierte er den stabilen Grenzzyklus mit den selbsterregten Schwingungen des dynamischen Systems (vgl. Kap. 4).

Wir ersehen aus (2.28), daß die beiden Floquet-Multiplikatoren eines ebenen Hamiltonschen Systems beide gleich Eins sind. Es existieren also in Hamiltonschen Systemen keine isolierten geschlossenen Trajektorien, zu denen hinreichend nahe gelegene Trajektorien für $t \to \infty$ oder $t \to -\infty$ streben. Lediglich ein Kontinuum geschlossener Trajektorien ist möglich.

Auch in Gradientensystemen (2.15) kommen keine Grenzzyklen vor. Besäße ein Gradientensystem eine geschlossene Trajektorie, so müßte $V(\boldsymbol{x}(t)) = V(\boldsymbol{x}(t + T))$ gelten. Stattdessen finden wir

$$V(\boldsymbol{x}(t + T)) - V(\boldsymbol{x}(t)) = -\int_0^T \mathrm{d}t \sum_{i=1}^n \left(\frac{\partial V}{\partial x_i}\right)^2 < 0\,. \tag{2.29}$$

Für ein ebenes kanonisch-dissipatives System ($q \equiv x$, $p \equiv y$) folgt aus (2.16)

$$h_i = \exp\left\{\int_0^{T_i} \mathrm{d}t \frac{\mathrm{d}f}{\mathrm{d}H}\left[\left(\frac{\partial H}{\partial x}\right)^2 + \left(\frac{\partial H}{\partial y}\right)^2\right]\right\}. \tag{2.30}$$

Wir setzen voraus, daß geschlossene Trajektorien $H(x, y) = H_i$ ($i = 1, \ldots, r$) existieren. Diese Trajektorien sind asymptotisch stabile (instabile) Grenzzyklen, wenn

$$f(H_i; u) = 0 \quad \text{und} \quad \left.\frac{\mathrm{d}f}{\mathrm{d}H}\right|_{H_i} < 0 \quad (> 0) \tag{2.31}$$

gilt.

Die Realteile der Eigenwerte der Jacobi-Matrix in einem singulären Punkt und die Floquet-Exponenten sind Spezialfälle der sogenannten Lyapunov-Exponenten. Zur Definition der Lyapunov-Exponenten gehen wir zurück zur Gl. (2.20), die wir vereinfacht in der Form

$$\dot{\boldsymbol{q}} = J(\tilde{\boldsymbol{x}})\, \boldsymbol{q} \tag{2.32}$$

schreiben, wobei die Trajektorie $\tilde{\boldsymbol{x}}(t)$, deren Stabilität untersucht werden soll, Lösung von (2.6), also der Gleichung

$$\dot{\tilde{\boldsymbol{x}}} = \boldsymbol{F}(\tilde{\boldsymbol{x}}) \tag{2.33}$$

ist. Im allgemeinen ist (2.32) für die infinitesimalen Abweichungen $\boldsymbol{q}$ von $\bar{\boldsymbol{x}}$ nicht analytisch lösbar, denn simultan muß $\bar{\boldsymbol{x}}(t)$ aus der nichtlinearen Gleichung (2.33) bestimmt werden. Numerisch sind (2.32) und (2.33) jedoch im Prinzip lösbar, wobei zu erwarten ist, daß die Norm $\|\boldsymbol{q}\|$ sich für große Zeiten wie $\|\boldsymbol{q}\| \sim \exp(\lambda t)$ verhält. Der Exponent

$$\lambda = \lim_{t \to \infty} \frac{1}{t} \ln \frac{\|\boldsymbol{q}(t)\|}{\|\boldsymbol{q}(t_0)\|} \tag{2.34}$$

charakterisiert das Langzeitverhalten in linearer Näherung. In Abhängigkeit von der gewählten Anfangsstörung $\boldsymbol{q}(t_0)$ nimmt der Exponent λ eine Reihe von diskreten Werten λ_i ($i = 1, \ldots, n$) an, die als Lyapunov-Exponenten bezeichnet werden. Dieser fundamentale Satz wurde von OSELEDEC im Jahre 1968 bewiesen. Der Größe nach geordnet, erhalten wir ein Spektrum reeller diskreter Werte

$$\lambda_1 \geqq \lambda_2 \geqq \cdots \geqq \lambda_n, \tag{2.35}$$

das wichtige Informationen über das betrachtete dynamische System enthält. Man kann sich überlegen, daß die Summe der Lyapunov-Exponenten gleich der mittleren Divergenz des Phasenraumvolumens ist, d. h.

$$\sum_{i=1}^{n} \lambda_i = \langle \operatorname{div} \boldsymbol{F}(\boldsymbol{x}) \rangle \begin{cases} = 0 & \text{für konservative Systeme,} \\ < 0 & \text{für dissipative Systeme.} \end{cases} \tag{2.36}$$

Die Lyapunov-Exponenten Hamiltonscher Systeme liegen symmetrisch bezüglich $\lambda = 0$:

$$\lambda_i = -\lambda_{n-i+1}, \tag{2.37}$$

wobei mindestens zwei gleich Null sind.

Ähnlich wie beim Fall der Eigenvektoren der Jacobi-Matrix in einem singulären Punkt sind im allgemeinen Fall der Lyapunov-Exponenten n Richtungen (Vektoren) angebbar, in denen das Langzeitverhalten durch den entsprechenden Lyapunov-Exponenten dominiert wird.

Ist der größte Lyapunov-Exponent eines dynamischen Systems positiv

$$\lambda_1 > 0, \tag{2.38}$$

so spricht man von deterministischem Chaos. Für die chaotische Dynamik ist also kennzeichnend, daß benachbarte Trajektorien im Langzeitmittel mit exponentieller Rate auseinanderlaufen. Mit den bahnbrechenden Arbeiten von LORENZ (1963) sowie von RUELLE und TAKENS (1971) wurde klar, daß es ab Dimension $n = 3$ Attraktoren gibt, auf denen die Trajektorien einen positiven größten Lyapunov-Exponenten besitzen. Diese chaotischen Attraktoren haben eine Revolution in der Theorie dynamischer Systeme eingeleitet. Wir gehen auf die Problematik des deterministischen Chaos hauptsächlich in den Kapiteln 6 und 7 des Buches ein. An dieser Stelle sei jedoch darauf hingewiesen, daß sich aus dem Vorzeichen der n Lyapunov-Exponenten Rückschlüsse auf den Typ der Attraktoren in einem n-dimensionalen dynamischen System ziehen lassen. Symbolisch gilt

$(-, -, -, \ldots, -)$: stabiler singulärer Punkt,

$(0, -, -, \ldots, -)$: stabiler Grenzzyklus,

$(\underbrace{0, 0, \ldots, 0}_{m}, -, -, \ldots, -)$: stabiler m-Torus,

$(+, \ldots)$: chaotischer Attraktor.

Wir weisen darauf hin, daß bei verschwindenden Lyapunov-Exponenten im Rahmen der linearen Stabilitätsanalyse keine Entscheidung über die Stabilität möglich ist.

Ist die Summe der j größten Lyapunov-Exponenten positiv, so expandiert ein entsprechend gewähltes j-dimensionales infinitesimales Volumenelement um eine chaotische Trajektorie. Genügt der Index j in der Reihe der nach der Größe geordneten Lyapunov-Exponenten der Beziehung

$$\sum_{i=1}^{j} \lambda_i \geqq 0 > \sum_{i=1}^{j+1} \lambda_i, \tag{2.39}$$

so sollte die Dimension des Attraktors zwischen j und $j + 1$ liegen, denn ein $(j + 1)$-dimensionales Volumenelement wird im Lauf der Zeit durch die Dynamik komprimiert. Die Größe

$$D_{\mathrm{L}} = j + \frac{\sum_{i=1}^{j} \lambda_i}{|\lambda_{j+1}|} \tag{2.40}$$

mit j aus (2.39) heißt Lyapunov-Dimension des Attraktors (ECKMANN und RUELLE, 1985). Während für einen stabilen singulären

Punkt $D_L = 0$, für einen stabilen Grenzzyklus $D_L = 1$ und für einen stabilen m-Torus $D_L = m$ folgt, besitzen chaotische Attraktoren im allgemeinen keine ganzzahlige Lyapunov-Dimension (vgl. Kap. 6). Die Summe der positiven Lyapunov-Exponenten ergibt im allgemeinen die Kolmogorov-Entropie, die eng mit dem Problem der Vorhersagbarkeit chaotischer Dynamik verknüpft ist.

2.3. *Strukturelle Stabilität dynamischer Systeme und Bifurkationen*

In Abschnitt 2.2 haben wir die Stabilität von Trajektorien, also von einzelnen Bewegungen eines dynamischen Systems gegenüber Störungen untersucht. Nun wenden wir uns der sogenannten strukturellen Stabilität dynamischer Systeme zu. Dabei gehen wir von der Überlegung aus, daß die möglichen Bewegungen des dynamischen Systems eine Trajektorienschar im Zustandsraum definieren. Diese Trajektorienschar „zerlegt" den Zustandsraum auf eine bestimmte, das dynamische System charakterisierende Art und Weise. Die Anzahl und der topologische Typ der Attraktoren und weitere Eigenschaften dieser Zerlegung sind invariant gegenüber topologischen, d. h. umkehrbar eindeutigen und stetigen Abbildungen von X^n auf sich selbst. Die Gesamtheit der invarianten Merkmale wird als qualitative oder topologische Struktur der Zerlegung des Zustandsraumes in Trajektorien bzw. vereinfacht als Struktur des Zustandsraumes bezeichnet (Andronov et al., 1967). Im Rahmen der qualitativen Theorie deterministischer dynamischer Systeme wird gezeigt, daß die Struktur des Zustandsraumes in erster Linie durch die Art der Attraktoren (der stationären Bewegungen), ihre gegenseitige Anordnung und gewisser besonderer Trajektoren bestimmt wird. Zu letzteren gehören die instabilen singulären Punkte, die instabilen Grenzzyklen, die Separatrizen der Sattelpunkte u. a. Instabile Grenzzyklen und Separatrizen haben vor allem als Ränder der Einzugsgebiete der Attraktoren Bedeutung für die Struktur des Zustandsraumes.

Eine interessante Frage ist nun, wie sich Änderungen der äußeren Parameter $\boldsymbol{u}$ auf die Struktur des Zustandsraumes auswirken. Wir interessieren uns jetzt, wie gesagt, nicht für die Stabilität einer einzelnen Bewegung gegenüber einer Störung $\boldsymbol{q}$, sondern für die Stabilität der Struktur des Zustandsraumes gegenüber kleinen Änderungen der dynamischen Abbildung T bzw. des Vektorfeldes $\boldsymbol{F}$, d. h. für die strukturelle Stabilität des dynamischen Systems. Dieser Begriff wurde von ANDRONOV und PONTRYAGIN (1937) eingeführt und später von THOM (1969, 1975) und anderen weiterentwickelt. Zur Definition betrachten wir ein dynamisches System

$$\dot{\boldsymbol{x}} = \boldsymbol{F}(\boldsymbol{x}; \boldsymbol{u}) + \delta\boldsymbol{F}(\boldsymbol{x}; \boldsymbol{u}), \tag{2.41}$$

welches gegenüber (2.6) Störterme $\delta\boldsymbol{F}$ enthält. Existiert ein $\varepsilon > 0$, so daß alle möglichen Störungen $\delta\boldsymbol{F}$, die der Bedingung

$$\sum_{i=1}^{n} |\delta F_i| + \sum_{i,j=1}^{n} \left|\frac{\partial(\delta F_i)}{\partial x_j}\right| < \varepsilon \tag{2.42}$$

genügen, die gleiche Struktur des Zustandsraumes erzeugen, so ist das dynamische System (2.6) strukturell stabil. Fassen wir Änderungen der Kontrollvariablen $\boldsymbol{u}$ als Störung $\delta\boldsymbol{F}$ auf,

$$\delta F_i = \sum_{j=1}^{k} \frac{\partial F_i}{\partial u_j}\,\delta u_j, \qquad i = 1, \ldots, n, \tag{2.43}$$

so bedeutet die Bedingung der strukturellen Stabilität in einem Punkt des Kontrollraumes $\boldsymbol{u}_0 \in C^k$: Für alle $\boldsymbol{u}$ aus einer hinreichend kleinen Umgebung von $\boldsymbol{u}_0$ liegt die gleiche Struktur des Zustandsraumes vor. Die Bedingung der strukturellen Stabilität ist verletzt, wenn eine solche Umgebung von $\boldsymbol{u}_0$ nicht existiert. In diesem Fall wird der entsprechende Punkt im Parameterraum als Bifurkationspunkt bezeichnet. Die Gesamtheit der Bifurkationspunkte bildet das Bifurkationsnetz K des dynamischen Systems. Somit sind die Bifurkationen die qualitativen Änderungen in der Struktur des Zustandsraumes X^n, die auftreten, wenn bei der Änderung der Parameter $\boldsymbol{u}$ das Bifurkationsnetz „geschnitten" wird.

Eine Bifurkation ist durch strukturell instabile Trajektorien charakterisierbar, die bei $\boldsymbol{u} = \boldsymbol{u}_{cr} \in K$ im Zustandsraum auftreten. Dazu gehören singuläre Punkte mit rein imaginären Eigenwerten der Jacobi-Matrix, geschlossene Trajektorien mit mehr als einem Floquet-Multiplikator $h = 1$, Separatrizen, die für $t \to \infty$ und $t \to -\infty$ in Sattelpunkte münden (homokline und heterokline Orbits) u. a. Bei beliebig kleinen Änderungen von $\boldsymbol{u}$ zerfallen diese strukturell instabilen Trajektorien in strukturell stabile oder verschwinden. Einige Beispiele dafür sind in Abb. 2.3 dargestellt. Eine vollständige topologische Klassifizierung der auftretenden Bifurkationen, bei beliebiger Dimension des Zustandsraumes, ist

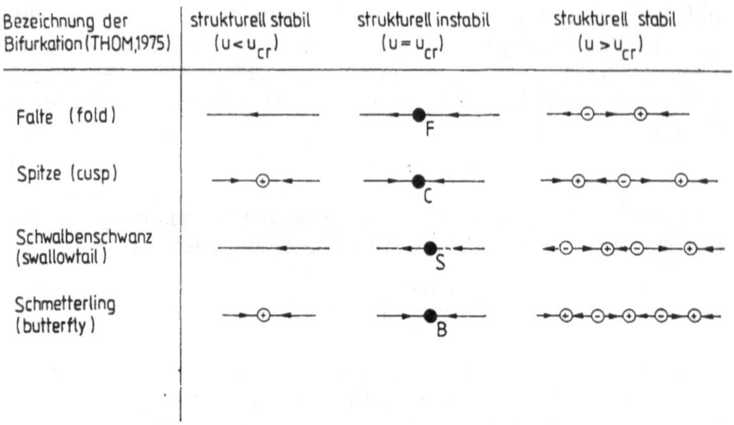

Abb. 2.3. a) Bifurkationen in eindimensionalen dynamischen Systemen ($n = 1$); stabiler singulärer Punkt $\oplus$, instabiler singulärer Punkt $\ominus$, entarteter singulärer Punkt $\bullet$. (Die Buchstaben beziehen sich auf die Klassifikation nach THOM, 1975; vgl. Tab. 2.1, Abschn. 2.5.)

bisher z. B. für Gradientensysteme gelungen (THOM, 1969, 1975; BRÖCKER und LANDER, 1975; ARNOLD, 1987).

In vielen Fällen bilden die strukturell stabilen dynamischen Systeme eine offene dichte Menge im Parameterraum. In beliebiger Umgebung eines strukturell instabilen dynamischen Systems befinden sich strukturell stabile Systeme; d. h., die Wahrscheinlichkeit dafür, daß eine willkürlich gewählte Parameterkonfiguration einer strukturell instabilen Dynamik entspricht, ist gleich Null. Diese Situation unterstreicht noch einmal den Ausnahmecharakter der Hamiltonschen Systeme, die stets strukturell instabil sind, da eine beliebig kleine dissipative Störung die Struktur des Zustandsraumes qualitativ ändert.

Es sind jedoch auch Fälle bekannt, in denen willkürlich gewählte Parameterkonfigurationen nicht mit Sicherheit zu strukturell stabilen Situationen führen.

Als Beispiel betrachten wir zwei nichtlineare Oszillatoren, die selbsterregte Schwingungen mit den Frequenzen ω_1 bzw. ω_2 ausführen. Wir nehmen an, beide Oszillatoren können miteinander gekoppelt werden, wobei die Kopplungsstärke α von Null beginnend kontinuierlich verändert werden kann. Konkrete Beispiele für diese in der Realität häufig anzutreffende Situation werden in den

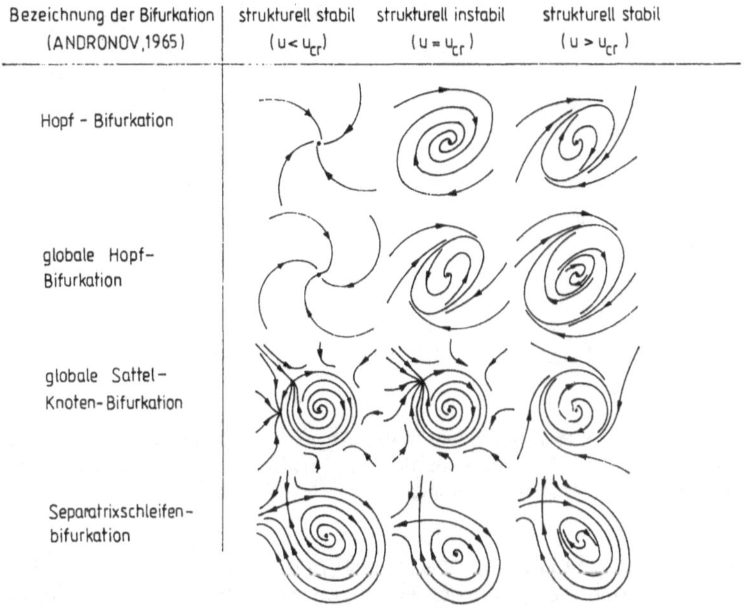

Abb. 2.3. b) Bifurkationen in zweidimensionalen dynamischen Systemen ($n = 2$), die zur Entstehung von Grenzzyklen führen (strukturelle Instabilitäten 1. Art; ANDRONOV et al., 1965)

Abschnitten 7.1 und 7.4 behandelt (siehe auch ANISHCHENKO, 1987). Das Bifurkationsnetz mit der Kopplungsstärke α und dem Frequenzverhältnis ω_1/ω_2 als äußeren Parametern sieht in allen Fällen qualitativ so aus, wie in Abb. 2.4 dargestellt. Die gekoppelten Oszillatoren erzeugen drei dynamische Regime: periodisches, quasiperiodisches und chaotisches Verhalten.

Betrachten wir zunächst den Fall $\alpha = 0$. Ist das Frequenzverhältnis eine rationale Zahl, so tritt periodisches Verhalten auf (Grenzzyklus). Sind ω_1 und ω_2 inkommensurabel und ω_1/ω_2 folglich irrational, dann wird quasiperiodisches Verhalten beobachtet (Torus). Ohne Kopplung zwischen den Oszillatoren ist also für fast alle Werte von ω_1 und ω_2 quasiperiodisches Verhalten zu erwarten. Wird die Kopplung „eingeschaltet", so entsteht aus jedem Punkt mit rationalem Frequenzverhältnis eine sogenannte „Arnoldzunge" (ARNOLD, 1968). Diese Resonanzintervalle sind

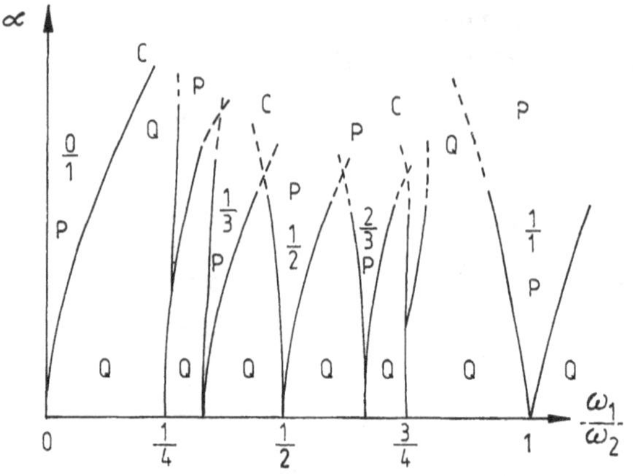

Abb. 2.4. Parameterabhängigkeit der Dynamik gekoppelter Oszillatoren (schematisch). Q: Quasiperiodizität, P: periodisches Verhalten (Resonanzzonen), C: chaotisches Verhalten

Gebiete, in denen die beiden gekoppelten Oszillatoren in fester Phasenbeziehung synchron schwingen und ein periodisches Signal erzeugen (Abb. 2.4). Da es unendlich viele rationale Zahlen gibt, sind für beliebig kleine Werte der Kopplungsstärke α unendlich viele Intervalle mit periodischem Verhalten vorhanden. Quasiperiodisches Verhalten tritt dagegen nur an isolierten Punkten auf, ist also im Sinne der Definition strukturell instabil. Die Breite der Resonanzintervalle verhält sich wie α^q, wobei $\omega_1/\omega_2 = p/q$ die entsprechende Resonanz ist (p, q – natürliche Zahlen). Die Gesamtbreite aller Resonanzintervalle ist für kleine Kopplungsstärken α sehr klein, d. h. die überwiegende Zahl der Frequenzverhältnisse korrespondiert zu quasiperiodischem Verhalten. Somit ist quasiperiodisches Verhalten zwar nur punktweise anzutreffen und damit strukturell instabil, aber trotzdem dominiert es im dynamischen Verhalten, d. h., eine zufällig gewählte Parameterkonstellation wird mit großer Wahrscheinlichkeit zu quasiperiodischem Verhalten führen. Für hinreichend große Werte von α überlappen sich die verschiedenen Resonanzintervalle, und es kann deterministisches Chaos auftreten. Dann durchdringen sich periodisches, quasiperiodisches und chaotisches Regime auf komplizierte Weise.

2.4. Stochastische Modelle dynamischer Systeme

Die Beschreibung von Selbstorganisationsprozessen auf der Basis deterministischer Gleichungen ist insofern unvollständig, als sie die Existenz von Fluktuationen nicht berücksichtigt. Verschiedene physikalische Effekte verursachen unvermeidlich Fluktuationen.

Zunächst stellen die Zustandsvariablen $\boldsymbol{x}$ häufig makroskopische Größen dar. Folglich repräsentieren sie eine große Zahl mikroskopischer Freiheitsgrade. Makroskopische Größen wie Energie, Konzentrationen, Druck, Stromstärke u. a. setzen sich aus einzelnen mikroskopischen Beiträgen zusammen und sind aufgrund der Wärmebewegung der Atome und Moleküle statistischen Schwankungen unterworfen. Beispiele für diese thermischen Fluktuationen sind die Schwankungen der thermodynamischen Größen oder das Widerstandsrauschen in Stromkreisen, das durch die Wärmebewegung der Ladungsträger verursacht wird.

Eine weitere Quelle für Fluktuationen ist der zufällige Charakter atomarer Prozesse. Schwankungen in der Intensität beim Austritt von Elektronen aus einer Glühkatode (Schroteffekt) sind beispielsweise eine der Ursachen für Fluktuationen des Anodenstromes in Elektronenröhren. Analog werden Fluktuationen der Stromstärke in Halbleitern durch den statistischen Charakter der Erzeugung bzw. Rekombination von Elektronen und Löchern hervorgerufen. Fluktuationen in der Intensität des Laserlichtes sind die Folge der diskreten Natur der Emissionsakte der einzelnen angeregten Atome, die auch im Regime der induzierten Emission zu zufälligen Schwankungen in der Emissionsrate führt.

In chemisch reagierenden Systemen ist der stochastischen Theorie unter Einbeziehung von Fluktuationen der Teilchenzahlen vor allem dann der Vorzug vor einer deterministischen Beschreibung zu geben, wenn die Konzentrationen von Reaktionspartnern im Verlauf der Reaktion sehr klein werden können (z. B. bei oszillierenden Reaktionen) oder wenn die Reaktion in kleinen Volumina abläuft (z. B. bei Keimbildung in chemischen Systemen; Malchow und Schimansky-Geier, 1985).

Abgesehen von den Zustandsvariablen $\boldsymbol{x} \in X^n$ können auch einige äußere Parameter $\boldsymbol{u}$ Fluktuationen unterworfen sein. Die Parameter $\boldsymbol{u}$ charakterisieren u. a. den Abstand vom thermodynamischen Gleichgewicht und erfassen (als Pumpraten, Parameter des Stoff- und Energieaustausches usw.) die Kopplung der thermodynamisch offenen Systeme an ihre Umgebung. Diese Umgebung ist im allgemeinen sehr komplex. Unter Umständen wirkt die Umgebung als Quelle mehr oder weniger starker Fluktuationen auf das System ein. So erscheint es z. B. einleuchtend, daß die Zuflußrate von Ausgangsstoffen für eine bestimmte Teilreaktion im komplizierten System des Zellstoffwechsels mit seinen vielfältigen regulatorischen Kopplungen oder die von zahlreichen äußeren Faktoren abhängige Wachstumsrate einer biologischen Population unter bestimmten Bedingungen als fluktuationsbehaftete Größen anzusehen sind. In der Hydrodynamik begegnet uns in Form der turbulenten Pulsationen von Geschwindigkeitsfeld, Temperatur und anderen hydrodynamischen Größen eine weitere Klasse von Fluktuationen. Zusammenfassend halten wir fest, daß die Einbeziehung von Fluktuationen in die dynamische Modellierung die deterministische Theorie vervollständigt. In den folgenden Kapiteln werden wir Beispiele für rein fluktuationsinduzierte Effekte kennenlernen, die im Rahmen einer deterministischen Theorie nicht einmal qualitativ erklärt werden können. Zunächst geben wir eine kurze Einführung in die stochastische Theorie und kehren zu diesem Zweck zur dynamischen Abbildung T in Gleichung (2.3) zurück.

Infolge der Fluktuationen ist die dynamische Abbildung T nicht mehr eindeutig. Jeder Punkt $\boldsymbol{x} \in X^n$ ist Ausgangspunkt vieler stochastischer Realisierungen und liegt nicht mehr auf genau einer Trajektorie. Der Zustand zum Zeitpunkt $t + \Delta t$ $(\Delta t > 0)$ läßt sich, bei Kenntnis von $\boldsymbol{x}(t)$, lediglich mit einer bestimmten Wahrscheinlichkeit voraussagen. Aus den Variablen $\boldsymbol{x}$ werden stochastische Prozesse. Begriffe wie Trajektorie oder Trajektorienschar verlieren ihren ursprünglichen Sinn. Um den Zustand des dynamischen Systems zu beschreiben, wird die Wahrscheinlichkeitsdichte $P(\boldsymbol{x}, t; \boldsymbol{u})$ eingeführt. Per Definition sei $P(\boldsymbol{x}, t; \boldsymbol{u})$ $\mathrm{d}x_1 \ldots \mathrm{d}x_n$ die Wahrscheinlichkeit, das dynamische System bei vorliegenden äußeren Bedingungen $\boldsymbol{u} \in C^k$ zum Zeitpunkt t in infinitesimaler Umgebung des Punktes $\boldsymbol{x}$ im Zustandsraum X^n zu finden. Mit dem Ziel, eine Gleichung für die zeitliche Änderung von P abzuleiten, führen wir die Wahrscheinlichkeit $p(\boldsymbol{x}, t + \Delta t \mid \boldsymbol{x}', t; \boldsymbol{u})$ für einen stochastischen Übergang von $\boldsymbol{x}' = \boldsymbol{x}(t)$ nach $\boldsymbol{x} = \boldsymbol{x}(t + \Delta t)$ ein. Dann gilt die Relation

$$P(\boldsymbol{x}, t + \Delta t; \boldsymbol{u}) = \int \mathrm{d}\boldsymbol{x}' \, p(\boldsymbol{x}, t + \Delta t \mid \boldsymbol{x}', t; \boldsymbol{u}) \, P(\boldsymbol{x}', t; \boldsymbol{u}) . \tag{2.44}$$

Wir beschränken uns auf homogene Markov-Prozesse, deren

Übergangswahrscheinlichkeitsdichte im Grenzwert $\Delta t \to 0$ in der Form

$$\begin{aligned} p(\boldsymbol{x}, t + \Delta t \mid \boldsymbol{x}', t) &= p(\boldsymbol{x} \mid \boldsymbol{x}'; \Delta t) \\ &= [1 - \Delta t \int \mathrm{d}\boldsymbol{x}'' W(\boldsymbol{x}'' \mid \boldsymbol{x}')]\, \delta(\boldsymbol{x} - \boldsymbol{x}') \\ &\quad + W(\boldsymbol{x} \mid \boldsymbol{x}')\, \Delta t + \mathcal{O}(\Delta t)^2 \end{aligned} \tag{2.45}$$

darstellbar ist (van Kampen, 1970). Es sei darauf hingewiesen, daß die Begriffe Markov-Prozeß bzw. markovscher Charakter sich nicht auf Eigenschaften von Naturprozessen beziehen, sondern auf das dynamische Modell (2.3) eines Prozesses. Eine geschickte Wahl des Zustandsraumes X^n erlaubt es in den meisten Fällen, ein markovsches Modell des Prozesses mit der Eigenschaft (2.45) zu finden. Insofern stellt die Annahme (2.45) keine wesentliche Einschränkung der Allgemeinheit dar. In (2.45) und in den folgenden Gleichungen geben wir die Abhängigkeit von $\boldsymbol{u}$ der Einfachheit halber nicht explizit an. Da $W(\boldsymbol{x} \mid \boldsymbol{x}')$ die Wahrscheinlichkeit für den Übergang $\boldsymbol{x}' \to \boldsymbol{x}$ pro Zeiteinheit darstellt, ist der Koeffizient vor der δ-Funktion im ersten Term von (2.45) die Wahrscheinlichkeit dafür, daß der Zustand $\boldsymbol{x}$ im Zeitintervall Δt nicht verlassen wird. Der zweite Term beschreibt den Übergang von $\boldsymbol{x}'$ nach $\boldsymbol{x}$.

Mit (2.45) folgt aus (2.44) im Grenzwert $\Delta t \to 0$ die gesuchte Gleichung für die zeitliche Änderung der Wahrscheinlichkeitsdichte

$$\frac{\partial P(\boldsymbol{x}, t)}{\partial t} = \int_{X^n} \mathrm{d}\boldsymbol{x}' [W(\boldsymbol{x} \mid \boldsymbol{x}')\, P(\boldsymbol{x}', t) - W(\boldsymbol{x}' \mid \boldsymbol{x})\, P(\boldsymbol{x}, t)]. \tag{2.46}$$

Sie wird Mastergleichung oder Pauli-Gleichung genannt. Diese lineare Evolutionsgleichung für P ist die Grundgleichung der stochastischen Theorie dynamischer Systeme mit kontinuierlichem Zustandsraum. Während die Eindeutigkeit der zeitlichen Änderung von $\boldsymbol{x}$ bei Berücksichtigung der Fluktuationen verlorengeht, ist die Evolution im Raum der Wahrscheinlichkeitsdichten vollständig determiniert. Diese Eigenschaft ist die Folge der Markov-Näherung für den stochastischen Prozeß.

In vielen Fällen nimmt die Wahrscheinlichkeit für den Übergang von $\boldsymbol{x}$ nach $\boldsymbol{x}'$ mit wachsendem Abstand zwischen $\boldsymbol{x}$ und $\boldsymbol{x}'$ rasch ab. Wird die „Sprungweite" $\Delta\boldsymbol{x} = \boldsymbol{x} - \boldsymbol{x}'$ eingeführt und $W(\boldsymbol{x} \mid \boldsymbol{x}') = W(\boldsymbol{x}'; \Delta\boldsymbol{x})$ gesetzt, so läßt sich die Mastergleichung in der Form

$$\frac{\partial P(\boldsymbol{x}, t)}{\partial t} = \int\limits_{X^n} \mathrm{d}\,\Delta\boldsymbol{x}[W(\boldsymbol{x} - \Delta\boldsymbol{x}; \Delta\boldsymbol{x})\, P(\boldsymbol{x} - \Delta\boldsymbol{x}, t) - W(\boldsymbol{x}; \Delta\boldsymbol{x})\, P(\boldsymbol{x}, t)] \tag{2.47}$$

darstellen. Wir setzen voraus, daß $W(\boldsymbol{x} - \Delta\boldsymbol{x}; \Delta\boldsymbol{x})\, P(\boldsymbol{x} - \Delta\boldsymbol{x}, t)$ in eine Potenzreihe nach $\Delta\boldsymbol{x}$ entwickelbar ist (Kramers-Moyal-Zerlegung) und erhalten

$$\frac{\partial P(\boldsymbol{x}, t)}{\partial t} = \int\limits_{X^n} \mathrm{d}\,\Delta\boldsymbol{x} \Big\{W(\boldsymbol{x}; \Delta\boldsymbol{x})\, P(\boldsymbol{x}, t) - \sum_{i=1}^{n} \frac{\partial}{\partial x_i} [W(\boldsymbol{x}; \Delta\boldsymbol{x})\, P(\boldsymbol{x}, t)]\, \Delta x_i + \frac{1}{2} \sum_{i,j=1}^{n} \frac{\partial^2}{\partial x_i\, \partial x_j} [W(\boldsymbol{x}; \Delta\boldsymbol{x})\, P(\boldsymbol{x}, t)]\, \Delta x_i\, \Delta x_j + \cdots - W(\boldsymbol{x}; \Delta\boldsymbol{x})\, P(\boldsymbol{x}, t)\Big\}. \tag{2.48}$$

Nach Einführung der Momente der Übergangswahrscheinlichkeitsdichte

$$M_{i_1, i_2, \ldots, i_m}(\boldsymbol{x}) = \int\limits_{X^n} \mathrm{d}\,\Delta\boldsymbol{x}\, \Delta x_{i_1}\, \Delta x_{i_2} \ldots \Delta x_{i_m} W(\boldsymbol{x}; \Delta\boldsymbol{x}) \tag{2.49}$$

ist folgende kompakte Schreibweise der Gleichung (2.47) möglich:

$$\frac{\partial P(\boldsymbol{x}, t)}{\partial t} = \sum_{m=1}^{\infty} \frac{(-1)^m}{m!} \sum_{i_1, \ldots, i_m = 1}^{n} \frac{\partial^m [M_{i_1, \ldots, i_m}(\boldsymbol{x})\, P(\boldsymbol{x}, t)]}{\partial x_{i_1} \ldots \partial x_{i_m}}. \tag{2.50}$$

Einem Satz von Pawula für homogene Markov-Prozesse entsprechend sind zwei Fälle zu unterscheiden (Pawula, 1967): Entweder sind die Momente beliebiger Ordnung m in der Kramers-Moyal-Entwicklung von Null verschieden oder nur die ersten beiden. Während (2.50) im ersten Fall keine Vereinfachung gegenüber der Mastergleichung (2.47) darstellt, reduziert sie sich im zweiten Fall auf eine lineare partielle Differentialgleichung parabolischen Typs

$$\frac{\partial P(\boldsymbol{x}, t)}{\partial t} + \sum_{i=1}^{n} \frac{\partial}{\partial x_i} [M_i(\boldsymbol{x})\, P(\boldsymbol{x}, t)] = \frac{1}{2} \sum_{i,j=1}^{n} \frac{\partial^2}{\partial x_i\, \partial x_j} [M_{ij}(\boldsymbol{x})\, P(\boldsymbol{x}, t)]. \tag{2.51}$$

Sie ist die Grundgleichung der Markov-Prozesse mit der Eigenschaft

$$M_{i_1,\ldots,i_m}(\boldsymbol{x}) \equiv 0, \qquad m \geqq 3 \tag{2.52}$$

(d. h. der Diffusionsprozesse). Ähnliche Gleichungen wurden zuerst von EINSTEIN, FOKKER und PLANCK in der Theorie der Brownschen Bewegung verwendet (CHANDRASEKHAR, 1943). Daher stammen die Bezeichnungen Driftkoeffizient und Diffusionsmatrix für $M_i(\boldsymbol{x})$ bzw. $M_{ij}(\boldsymbol{x})$. Die mathematisch strenge Begründung von (2.51) geht auf KOLMOGOROV (1931) zurück. Heute hat sich für (2.51) die Bezeichnung Fokker-Planck-Gleichung eingebürgert. Definieren wir einen Vektor des Wahrscheinlichkeitsflusses mit den Komponenten

$$G_i(\boldsymbol{x}) = M_i(\boldsymbol{x})\, P(\boldsymbol{x}, t) - \frac{1}{2} \sum_{j=1}^{n} \frac{\partial}{\partial x_j} [M_{ij}(\boldsymbol{x})\, P(\boldsymbol{x}, t)], \tag{2.53}$$

so ist die Fokker-Planck-Gleichung in Form eines Erhaltungssatzes für die Wahrscheinlichkeitsdichte darstellbar,

$$\frac{\partial P(\boldsymbol{x}, t)}{\partial t} + \operatorname{div} \boldsymbol{G}(\boldsymbol{x}) = 0, \tag{2.54}$$

der die Normierungsbedingung

$$\int_{X^n} \mathrm{d}\boldsymbol{x} P(\boldsymbol{x}, t) = 1 \tag{2.55}$$

in differentieller Form zum Ausdruck bringt. Zur Lösung der Fokker-Planck-Gleichung müssen Anfangs- und Randbedingungen vorgegeben werden, deren Auswahl entsprechend der konkreten Problemstellung erfolgt (vgl. GICHMAN und SKOROCHOD, 1971; TICHONOV und MIRONOV, 1977).

Eine alternative Möglichkeit, die Einwirkung von Fluktuationen zu berücksichtigen, besteht in der Einführung sogenannter stochastischer Quellenterme $\zeta_i(t)$ $(i = 1, \ldots, r)$ in die deterministischen Bewegungsgleichungen (2.6):

$$\dot{x}_i = F_i(\boldsymbol{x}; \boldsymbol{u}) + \sum_{j=1}^{r} g_{ij}(\boldsymbol{x}; \boldsymbol{u})\, \zeta_j(t). \tag{2.56}$$

Dieser Weg wurde mit Erfolg von LANGEVIN beschritten. Im Fall der Brownschen Bewegung repräsentiert $\zeta(t)$ die fluktuierende Kraft, der das Brownsche Teilchen pausenlos infolge der Stöße durch die Moleküle der umgebenden Flüssigkeit ausgesetzt ist. Die Korrelationszeit der Fluktuationen ist dabei (wie auch in vielen anderen Beispielen) viel kleiner als die charakteristischen Zeiten der durch (2.6) beschriebenen Prozesse. In einer solchen Situation ist im Sinne getrennter Zeitskalen die Annahme δ-korrelierter Fluktuationen

$$\langle\zeta_i(t)\rangle = 0, \qquad \langle\zeta_i(t+\tau)\,\zeta_j(t)\rangle = \delta_{ij}\delta(\tau) \tag{2.57}$$

gerechtfertigt. Diese Näherung wird als Grenzfall weißen Rauschens bezeichnet, da im Spektrum des stochastischen Prozesses alle Frequenzen mit gleicher Intensität vertreten sind. Die Funktionen g_{ij} in (2.56) charakterisieren die unter Umständen von $\boldsymbol{x}$ und $\boldsymbol{u}$ abhängige Stärke der Fluktuationen. Der Einfachheit halber beschränken wir uns auf unkorrelierte stochastische Prozesse ζ_i. Im Rahmen der Theorie stochastischer Differentialgleichungen wird gezeigt, daß (2.56) und (2.57) einer Fokker-Planck-Gleichung (2.51) mit

$$M_i = F_i - \frac{1}{2}\sum_{j,l=1}^{n,r} g_{il}\frac{\partial g_{jl}}{\partial x_j}, \qquad M_{ij} = \sum_{l=1}^{r} g_{il}g_{jl} \tag{2.58}$$

äquivalent sind (Stratonovich-Kalkül; STRATONOVICH, 1963).

In vielen Fällen ist der Zustandsraum diskret. Das trifft z. B. auf chemische Reaktionen zu, wenn der Zustand durch die Teilchenzahlen der Reaktionspartner gegeben wird, da diese nur diskrete Werte annehmen können. Sind abzählbar viele diskrete Zustände möglich, die mit den Wahrscheinlichkeiten

$$p_i \geqq 0 \quad (i = 1, 2, \ldots), \qquad \sum_i p_i = 1 \tag{2.59}$$

realisiert werden, so hat die Mastergleichung (2.46) die Gestalt

$$\frac{\partial p_i(t)}{\partial t} = \sum_{i \neq j} (W_{ij}p_j - W_{ji}p_i) \tag{2.60}$$

mit W_{ij} als Übergangswahrscheinlichkeit von j nach i.

An dieser Stelle beenden wir die Einführung in die Stochastik und verweisen den interessierten Leser auf die angegebene Spezialliteratur.

2.5. *Bifurkationen in stochastischen dynamischen Systemen*

Die Berücksichtigung von Fluktuationen ist vor allem in der Nähe der Bifurkationsmengen wichtig, weil das dynamische System in diesen Bereichen des Parameterraumes sehr empfindlich auf Störungen reagiert. Aus diesem Grund ist auch verständlich, daß Fluktuationen das deterministische Bifurkationsverhalten stark modifizieren können. Diese Effekte werden von den charakteristischen Parametern der Fluktuationen wie Intensität, Korrelationszeit usw. abhängen. Die Aussagen der deterministischen Theorie sollten als Spezialfall in den Ergebnissen der stochastischen Theorie enthalten sein.

In Abschnitt 2.3 haben wir dargelegt, daß die qualitative Theorie dynamischer Systeme auf dem Begriff der strukturellen Stabilität basiert. In deterministischen Systemen wird strukturelle Stabilität für die Zerlegung des Zustandsraumes in Trajektorien definiert. Da der Begriff einer Bahnkurve in stochastischen Systemen seinen ursprünglichen Sinn verliert, sind die auf diesem Begriff beruhenden Definitionen von struktureller Stabilität, Bifurkation, Attraktor u. a. nicht ohne weiteres übertragbar. Betrachten wir beispielsweise die Anfachung selbsterregter Schwingungen, so ist die Situation im deterministischen Modell klar. Der Übergang vom nichtoszillatorischen zum oszillatorischen Verhalten ist mit der Herausbildung eines stabilen Grenzzyklus vollzogen. Der kritische Wert des Bifurkationsparameters u ist dadurch definiert, daß für $u > u_{\mathrm{cr}}$ ein Grenzzyklus vorhanden ist, für $u < u_{\mathrm{cr}}$ nicht. Wirken auf den Oszillator Fluktuationen ein, so kann die Entstehung eines Grenzzyklus, also einer isolierten, geschlossenen, asymptotisch stabilen Trajektorie, nicht mehr als Kriterium für die Bifurkation gewertet werden. Es entsteht das Problem, wie das Bifurkationsverhalten dynamischer Systeme bei Berücksichtigung des Einwirkens von Fluktuationen systematisch untersucht werden kann. Mit diesem Problem befassen wir uns im vorliegenden Abschnitt.

Der Zustand eines stochastischen dynamischen Systems wird durch die Wahrscheinlichkeitsdichte $P(\boldsymbol{x}, t; \boldsymbol{u})$ charakterisiert, die einer Mastergleichung oder einer Fokker-Planck-Gleichung genügt (Abschn. 2.4). Für die qualitative Theorie ist offensichtlich das asymptotische Verhalten der Wahrscheinlichkeitsdichte von zentraler Bedeutung. In diesem Zusammenhang gilt der folgende wichtige Satz (Green, 1952; Lebowitz und Bergmann, 1957; Graham, 1973; Crell et al., 1978):

Angenommen, es existiert eine normierbare stationäre Wahrscheinlichkeitsdichte $P^0(\boldsymbol{x}; \boldsymbol{u})$ als Lösung der stationären Mastergleichung

$$\int_{X^n} \mathrm{d}\boldsymbol{x}[W(\boldsymbol{x} \mid \boldsymbol{x}'; \boldsymbol{u})\, P^0(\boldsymbol{x}'; \boldsymbol{u}) - W(\boldsymbol{x}' \mid \boldsymbol{x}; \boldsymbol{u})\, P^0(\boldsymbol{x}; \boldsymbol{u})] = 0 \qquad (2.61)$$

oder der stationären Fokker-Planck-Gleichung

$$\sum_{i=1}^{n} \frac{\partial}{\partial x_i} \left\{ M_i(\boldsymbol{x}; \boldsymbol{u}) \, P^0(\boldsymbol{x}; \boldsymbol{u}) \right.$$
$$\left. - \frac{1}{2} \sum_{j=1}^{n} \frac{\partial}{\partial x_j} \left[M_{ij}(\boldsymbol{x}; \boldsymbol{u}) \, P^0(\boldsymbol{x}; \boldsymbol{u}) \right] \right\} = 0 . \tag{2.62}$$

Sind alle Punkte $\boldsymbol{x} \in X^n$ durch eine Folge stochastischer Übergänge miteinander verbunden, d. h., ist der Zustandsraum X^n unzerlegbar, so strebt die zeitabhängige Wahrscheinlichkeitsdichte P unabhängig von den Anfangsbedingungen (d. h. von der Anfangsverteilung P_0) gegen P^0:

$$\begin{aligned} &\lim_{t\to\infty} P(\boldsymbol{x}, t; \boldsymbol{u}) = P^0(\boldsymbol{x}; \boldsymbol{u}) , \\ &\forall \, P_0(\boldsymbol{x}; \boldsymbol{u}) = P(\boldsymbol{x}, t = t_0; \boldsymbol{u}) . \end{aligned} \tag{2.63}$$

Der Beweis wird mit Hilfe des Funktionals

$$K[P_1, P_2] = \int \mathrm{d}\boldsymbol{x} P_1(\boldsymbol{x}, t; \boldsymbol{u}) \ln \frac{P_1(\boldsymbol{x}, t; \boldsymbol{u})}{P_2(\boldsymbol{x}, t; \boldsymbol{u})} \tag{2.64}$$

geführt. K ist der Informationsgewinn beim Übergang zwischen zwei Wahrscheinlichkeitsdichten, auch relative Entropie genannt (Renyi, 1970). Das Ziel des Beweises besteht darin zu zeigen, daß K die Eigenschaften eines Lyapunov-Funktionals besitzt,

$$K[P_1, P_2] \geqq 0 , \qquad \frac{\mathrm{d}}{\mathrm{d}t} K[P_1, P_2] \leqq 0 , \tag{2.65}$$

wenn P_1 und P_2 Lösungen der Master- bzw. Fokker-Planck-Gleichung sind. Der erste Teil der Behauptung (2.65) folgt aus

$$\begin{aligned} K[P_1, P_2] &= \int \mathrm{d}\boldsymbol{x} \left(P_1 \ln \frac{P_1}{P_2} - P_1 + P_2 \right) \\ &= \int \mathrm{d}\boldsymbol{x} P_2 \left(\frac{P_1}{P_2} \ln \frac{P_1}{P_2} - \frac{P_1}{P_2} + 1 \right) \\ &= \int \mathrm{d}\boldsymbol{x} \int_1^{P_1/P_2} \mathrm{d}z \ln z \geqq 0 , \end{aligned} \tag{2.66}$$

wobei die Normierbarkeit von P_1 und P_2

$$\int \mathrm{d}\boldsymbol{x} P_1 = \int \mathrm{d}\boldsymbol{x} P_2 = 1 \tag{2.67}$$

ausgenutzt wurde. Für $\mathrm{d}K/\mathrm{d}t$ erhalten wir unter Verwendung der Fokker-Planck-Gleichung (2.51) nach einigen Umformungen im Fall natürlicher Randbedingungen (TICHONOV und MIRONOV, 1977)

$$\frac{\mathrm{d}}{\mathrm{d}t} K = -\frac{1}{2} \int \mathrm{d}\boldsymbol{x} \frac{P_2^2}{P_1} \sum_{i,j=1}^{n} M_{ij} \frac{\partial}{\partial x_i} \left(\frac{P_1}{P_2}\right) \frac{\partial}{\partial x_j} \left(\frac{P_1}{P_2}\right) \leqq 0 . \tag{2.68}$$

Die rechte Seite ist negativ oder Null, da M_{ij} eine positiv semidefinite Matrix ist. Damit sind die beiden Eigenschaften (2.65) bewiesen, und wir können den Schluß ziehen, daß zwei Wahrscheinlichkeitsdichten P_1 und P_2, die sich infolge verschiedener Anfangsbedingungen voneinander unterscheiden, sich im Laufe der Zeit asymptotisch annähern. Der Beweis bleibt gültig, wenn P_2 durch die stationäre Wahrscheinlichkeitsdichte P^0 ersetzt wird. Folglich gilt wie behauptet $\lim_{t\to\infty} P(\boldsymbol{x}, t; \boldsymbol{u}) = P^0(\boldsymbol{x}; \boldsymbol{u})$ unabhängig von der Anfangsverteilung $P_0(\boldsymbol{x}; \boldsymbol{u})$.

Jedem stochastischen dynamischen System kann unter den oben formulierten Bedingungen für $t \to \infty$ genau eine stationäre Wahrscheinlichkeitsdichte $P^0(\boldsymbol{x}; \boldsymbol{u})$ zugeordnet werden. Während eine deterministische Trajektorie sich stets dem Attraktor nähert, in dessen Einzugsgebiet sie gestartet ist, ermöglichen die Fluktuationen auch Übergänge zwischen verschiedenen Attraktoren. Das führt zu einer über den gesamten Zustandsraum verteilten Wahrscheinlichkeitsdichte.

Die Singularitäten der stationären Wahrscheinlichkeitsdichte unterteilen wir in nichtentartete und in entartete singuläre Punkte (EBELING et al., 1977; EBELING, 1978; ENGEL-HERBERT, 1981):

$$S = \left\{\boldsymbol{x} : \frac{\partial P^0(\boldsymbol{x}; \boldsymbol{u})}{\partial x_i} = 0,\ \det \frac{\partial^2 P^0(\boldsymbol{x}; \boldsymbol{u})}{\partial x_i\, \partial x_j} \neq 0\right\} \tag{2.69}$$

bzw.

$$\tilde{S} = \left\{\boldsymbol{x} : \frac{\partial P^0(\boldsymbol{x}; \boldsymbol{u})}{\partial x_i} = 0,\ \det \frac{\partial^2 P^0(\boldsymbol{x}; \boldsymbol{u})}{\partial x_i\, \partial x_j} = 0\right\}; \quad i, j = 1, \ldots, n . \tag{2.70}$$

Zur Menge S gehören die Maxima, die als lokal wahrscheinlichste Zustände den stabilen singulären Punkten im deterministischen Modell entsprechen. Die Zahl der lokalen Maxima bestimmt die Modalität von $P^0(\boldsymbol{x}; \boldsymbol{u})$. Nun definieren wir Grundbegriffe der qualitativen Theorie dynamischer Systeme, wie strukturelle Stabilität und Bifurkation, mit Hilfe der stationären Wahrscheinlichkeitsdichte.

In der Umgebung der nichtentarteten singulären Punkte ändert sich die Form von P^0 bei kleinen lokalen Deformationen nicht; P^0 ist topologisch einer nichtentarteten quadratischen Form äquivalent. Im Gegensatz dazu ist P^0 in der Nähe der entarteten singulären Punkte $\boldsymbol{x} \in \tilde{S}$ instabil, da diese bei kleinen Störungen δP^0 in nichtentartete singuläre Punkte zerfallen oder verschwinden können. Die Modalität und die Elemente der Menge $\tilde{S}$ sind die wichtigsten qualitativen Charakteristika von P^0. Das stochastische dynamische System ist per Definition strukturell instabil, wenn seine stationäre Wahrscheinlichkeitsdichte entartete singuläre Punkte besitzt. Dann können beliebig kleine Störungen δP^0 Änderungen in der Anzahl und dem topologischen Typ der nichtentarteten Singularitäten $\boldsymbol{x} \in S$ bewirken. Diese Änderungen definieren wir als Bifurkationen. Für das Bifurkationsnetz folgt

$$K = \left\{\boldsymbol{u} : \frac{\partial P^0(\boldsymbol{x}; \boldsymbol{u})}{\partial x_i} = 0, \ \det \frac{\partial^2 P^0(\boldsymbol{x}; \boldsymbol{u})}{\partial x_i \, \partial x_j} = 0\right\}; \quad i, j = 1, \ldots, n. \tag{2.71}$$

Zur Klassifizierung der Bifurkationen lassen sich Ergebnisse der Singularitätentheorie stetiger differenzierbarer Abbildungen anwenden (Thom, 1969, 1975; Arnold, 1987). Diese beruhen auf der Konstruktion der sogenannten *universellen Entfaltung* eines entarteten singulären Punktes. In der Nähe der Punkte $\boldsymbol{x} \in \tilde{S}$ ist $P^0(\boldsymbol{x}; \boldsymbol{u})$ bis auf Addition einer nichtentarteten quadratischen Form topologisch äquivalent zur universellen Entfaltung. Das bedeutet, eine beliebige lokale Deformation $P^0 + \delta P^0$ kann durch eine Transformation zu neuen Variablen $\boldsymbol{x}$ bzw. $\boldsymbol{u}$ in die universelle Entfaltung überführt werden. Die Variablentransformationen sind eindeutige und stetige Abbildungen. In diesem Sinne kann eine beliebige lokale Deformation in der Nähe eines Punktes $\boldsymbol{x} \in \tilde{S}$ in die universelle Entfaltung eingebettet werden, so daß man sich bei der Untersuchung des lokalen Verhaltens von P^0 auf die universellen Entfaltungen beschränken kann. Ihre Anzahl ist unter bestimmten Bedingungen endlich, für $k \leqq 4$ gibt es nach Thom sieben verschiedene universelle Entfaltungen entarteter singulärer Punkte, die in Tabelle 2.1 zusammengestellt sind. Es ist bemerkenswert, daß die Anzahl nicht von der Dimension des Zustandsraumes n abhängt, sondern vollständig durch die

Tabelle 2.1.
Universelle Entfaltungen entarteter singulärer Punkte

k	Singularität	Universelle Entfaltung der Singularität	Name
1	x^3	$x^3/3 + u_1x$	Falte (fold) $\bullet_F$
2	x^4	$\pm x^4/4 + u_1x^2/2 + u_2x$	Spitze (cusp) $\bullet_C$
3	x^5	$+x^5/5 + u_1x^3/3 + u_2x^2/2 + u_3x$	Schwalbenschwanz (swallowtail) $\bullet_S$
	$x^3 + y^3$	$x^3/3 + y^3/3 + u_1xy - u_2x - u_3y$	hyperbolischer Nabel (hyperbolic umbilic) $\bullet_H$
	$x^3 - xy^2$	$x^3/3 - xy^2 + u_1(x^2 + y^2) - u_2x - u_3y$	elliptischer Nabel (elliptic umbilic) $\bullet_E$
4	x^6	$\pm x^6/6 + u_1x^4/4 + u_2x^3/3 + u_3x^2/2 + u_4x$	Schmetterling (butterfly) $\bullet_B$
	$x^2y + y^4/4$	$\pm(x^2y + y^4/4) + u_1x^2 + u_2y^2 - u_3x - u_4y$	parabolischer Nabel (parabolic umbilic) $\bullet_P$

Dimension des Parameterraumes k bestimmt wird. Angewendet auf unsere Situation lautet ein von THOM bewiesener Satz:

Ist $k \leqq 5$, so existiert eine offene dichte Untermenge aller stetigen differenzierbaren stationären Wahrscheinlichkeitsdichten $P^0(\boldsymbol{x}; \boldsymbol{u})$, $\boldsymbol{x} \in X^n$, $\boldsymbol{u} \in C^k$, für die gilt:

1. Die Menge der singulären Punkte von P^0, $M = S \cup \tilde{S} = \{\boldsymbol{x}: \operatorname{grad} P^0(\boldsymbol{x}; \boldsymbol{u}) = 0\}$ bildet eine stetige differenzierbare Mannigfaltigkeit $M \subset X^n \otimes C^k$ der Dimension k.
2. Es gibt nur endlich viele Typen von Singularitäten der senkrechten Projektion K von M auf C, die auf der Grundlage universeller Entfaltungen beschrieben werden können.
3. K ist stabil gegenüber kleinen Störungen von $P^0(\boldsymbol{x}; \boldsymbol{u})$.

Die aus den universellen Entfaltungen ermittelten charakteristischen Bifurkationsnetze sind vollständig bekannt (BRÖCKER und LANDER, 1975; POSTON und STEWART, 1978). Sie unterteilen den Parameterraum in Gebiete, in denen P^0 die gleichen lokalen Extrema $\boldsymbol{x} \in S$ besitzt. Für diese verwenden wir folgende Abkürzungen: $\oplus$ – lokales Maximum, $\ominus$ – lokales Minimum und $\bigcirc$ – Sattelpunkt. Die entarteten singulären Punkte kennzeichnen wir durch $\bullet$ mit einem entsprechenden Index (vgl. Tabelle 2.1). Sie zerfallen auf genau definierte Weise in nichtentartete singuläre Punkte.

In einem wichtigen Spezialfall ist die Beziehung zwischen deterministischem und stochastischem Bifurkationsverhalten vollständig überschaubar. Dieser Fall liegt dann vor, wenn ein Gradientensystem durch additives weißes Rauschen stochastisch erregt wird:

$$\dot{x}_i = -\frac{\partial V(\boldsymbol{x};\boldsymbol{u})}{\partial x_i} + \sigma\zeta_i(t); \quad \langle\zeta_i(t)\rangle = 0,$$
$$\langle\zeta_i(t)\,\zeta_j(t+\tau)\rangle = \delta_{ij}\delta(\tau), \qquad i, j = 1, \ldots, n. \tag{2.72}$$

Man überzeugt sich leicht, daß die stationäre Lösung der Fokker-Planck-Gleichung die Form

$$P^0(\boldsymbol{x};\boldsymbol{u}) = N^{-1} \exp\left[-\frac{2}{\sigma^2} V(\boldsymbol{x};\boldsymbol{u})\right] \tag{2.73}$$

besitzt und findet daraus

$$K = \left\{\boldsymbol{u}: \frac{\partial V(\boldsymbol{x};\boldsymbol{u})}{\partial x_i} = 0,\ \det \frac{\partial^2 V(\boldsymbol{x};\boldsymbol{u})}{\partial x_i \partial x_j} = 0\right\},$$
$$i, j = 1, \ldots, n. \tag{2.74}$$

Das gleiche Bifurkationsnetz ergibt sich im deterministischen Fall ($\sigma = 0$) für das Gradientensystem. Die topologische Klassifizierung der lokalen Form der stationären Wahrscheinlichkeitsdichte führt also zu den gleichen Resultaten wie die Katastrophentheorie der Gradientensysteme (Thom, 1975). Eine solche Übereinstimmung der Bifurkationsnetze ist natürlich nicht generell zu erwarten, wie bereits das relativ einfache Beispiel eines eindimensionalen dynamischen Systems

$$\dot{x} = F(x;\boldsymbol{u}) + \sigma g(x;\boldsymbol{u})\,\zeta(t);$$
$$\langle\zeta(t)\rangle = 0,\ \langle\zeta(t+\tau)\,\zeta(t)\rangle = \delta(\tau) \tag{2.75}$$

zeigt. Die Funktion $g(x;\boldsymbol{u})$ vor dem stochastischen Quellenterm gibt die Abhängigkeit der Intensität der Fluktuationen vom Zustand des deterministischen Systems und den äußeren Parametern an. Fluktuationen mit zustandsabhängiger Intensität werden als multiplikatives Rauschen bezeichnet und formal von additivem Rauschen ($g = \text{const}$) unterschieden. Die stochastische Differentialgleichung (2.75) ist der Fokker-Planck-Gleichung

$$\frac{\partial P}{\partial t} + \frac{\partial}{\partial x} \left[\left(F + \frac{\sigma^2}{2} g \frac{\partial g}{\partial x} \right) P - \frac{1}{2} \frac{\partial}{\partial x} (g^2 P) \right] = 0 \quad (2.76)$$

für die Wahrscheinlichkeitsdichte $P(x, t; \boldsymbol{u})$ äquivalent, deren stationäre Lösung im Fall natürlicher Randbedingungen

$$P^0(x; \boldsymbol{u}) = [N\sigma g(x; \boldsymbol{u})]^{-1} \exp \left[\frac{2}{\sigma^2} \int_0^x \mathrm{d}z \frac{F(z; \boldsymbol{u})}{g^2(z; \boldsymbol{u})} \right] \quad (2.77)$$

lautet. Die Punkte x mit $g(x; \boldsymbol{u}) = 0$ sind als stationäre Punkte einer stochastischen Differentialgleichung gesondert zu untersuchen (Tichonov und Mironov, 1977). Für das stochastische Bifurkationsnetz ergibt sich aus (2.77)

$$\begin{aligned} K &= \left\{ u : \frac{\mathrm{d}V_s}{\mathrm{d}x} = 0, \ \frac{\mathrm{d}^2 V_s}{\mathrm{d}x^2} = 0 \right\} \\ &= \left\{ u : F - \sigma^2 g \frac{\mathrm{d}g}{\mathrm{d}x} = 0, \ \frac{\mathrm{d}F}{\mathrm{d}x} - \sigma^2 \left[\left(\frac{\mathrm{d}g}{\mathrm{d}x} \right)^2 \right. \right. \\ &\quad \left. \left. + g \frac{\mathrm{d}^2 g}{\mathrm{d}x^2} \right] = 0 \right\}, \end{aligned} \quad (2.78)$$

mit dem stochastischen Potential

$$V_s(x; \boldsymbol{u}) = -\int^x \mathrm{d}z F(z; \boldsymbol{u}) + \frac{\sigma^2}{2} g^2(x; \boldsymbol{u}) \quad (2.79)$$

(Ebeling, 1981). Wir erkennen, daß die Kopplung der Fluktuationen an die nichtlineare Dynamik ($\mathrm{d}g/\mathrm{d}x = 0$) das Bifurkationsverhalten qualitativ modifiziert. Die deterministischen Resultate sind jedoch im Grenzfall verschwindender Fluktuationen $\sigma \to 0$ enthalten. Allgemein ist zu erwarten, daß aus der stationären Wahrscheinlichkeitsdichte im Grenzfall verschwindender Rauschintensität eine δ-funktionsartige Verteilung über den deterministischen Attraktoren wird.

Konkrete Beispiele für den Einfluß der Fluktuationen auf das qualitative Verhalten dynamischer Systeme werden wir vor allem in Kapitel 4 vorstellen. Generell können Fluktuationen in räumlich homogenen Systemen zwei Effekte hervorrufen.

1. Die Dimension des Parameterraumes erhöht sich um die Anzahl der Parameter des stochastischen Prozesses. Aus der Rauschintensität, der Korrelationszeit der Fluktuationen usw. werden Bifurkationsparameter, die den Übergang in ein neues dynamisches Regime auslösen können. Dabei werden z. B. die deterministischen Schwellwerte verschoben oder Übergänge hervorgerufen, für die es keine Entsprechung im deterministischen System gibt. Einige Autoren fassen diese Erscheinungen unter dem Oberbegriff „rauschinduzierte Phasenübergänge" zusammen (Horsthemke und Lefever, 1984). Fluktuationsinduzierte Verschiebungen deterministischer Schwellwerte wurden erstmals bei einer lichtempfindlichen chemischen Reaktion (der sogenannten Briggs-Rauscher-Reaktion; de Kepper und Horsthemke, 1978) und bei Experimenten mit elektronischen Oszillatoren (Kabashima und Kawakubo, 1979) beobachtet. Auch an nematischen Flüssigkristallen sind fluktuationsinduzierte Effekte zweifelsfrei experimentell nachgewiesen worden (Brand et al., 1985).

2. Die Grenzen der Einzugsgebiete der Attraktoren des deterministischen Systems können unter dem Einfluß der Fluktuationen überwunden werden. Separatrizen und instabile Grenzzyklen werden auf diese Weise „durchtunnelt". Die mittlere Zeit für das Verlassen des Einzugsgebietes eines Attraktors wird neben der stationären Wahrscheinlichkeitsdichte zur zentralen Größe der Theorie. Wir verweisen auf die umfangreiche Spezialliteratur (Matkowsky und Schuss, 1977; Hänggi, 1986).

Die Bifurkationen von stochastischen dynamischen Systemen können auch auf der Basis des Gradientenfeldes der stationären Wahrscheinlichkeitsdichte $P^0(\boldsymbol{x}; \boldsymbol{u})$ untersucht werden. Dazu betrachten wir ein deterministisches dynamisches System

$$\dot{\boldsymbol{x}} = -\operatorname{grad} P^0(\boldsymbol{x}; \boldsymbol{u}), \tag{2.80}$$

das dieses Gradientenfeld erzeugt. Die stabilen singulären Punkte von (2.80) entsprechen den lokalen Maxima von P^0, während die instabilen singulären Punkte zu Minima oder Sätteln korrespondieren.

Rotierende Anteile des Wahrscheinlichkeitsflusses $\boldsymbol{G}(\boldsymbol{x}, t; \boldsymbol{u})$ gehen nicht in die Fokker-Planck-Gleichung ein; die Gleichung ist invariant gegenüber der Addition eines divergenzlosen Beitrages

$$\boldsymbol{G}^{\|}(\boldsymbol{x}, t; \boldsymbol{u}) = \operatorname{rot} \boldsymbol{A}(\boldsymbol{x}, t; \boldsymbol{u}), \qquad \operatorname{div} \boldsymbol{G}^{\|}(\boldsymbol{x}, t; \boldsymbol{u}) = 0, \tag{2.81}$$

zum Wahrscheinlichkeitsfluß. Aus diesem Grunde enthält die aus der Fokker-Planck-Gleichung bestimmte stationäre Wahrscheinlichkeitsdichte keine Informationen über periodische Zustandsänderungen im dynamischen System. Sind dissipativ nichtlineare Oszillatoren Fluktuationen unterworfen, so ist der stabile Grenzzyklus durch die geschlossene Kammlinie eines Wahrscheinlichkeitskraters auf $P^0(\boldsymbol{x}; \boldsymbol{u})$ definiert. Damit entspricht dem stochastischen Grenzzyklus eine geschlossene Kurve im dynamischen System (2.80), die nur aus Separatrizen und singulären Punkten besteht. Zusätzlich muß der stationäre Wahrscheinlichkeitsfluß eine rotierende Komponente $\boldsymbol{G}^{0\|}(\boldsymbol{x}; \boldsymbol{u})$ aufweisen. Diese Definition des stochastischen Grenzzyklus setzt sich zunehmend durch (vgl. etwa Fronzoni et al., 1987), obwohl auch andere Definitionsvorschläge unterbreitet wurden. Das Beispiel der selbsterregten Schwingungen zeigt, daß mindestens zwei Vektorfelder zur Charakterisierung des qualitativen Verhaltens eines stochastischen dynamischen Systems notwendig sind: Das Gradientenfeld der stationären Wahrscheinlichkeitsdichte (2.80) und der stationäre Wahrscheinlichkeitsfluß, bzw. das deterministische dynamische System

$$\dot{\boldsymbol{x}} = \boldsymbol{G}^{0\|}(\boldsymbol{x}; \boldsymbol{u}). \tag{2.82}$$

Als Beispiel betrachten wir ein ebenes kanonisch-dissipatives System unter dem Einfluß von additivem weißen Rauschen:

$$\begin{aligned} \dot{x} &= \frac{\partial H}{\partial y} + f(H; \boldsymbol{u}) \frac{\partial H}{\partial x} + \sigma\zeta(t), \\ \dot{y} &= -\frac{\partial H}{\partial x} + f(H; \boldsymbol{u}) \frac{\partial H}{\partial y} + \sigma\zeta(t). \end{aligned} \tag{2.83}$$

Die Fokker-Planck-Gleichung schreiben wir wieder in der Form

$$\frac{\partial P(x, y, t; \boldsymbol{u})}{\partial t} + \operatorname{div} G(x, y, t; \boldsymbol{u}) = 0, \tag{2.84}$$

wobei im vorliegenden Fall

$$\boldsymbol{G}(x, y, t; \boldsymbol{u}) = \boldsymbol{G}^{\perp}(x, y, t; \boldsymbol{u}) + \boldsymbol{G}^{\|}(x, y, t; \boldsymbol{u}) \tag{2.85}$$

mit dem nichtrotierenden Anteil

$$\boldsymbol{G}^{\perp}(x, y, t; \boldsymbol{u}) = \left(f \frac{\partial H}{\partial x} P - \frac{\sigma^2}{2} \frac{\partial P}{\partial x}, f \frac{\partial H}{\partial y} P - \frac{\sigma^2}{2} \frac{\partial P}{\partial y}\right) \tag{2.86}$$

und dem rotierenden Anteil

$$\boldsymbol{G}^{\parallel}(x, y, t; \boldsymbol{u}) = \left(\frac{\partial H}{\partial y} P, -\frac{\partial H}{\partial x} P\right) \tag{2.87}$$

des Wahrscheinlichkeitsflusses gilt. Der nichtrotierende Anteil $\boldsymbol{G}^{\perp}$ muß im stationären Fall verschwinden (damit P^0 normierbar ist), woraus

$$P^0(x, y; \boldsymbol{u}) = P^0(H; \boldsymbol{u}) = N^{-1} \exp\left[-\frac{2}{\sigma^2} \int^{H} \mathrm{d}z f(z; \boldsymbol{u})\right] \tag{2.88}$$

folgt. Daraus ergibt sich der rotierende stationäre Wahrscheinlichkeitsfluß zu

$$\boldsymbol{G}^0(x, y; \boldsymbol{u}) = \boldsymbol{G}^{0\parallel}(x, y; \boldsymbol{u}) = \left(\frac{\partial H}{\partial y} P^0, -\frac{\partial H}{\partial x} P^0\right). \tag{2.89}$$

Da $P^0(x, y; \boldsymbol{u})$ keine Nullstellen besitzt, kann man sich das Vektorfeld $\boldsymbol{G}^0$ zumindest qualitativ durch das Hamiltonsche System

$$\dot{x} = \frac{\partial H}{\partial y}, \qquad \dot{y} = -\frac{\partial H}{\partial x} \tag{2.90}$$

erzeugt denken.

Eine einfache Rechnung zur Bestimmung des Bifurkationsnetzes K auf der Grundlage von (2.71) zeigt, daß K aus zwei Teilmengen K_1 und K_2 besteht, wobei

$$\begin{aligned} K_1 &= \left\{\boldsymbol{u} : \frac{\mathrm{d}P^0}{\mathrm{d}H} = 0, \frac{\mathrm{d}^2 P^0}{\mathrm{d}H^2} = 0\right\} \\ &= \left\{\boldsymbol{u} : f(H; \boldsymbol{u}) = 0, \frac{\mathrm{d}f(H; \boldsymbol{u})}{\mathrm{d}H} = 0\right\} \end{aligned} \tag{2.91}$$

und

$$\begin{aligned} K_2 = \Bigg\{\boldsymbol{u} : &\frac{\partial H}{\partial x} = 0, \frac{\partial H}{\partial y} = 0; \\ &\frac{\partial^2 H}{\partial x^2} \frac{\partial^2 H}{\partial y^2} - \left(\frac{\partial^2 H}{\partial x \, \partial y}\right)^2 = 0\Bigg\} \end{aligned} \tag{2.92}$$

ist. Elemente der Menge K_1 sind alle Parameterwerte, bei denen Grenzzyklen entstehen oder verschwinden. Die entsprechenden

Werte für H, die der Gleichung $f(H; \boldsymbol{u}) = 0$ genügen, bezeichnen wir mit H_i. Die Trajektorie $H(x, y; \boldsymbol{u}) = H_i$ muß eine geschlossene Trajektorie des Hamiltonschen Systems (2.90) sein, so daß der stationäre Wahrscheinlichkeitsfluß rotiert. K_2 besteht aus der Menge der kritischen Parameterwerte, für die sich in einem Gradientensystem mit $H(x, y; \boldsymbol{u})$ als Potential Bifurkationen ereignen.

3. Physikalische Grundgesetze des Zeitverhaltens

3.1. Reversible und irreversible Prozesse

Eine Bewegung wird in der Physik als reversibel bezeichnet, wenn eine Umkehr der Richtung der Bewegung nicht im Widerspruch zu den Gesetzen der Physik steht; sie heißt irreversibel, wenn eine Bewegungsumkehr physikalisch nicht erlaubt ist. Die Bewegungsumkehrtransformation heißt in der Physik auch T-Transformation. Beispiele für reversible Bewegungen sind die Rotation der Planeten um die Sonne und die Streuung von Elektronen im Kernfeld. Hier ist keine Richtung fest vorgeschrieben, ein Ablauf in umgekehrter Richtung würde keinem Gesetz der Physik widersprechen. Ganz anders verhält es sich mit den irreversiblen Bewegungen. Betrachten wir als Beispiele den Aufprall eines Steines auf weichem Erdboden oder das Abbrennen eines Zündholzes. Was würde eine hypothetische Bewegungsumkehr zeigen? Das Aufsteigen eines Steines auf Kosten der Wärme des Erdbodens oder die Rückverwandlung eines abgebrannten Zündholzes in ein frisches; solche Prozesse gibt es in der Realität nicht. Das spontane Aufsteigen von Steinen in den Himmel oder die spontane Rückverwandlung von benutzten Dingen in neuwertige würde nicht nur unserer alltäglichen Erfahrung widersprechen, sondern auch einem der fundamentalen Gesetze der Physik, dem zweiten Hauptsatz.

Reversible Prozesse sind als Grenzfall in den irreversiblen enthalten, das Umgekehrte gilt nicht. Wie kann man nun den Unterschied zwischen reversiblen und irreversiblen Prozessen mathematisch fassen?

Charakteristisch für irreversible Prozesse ist die Existenz einer Lyapunov-Funktion L mit folgenden Eigenschaften

$$L \geqq 0, \qquad \frac{\mathrm{d}}{\mathrm{d}t} L \leqq 0. \tag{3.1}$$

Aus der Gl. (3.1) folgt, daß Lyapunov-Funktionen so lange abnehmen, bis sie gewisse ausgezeichnete Zustände, die Attraktorzustände, erreicht haben, in denen die L-Funktion verschwindet.

Wie kann man die Reversibilität oder Irreversibilität von Prozessen praktisch feststellen? Wir entwickeln dazu folgende Vorschrift: Der zu untersuchende Prozeß wird zunächst gefilmt bzw. es wird eine Zeitreihe von Zuständen

$$x(t_1), x(t_2), \ldots, x(t_n) \tag{3.2}$$

gemessen. Anschließend lassen wir den Film rückwärts ablaufen bzw. wir betrachten die zeitinverse Zeitreihe

$$x(t_n), x(t_{n-1}), \ldots, x(t_1). \tag{3.3}$$

Wenn der rückwärts ablaufende Film bzw. die inverse Zeitreihe von Zuständen keinem bekannten Gesetz der Physik widerspricht, so nennen wir den untersuchten Prozeß reversibel, im anderen Falle irreversibel. Die Betrachtung von Beispielen, denken wir wieder an den aufprallenden Stein und das abbrennende Zündholz, überzeugt uns, daß Irreversibilität eine grundlegende Eigenschaft unserer Welt ist.

Die Irreversibilität (Nichtumkehrbarkeit) der Prozesse in der Natur gehört zu unseren alltäglichen Beobachtungen. Die Kohle in unserem Ofen verbindet sich mit Luftsauerstoff zu Kohlendioxid und Asche, der Sandberg vor unserem Haus zerfließt, unsere Werkzeuge und Maschinen verschleißen. Eine Welt, in der all diese Prozesse auch umgekehrt verlaufen, vermag sich die kühnste Phantasie nicht vorzustellen. Nachdem Rudolf Clausius 1850, damals Professor an der Artillerie-Schule in Berlin, den zweiten Hauptsatz der Thermodynamik formulierte, den er dann bis 1865 mehrfach verschärft hat, sehen die Physiker die Ursache für die Nichtumkehrbarkeit makroskopischer Prozesse in der Erzeugung einer Größe, die sie Entropie nennen.

Die Entropie ist bekanntlich neben der Energie eine der zentralen Größen der Physik. Entropie kann strömen und von einem Körper zum anderen übertragen werden. Die Menge der Entropie, die in einem Körper steckt, ist ein Maß für die Wertlosigkeit seiner Energie. Je größer die Entropie eines Systems ist, desto wertloser ist seine Energie. Die Entropie ist gleichzeitig ein Maß für die molekulare Unordnung im System. Der zweite Hauptsatz besagt, daß bei jedem makroskopischen Prozeß Entropie erzeugt wird, die Vernichtung von Entropie ist jedoch grundsätzlich unmöglich. Nach CLAUSIUS bestimmt die Erzeugung von Entropie die Richtung des ablaufenden Prozesses. Bezeichnen wir die Entropie eines Systems zur Zeit t als $S(t)$, so lautet die mathematische Formulierung des II. Hauptsatzes in Form einer Entropiebilanz

$$\frac{\mathrm{d}S}{\mathrm{d}t} = \frac{\mathrm{d_i}S}{\mathrm{d}t} + \frac{\mathrm{d_e}S}{\mathrm{d}t}, \qquad \frac{\mathrm{d_i}S}{\mathrm{d}t} \geqq 0. \tag{3.4}$$

Hierbei ist $\mathrm{d_i}S/\mathrm{d}t$ die im Inneren des Systems pro Zeitelement $\mathrm{d}t$ erzeugte Entropie und $\mathrm{d_e}S/\mathrm{d}t$ der Entropieaustausch mit der Umgebung pro Zeitelement. Die Naturprozesse besitzen wegen der Nichtnegativität der Entropieproduktion eine ihnen innewohnende Tendenz zur Minderung des Wertes der Energie und damit auch zur Vergrößerung der molekularen Unordnung; sie verlaufen irreversibel.

Warum ist das grundsätzlich so? Diese Frage hat seit CLAUSIUS große Naturforscher wie BOLTZMANN, LOSCHMIDT, PLANCK, ZERMELO, POINCARÉ, GIBBS, EHRENFEST, EINSTEIN und viele andere herausgefordert. Das Problem, das sich den Physikern dabei stellt, besteht darin, daß die Mikroprozesse – d. h. die Bewegungen der Elementarteilchen, Atome und Moleküle – durchaus die Eigenschaft besitzen, umkehrbar zu sein. Zum Beispiel kann ein atomarer Streuprozeß auch rückwärts ablaufen, wenn wir nur Quelle und Target vertauschen. Der rückwärts ablaufende Film einer Nebelkammerspur zeigt einen erlaubten Prozeß.

Die Ursache dieser Reversibilität ist folgende: Die Hamiltonschen Systeme der klassischen und der Quanten-Mechanik sind invariant gegenüber der Bewegungsumkehrtransformation. Diese lautet für eine Bewegungsumkehr bei $t = 0$ in der klassischen Mechanik

$$q_i(t) \to q_i'(t) = q_i(-t), \quad p_i(t) \to p_i'(t) = -p_i(-t), \quad i = 1, 2, \ldots, f, \tag{3.5}$$

sowie in der Quantenmechanik

$$\psi(q_1, \ldots, q_f, t) \to \psi'(q_1, \ldots, q_f, t) = \psi^*(q_1, \ldots, q_f, -t). \tag{3.6}$$

Man zeigt leicht, daß die transformierten Koordinaten q_i' und

Impulse p_i' sowie die transformierte Wellenfunktion ψ' ebenfalls eine Lösung der Hamiltonschen Gleichungen bzw. der Schrödingergleichung für dieselbe Hamiltonfunktion darstellen.

In der klassischen Mechanik läuft der Beweis wie folgt: Wir schreiben die Hamiltonschen Gleichungen auf,

$$\frac{\mathrm{d}p_i(t)}{\mathrm{d}t} = -\frac{\partial H}{\partial q_i(t)}, \quad \frac{\mathrm{d}q_i(t)}{\mathrm{d}t} = \frac{\partial H}{\partial p_i(t)}, \tag{3.7}$$

$$H = H(p_1, \ldots, p_f; q_1, \ldots, q_f), \tag{3.8}$$

und ersetzen t durch $(-t)$

$$\frac{\mathrm{d}p_i(-t)}{\mathrm{d}(-t)} = -\frac{\partial H}{\partial q_i(-t)}, \quad \frac{\mathrm{d}q_i(-t)}{\mathrm{d}(-t)} = \frac{\partial H}{\partial p_i(-t)}.$$

Es folgt mit (3.5)

$$\frac{\mathrm{d}p_i'(t)}{\mathrm{d}t} = -\frac{\partial H}{\partial q_i'(t)}, \qquad \frac{\mathrm{d}q_i'(t)}{\mathrm{d}t} = \frac{\partial H}{\partial p_i'(t)}. \tag{3.9}$$

Damit wurde gezeigt, daß die Umkehrbewegung eine Lösung der Hamiltonschen Gleichungen darstellt.

Für die Quantenmechanik läuft der Beweis analog auf der Basis der Schrödingergleichung

$$\mathrm{i}\hbar \frac{\partial}{\partial t} \psi(q_1, \ldots, q_f, t) = \boldsymbol{H}\psi(q_1, \ldots, q_f, t). \tag{3.10}$$

Die Ersetzung $t \to (-t)$ liefert

$$-\mathrm{i}\hbar \frac{\partial}{\partial t} \psi(q_1, \ldots, q_f, -t) = \boldsymbol{H}\psi(q_1, \ldots, q_f, -t).$$

Bildet man hiervon das konjugiert Komplexe, so folgt mit (3.6 bis 3.10)

$$\mathrm{i}\hbar \frac{\partial}{\partial t} \psi'(q_1, \ldots, q_f, t) = \boldsymbol{H}\psi'(q_1, \ldots, q_f, t). \tag{3.11}$$

Damit wurde nachgewiesen, daß auch die T-transformierte Wellenfunktion ψ' eine Lösung darstellt und damit einen physikalisch möglichen Prozeß beschreibt. Obwohl sich die Wellenfunktion selbst nicht reversibel verhält – sie zeigt bekanntlich den Effekt des Auseinanderlaufens von Wellenpaketen –, genügen doch alle

Mittelwerte der Reversibilität, d. h.

$$\begin{aligned} \langle q_k \rangle_t' &= \langle q_k \rangle_{-t}, \\ \langle p_k \rangle_t' &= -\langle p_k \rangle_{-t}. \end{aligned} \tag{3.12}$$

(Hierbei sind die Mittelwerte auf den linken Seiten der Gleichungen (3.12) jeweils mit der Wellenfunktion ψ' und die auf der rechten Seite mit der Wellenfunktion ψ zu bilden.) Alle von p_n und q_n abhängigen physikalischen Prozesse besitzen ebenfalls die Eigenschaft der T-Invarianz.

Wir merken an, daß im Rahmen der relativistischen Theorie nur noch eine Invarianz gegenüber der CPT-Transformation gefordert wird. Die CPT-Transformation entspricht einer Kombination von Zeitumkehr (T), Ladungsumkehr (C) und Raumspiegelung (P). Aus speziellen Experimenten zum Kaonen (K_2^0 – Mesonen)-Zerfall geht hervor, daß in mikroskopischen Dimensionen die CP-Symmetrie verletzt ist. Somit gilt im relativistischen Bereich offenbar nur noch eine CPT-Symmetrie. Möglicherweise erfordern diese neuen experimentellen und theoretischen Resultate in Zukunft eine Verallgemeinerung des Reversibilitätsbegriffs durch Einbeziehung von Ladungsumkehr und Raumspiegelung. Wir sehen im folgenden von einer solchen Verfeinerung ab und benutzen den Begriff der Reversibilität im Sinne der klassischen Mechanik und der nichtrelativistischen Quantenmechanik.

Ausgehend von den Gleichungen Newtons bzw. Schrödingers wurde oben die Reversibilität aller Prozesse nachgewiesen, die diesen Gesetzen folgen. Das dürfte für alle mikroskopischen Prozesse unbedingt zutreffen. Die Bewegungsumkehr klassischer und quantenmechanischer Vorgänge liefert folglich wieder eine physikalisch erlaubte Bewegung, wodurch diese Prozesse als reversibel charakterisiert sind. Auch die Maxwellschen Gleichungen tragen reversiblen Charakter. Die Formulierung der klassischen Mechanik und der Elektrodynamik bildete einen Höhepunkt und scheinbaren Abschluß der Physik. Prigogine und Stengers (1981) schreiben dazu: „Die klassische Dynamik kann heute in einer bemerkenswert kompakten und eleganten Weise formuliert werden ... Alle Eigenschaften eines dynamischen Systems (können) in einer einzigen Funktion, der Hamilton-Funktion, zusammengefaßt werden. Die Theorie scheint vollständig zu sein. Tatsächlich kann auf jedes Problem eine vollständige und eindeutige Antwort gegeben werden. Die Dynamik besitzt folglich eine wirklich eindrucksvolle Konsistenz, die seither ... Faszination, aber auch Entsetzen ausgelöst hat. ... Für große Klassen von dynamischen Systemen scheint die Zeit lediglich ein Artefakt zu sein.“ PRIGOGINE und STENGERS meinen damit, daß sich der Zeitbegriff im Rahmen der Physik reversibler Prozesse nicht eindeutig festlegen läßt; beide Zeitrichtungen sind gewissermassen gleichberechtigt.

Irreversible Prozesse lassen sich nicht vollständig im Rahmen der klassischen Mechanik und der (üblichen) Quantenmechanik beschreiben. Jedes endliche System aus Atomen, Molekülen und elektromagnetischen Wellen, die reversiblen dynamischen Gleichungen folgen, hat notwendigerweise ebenfalls eine zeitumkehrbare Dynamik. Folglich müßten sich Steine und Zündhölzer, die ja endliche Systeme darstellen, aus mikroskopischer Sicht umkehrbar verhalten. Dem widerspricht aber unsere Erfahrung und der II. Hauptsatz.

Der Widerspruch zwischen mikroskopischer und thermodynamisch-statistischer Beschreibungsweise ist seit über 100 Jahren bekannt. Schon 1876, d. h. fünf Jahre nach dem Erscheinen der ersten Arbeit von BOLTZMANN „Analytischer Beweis des Zweiten Hauptsatzes ...“ publizierte der Wiener Physiker LOSCHMIDT einen Einwand, der als Paradoxon von Loschmidt bekannt wurde. LOSCHMIDT betrachtete ein Gas, das mit vollkommen glatten (elastischen) Wänden umgeben ist. Während der zeitlichen Evolution des Systems möge die H-Funktion (d. h. die negative Entropie) des Systems die Zeitreihe

$$H(t_1), H(t_2), \ldots, H(t_n)$$

durchlaufen. Nach dem Boltzmann-Theorem, welches dem zweiten Hauptsatz entspricht, muß die H-Funktion abnehmen, die $H(t_i)$ bilden also eine monoton fallende Zeitreihe. LOSCHMIDT schlägt nun das folgende Gedankenexperiment vor: Im Zustand t_n sollen die Geschwindigkeiten aller Moleküle umgekehrt werden. Auf Grund der Umkehrbarkeit der Bewegung würde das System dann seinen Weg zurücklaufen, d. h. die H-Funktion würde für $t > t_n$ monoton zunehmen. Das widerspricht aber dem Boltzmann-Theorem.

Das Loschmidt-Paradoxon löste eine intensive Diskussion unter den Physikern aus, die bis heute nicht abgeschlossen ist. Nach unserer Auffassung kann das Loschmidt-Paradoxon nur dann entkräftet werden, wenn die Bedingung der Abgeschlossenheit des Systems und der Elastizität der Wände aufgegeben wird. In der realen Welt, auf die sich unsere Physik bezieht, ist jedes reale System in eine Umwelt eingebettet. Insbesondere gibt es überall in unserer Welt thermische Photonen der 2,7 K-Hintergrund-Strahlung, die mit jedem mechanischen System dissipativ in Wechselwirkung stehen. Eine Ausschaltung der thermischen Photonen der Hintergrund-Strahlung, von denen etwa 500 Vertreter in jedem Kubikzentimeter der Metagalaxis vorkommen, ist grundsätzlich unmöglich.

Zwanzig Jahre nach LOSCHMIDTS Arbeit erschien ein anderer, nicht weniger bedeutsamer Einwand gegen BOLTZMANNS Theorie. ZERMELO publizierte 1896 in den Annalen der Physik die Arbeit „Über einen Satz der Dynamik und die mechanische Wärmetheorie". Der fragliche Satz stammte von POINCARÉ, der 1890 seine heute berühmte Untersuchung „Sur le problème de trois corps et les équations de la dynamique" herausbrachte. Heute wissen wir, daß POINCARÉS Arbeit für die Entwicklung der Physik nicht weniger folgenreich war als die Arbeiten von MAYER, HELMHOLTZ, CLAUSIUS und BOLTZMANN. POINCARÉ bewies 1890 das Theorem über die „Quasi-Periodizität mechanischer Systeme". Nach diesem Theorem kommt ein mechanisches System unter bestimmten Voraussetzungen nach einer endlichen Zeit (Poincarés Wiederkehrzeit) seinem Ausgangszustand wieder beliebig nahe. ZERMELO zog aus dem Poincaré-Theorem den Schluß, daß auch ein Gas in einem Kasten irgendwann in seinen Ausgangszustand zurückkehren muß. Auch die später bewiesene astronomische Größenordnung der Wiederkehrzeiten großer Systeme kann das Zermelo-Paradoxon nicht entkräften. Das Wiederkehr-Paradoxon besagt ganz eindeutig, daß ein rein mechanisches System keine Lyapunov-Funktionen haben kann. Andererseits gibt es aber zweifellos – ungeachtet der Paradoxa der Theorie – echt irreversible Prozesse in der realen Welt.

Ein Beispiel für einen irreversiblen Prozeß ist der lineare gedämpfte Oszillator mit den Bewegungsgleichungen

$$\ddot{x} + \omega_0^2 x = -\gamma \dot{x} .$$

Daraus folgt durch Multiplikation mit x

$$\begin{aligned} H &= \left(\frac{1}{2}\, m\dot{x}^2 + \frac{1}{2}\, m\omega_0^2 x^2\right) \geqq 0 ; \\ \dot{H} &= -\gamma \dot{x}^2 \leqq 0 . \end{aligned} \tag{3.13}$$

Die Hamilton-Funktion ist hier eine Lyapunov-Funktion, womit der Prozeß als irreversibel charakterisiert ist.

Für alle irreversiblen thermodynamischen Prozesse in isolierten Systemen gilt für die Entropie

$$\frac{\mathrm{d}S}{\mathrm{d}t} = \frac{\mathrm{d}_i S}{\mathrm{d}t} \geqq 0, \tag{3.14}$$

$$L(t) = [S_{eq} - S(t)] \geqq 0; \qquad \frac{\mathrm{d}L(t)}{\mathrm{d}t} \leqq 0. \tag{3.15}$$

Die Abweichung der Entropie vom Maximalwert ist eine Lyapunov-Funktion. Im Falle der irreversiblen Wärmeleitungsprozesse zeigt man leicht mit Hilfe der Wärmeleitungsgleichung, daß

$$L(t) = \int \mathrm{d}V\,[\operatorname{grad} T(\boldsymbol{r}, t)]^2 \tag{3.16}$$

$\left(T(\boldsymbol{r}, t)\right.$ – Temperaturprofil$\left.\right)$ eine Lyapunov-Funktion ist. Der Attraktorzustand ist hier die homogene Temperaturverteilung, während er im allgemeinen Fall isolierter Systeme durch den Zustand des thermodynamischen Gleichgewichts gegeben wird. Mit Hilfe der Lyapunov-Funktionen ist eine eindeutige Festlegung der Zeitrichtung möglich. Darauf werden wir im folgenden Abschnitt näher eingehen.

3.2. Irreversibilität und Zeitpfeil

Reversible Prozesse erlauben keine Definition einer Zeitrichtung, d. h. keine Festlegung des Zeitpfeils, denn aufgrund der Voraussetzung der Umkehrbarkeit kann es für reversible Prozesse auch keinerlei Kriterium für das Vorwärts oder Rückwärts geben. Da reversible Prozesse in beiden Richtungen ablaufen dürfen, gibt es keine Möglichkeit zur Feststellung oder Festlegung der Zeitrichtung. Andererseits ist die Existenz einer Zeitordnung eine der elementarsten menschlichen Erfahrungen. Sie gründet sich auf die Beobachtung der irreversiblen Prozesse in unserer Umwelt und im individuellen Sein. Die Existenz irreversibler Prozesse in uns und um uns herum erlaubt die eindeutige Festlegung des Zeitpfeils.

Als „positive" Zeitrichtung wird die zeitliche Richtung festgelegt, in der die Lyapunov-Funktionen irreversibler Prozesse abnehmen. Max Planck hat 1930 herausgearbeitet, daß das eigentliche Wesen des II. Hauptsatzes der Thermodynamik in der Existenz „anziehender", d. h. in gewissem Sinne ausgezeichneter

Zustände liegt. Die Irreversibilität ist demnach ein Ausdruck dieser „Anziehung“. Für reversible Prozesse sind alle möglichen Zustände mehr oder weniger gleichberechtigt, was am deutlichsten in den Ergodensätzen zum Ausdruck kommt. Wir fassen diese Erkenntnisse schematisch wie folgt zusammen:

Reversiblität = Demokratie der Zustände,
Irreversibilität = Hierarchie der Zustände.

Da diese beiden Fälle einander ausschließen, hat Poincaré in den „Leçons de Thermodynamique“ kategorisch festgestellt, daß die Hamiltonsche Dynamik und die Thermodynamik unvereinbar sind. Aus heutiger Sicht ist dieser Standpunkt nicht mehr haltbar: Reversibilität und Irreversibilität stehen nicht im Widerspruch, sie sind nur zwei Seiten der physikalischen Realität und hängen eng mit den Besonderheiten der Dynamik makroskopischer Bewegungen und mit den Randbedingungen zusammen, unter denen diese Prozesse ablaufen.

Nach modernen Auffassungen zur Irreversibilität, zu denen Prigogines Schule wichtige Beiträge geleistet hat, betrachtet man Irreversibilität als Brechung der Zeitsymmetrie der fundamentalen Gesetze der Mikrophysik.

Den neuen Ideen zufolge beruht die Brechung der Symmetrie zwischen den beiden mikroskopisch möglichen Bewegungsrichtungen darauf, daß es zusätzliche Einschränkungen gibt. Nicht alle makroskopisch denkbaren Bewegungen können physikalisch realisiert werden. Zum Vergleich zieht Prigogine die Situation in der Quantenmechanik identischer Teilchen heran. In quantenmechanischen Systemen werden aufgrund des Symmetrieprinzips nicht alle Wellenfunktionen sondern nur die symmetrischen bzw. antisymmetrischen Wellenfunktionen realisiert. Im II. Hauptsatz kommt offenbar auf der makroskopischen Ebene ein ähnliches Selektionsprinzip zum Ausdruck, wie es auf der mikroskopischen Ebene das Symmetrieprinzip darstellt. Die durch den II. Hauptsatz der Physik postulierte Beschränkung der mechanischen bzw. quantenmechanischen Bewegungen in makroskopischen Systemen ist in erster Linie durch die Instabilitäten der mechanischen Bewegung bedingt, die die Bedeutung und Aussagekraft der individuellen Trajektorien stark einschränken und eine Beschreibung durch Phasendichten (Wahrscheinlichkeiten) notwendig machen. Zum Verständnis von Instabilitäten der mechanischen Bewegung von Systemen mit vielen Freiheitsgraden haben besonders die Arbeiten von Moser in der Schweiz und die der

Moskauer Schule um KRYLOV, KOLMOGOROV, ARNOLD und SINAI beigetragen. Man kann das Problem der Irreversibilität makroskopischer Prozesse heute noch nicht als gelöst bezeichnen, zu viele Fragen sind noch offen, aber die Physik dringt gegenwärtig offenbar zur Lösung dieses fundamentalen Problems vor.

Um die entscheidenden Ideen bei diesen Entwicklungen verstehen zu können, müssen wir zunächst einige Begriffe der Mechanik, die teilweise schon im Abschnitt 2.2. behandelt wurden, wiederholen. Betrachten wir ein mechanisches System mit f Freiheitsgraden, das den Hamiltonschen Gleichungen (3.7–8) genügt. Aus der Mechanik weiß man, daß ein solches System stets $(2f - 1)$ Konstanten der Bewegung besitzt. Formal kann man diese Konstanten gewinnen, indem man aus den $2f$ Lösungsfunktionen

$$q_i(t; q_1^0, \ldots, p_f^0), \qquad p_i(t; q_1^0, \ldots, p_f^0), \qquad i = 1, \ldots, f,$$

die Zeit eliminiert. Für den harmonischen Oszillator mit

$$q(t) = A_1 \sin\alpha; \quad p(t) = A_2 \cos\alpha; \quad \alpha = \omega t + \delta \tag{3.17}$$

folgt durch Elimination der Zeit die Wirkung

$$J = \frac{\pi}{2m\omega} A_1^2 + \frac{\pi m\omega}{2} A_2^2 = \frac{p^2}{2m\omega} + \frac{m\omega q^2}{2} \tag{3.18}$$

als Integral der Bewegung. Wirkung und Frequenz hängen mit der Hamiltonfunktion folgendermaßen zusammen:

$$H = \omega J; \qquad \omega = \partial H/\partial J. \tag{3.19}$$

Man unterscheidet zwei Arten von Integralen der Bewegung, isolierende und nichtisolierende. Die isolierenden Integrale der Bewegung zeichnen sich dadurch aus, daß sie geschlossene Flächen im Phasenraum darstellen. Ein mechanisches System heißt integrabel, wenn unter den $(2f - 1)$ Integralen der Bewegung f Integrale existieren, die isolierend sind und eindeutige und differenzierbare (analytische) Funktionen der Koordinaten und Impulse darstellen:

$$J_i(q_1, \ldots, p_f), \qquad i = 1, 2, \ldots, f.$$

Solche Systeme tragen den Namen integrabel, weil man anhand der f-Integrale die Impulse eliminieren und die Koordinaten dann, z. B. durch Integration, als Funktionen der Zeit finden könnte. Für integrable Systeme liegen die Trajektorien auf einer f-dimensionalen Fläche im $2f$-dimensionalen Phasenraum. Man kann zeigen, daß es sich dabei um einen f-dimensionalen Torus handelt, was die Existenz von f zyklischen Variablen (Winkel-Variablen) ausdrückt. Ein wichtiges Ergebnis der Mechanik mehrdimensionaler Systeme (d. h. $f > 1$), das schon auf BRUNS, POINCARÉ und SIEGEL zurückgeht, besteht darin, daß die meisten mechanischen Systeme nicht integrabel sind. Mit anderen Worten, es existieren weniger als f eindeutige und differenzierbare Integrale der Bewegung. Solche nichtintegrablen Systeme können ein sehr komplexes dynamisches Verhalten zeigen. Insbesondere können Gebiete im Phasenraum existieren, in denen die Trajektorien instabil im Sinne der Ausführungen des 2. Kapitels sind, d. h., anfänglich benachbarte Trajektorien divergieren exponentiell. Ein zweidimensionales Beispiel dafür ist das anharmonische Oszillator-System von HENON und HEILES mit dem Hamiltonian

$$H = \frac{1}{2}(p_1^2 + p_2^2 + q_1^2 + q_2^2) + q_1 q_2^2 - \frac{1}{3} q_1^3. \quad (3.20)$$

Für dieses System wurde durch numerische Integration der Gleichungen gezeigt, daß mit wachsender Energie immer größere chaotische Gebiete auftreten.

Das wichtigste analytische Resultat zur Bildung chaotischer Zonen stammt von KOLMOGOROV, ARNOLD und MOSER. Das von diesen Forschern bewiesene sogenannte KAM-Theorem besagt sinngemäß, daß eine kleine Störung eines integrablen Systems die meisten Trajektorien nur leicht modifiziert, daß aber einige (kleine) chaotische Gebiete entstehen können. Eine andere Formulierung lautet: Wenn die Störung eines integrablen Systems genügend klein ist, so bleibt der größte Teil der invarianten (nichtresonanten) Tori, die den Integralen entsprechen, erhalten bzw. wird nur schwach deformiert. Nur ein kleiner Teil der Tori, deren Anteil mit der Stärke der Störung wächst, zerfällt in chaotische Zonen.

Ein weiteres, für unsere Betrachtungen zentrales Theorem stammt von SINAI. In zwei fundamentalen Arbeiten (1970, 1972) konnte Sinai beweisen, daß Systeme von zwei oder mehr harten elastischen Kugeln, die in einen Kasten mit elastischen Wänden eingesperrt sind, vollständig chaotisch sind. Nach dem Sinai-Theorem sind fast alle Trajektorien eines solchen Systems instabil. Obwohl eine solche Eigenschaft für reale Systeme von Atomen oder Molekülen in einem Behälter bis heute nicht bewiesen werden konnte, gilt doch als sehr wahrscheinlich, daß die Aussage des Sinai-Theorems auch für reale molekulare Systeme zutrifft.

Schon BOLTZMANN stellte in seinen Arbeiten die Hypothese auf, daß Vielteilchensysteme die Eigenschaft der Ergodizität besitzen, die eng mit der oben geschilderten Stochastizität zusammenhängt. Darunter versteht man nach BOLTZMANN und EHRENFEST die Eigenschaft, daß eine beliebige Trajektorie, die bei $t = 0$ irgendwo auf der Energie-Fläche

$$H(q_1, \ldots, q_f; p_1, \ldots, p_f) = E = \text{const}$$

startet, dem Anfangspunkt im Laufe der Zeit einmal wieder beliebig nahe kommt. Die Eigenschaft der Ergodizität ist gleichbedeutend damit, daß es nur ein isolierendes Integral der Bewegung nämlich die Hamilton-Funktion (Energie) nach Gl. (3.21) gibt. Eine weitere Formulierung, die auf die Gleichheit von Zeit- und Phasenmittel Bezug nimmt, werden wir im folgenden Abschnitt geben.

Im Ergebnis der oben skizzierten Arbeiten wissen wir heute weit mehr über die Besonderheiten von Vielteilchensystemen gegenüber einfachen mechanischen Systemen als BOLTZMANN und GIBBS. Die neuen Erkenntnisse, die wir im folgenden Abschnitt noch detaillierter erörtern wollen, haben wesentlich zum Verständnis der Irreversibilität beigetragen, aber wir sind trotzdem noch weit von einer Lösung des Problems der makroskopischen Irreversibilität entfernt. Das Verhältnis zwischen Mechanik und Quantenmechanik der Mikroteilchen einerseits und der makroskopischen Theorie irreversibler Prozesse andererseits ist bis heute noch nicht endgültig aufgeklärt. Es zählt nach wie vor zu den fundamentalen Problemen der Physik (ROMPE und TREDER, 1979; HAWKING, 1988).

Nach unserer Auffassung ist letztlich die Einbettung makroskopischer Systeme in die Umwelt, d. h. in unsere Metagalaxis, für das Verständnis der Irreversibilität von zentraler Bedeutung. In unserer expandierenden Metagalaxis herrschen Bedingungen, unter denen z. B. retardierte Lichtwellen normale Erscheinungen, avancierte Lichtwellen aber praktisch ausgeschlossen sind, da sie nicht den natürlichen Anfangs- und Randbedingungen entsprechen. Auch die Einbettung dürfte eine wichtige Rolle spielen. Daneben sind jedoch noch weitere Faktoren von Bedeutung. Zusammenfassend zählen wir die wichtigsten Ursachen der beobachteten Irreversibilität makroskopischer Prozesse auf:

1) Beim Übergang von Systemen mit einer geringen Zahl von Freiheitsgraden zu Systemen mit einer hohen Zahl von Freiheitsgraden treten qualitativ neue Aspekte auf, wie die Instabilität der

Bewegung gegenüber einer kleinen Variation der Anfangsbedingungen, die zur Zerstörung der eindeutigen differenzierbaren Integrale der Bewegung, zu stochastischen Gebieten im Phasenraum bzw. chaotischen Bewegungen führt. Das Verhalten großer Systeme wird damit in wachsendem Maße unvorhersagbar. Eine geringe Unschärfe in der Kenntnis der Anfangsbedingungen, mit der man bei großen Systemen stets rechnen muß, wächst mit der Zeit stark an und erzwingt die Einführung statistischer Betrachtungsweisen, d. h. die Beschreibung durch Wahrscheinlichkeitsverteilungen bzw. Dichteoperatoren.

2) Die Einbettung makroskopischer Systeme in eine Umwelt führt zu speziellen Randbedingungen und unvermeidlichen stochastischen Störungen. Dadurch wird die Lösungsmannigfaltigkeit der Hamiltonschen Gleichungen, der Maxwellschen Gleichungen, der Schrödingergleichungen usw. eingeschränkt und die Zeitsymmetrie gebrochen. Das einfachste Beispiel dafür sind die Kugelwellen-Lösungen der Maxwell-Gleichungen – aufgrund der Randbedingungen kommen, wie oben erwähnt, avancierte Lösungen in der Realität kaum vor, die retardierten Lösungen werden dagegen realisiert. Eine wichtige Rolle spielt die Wechselwirkung aller Körper mit dem See der 2,7 K-Hintergrund-Strahlung. Die Streuung an den Photonen der Hintergrundstrahlung führt zu einer zwar schwachen, aber vom Prinzip her sehr wichtigen Dämpfung aller Bewegungen. Der See der 2,7 K-Photonen wirkt wie ein Wärmebad, das eine schwache, aber ständig wirkende Dissipation hervorruft.

3) Für makroskopische Systeme sind die mikroskopischen Variablen nicht mehr adäquat. Die Notwendigkeit einer Vergröberung der Beschreibung, eines Informationsverlustes, ist objektiv bedingt. Die Einführung makroskopischer Variabler führt auf eine neue Ebene der Beschreibung, in der als neue Naturkonstante die Boltzmann-Konstante auftritt.

Als entscheidendes neues Prinzip der Makrophysik verstehen wir wie Rompe und Treder (1979) das Boltzmannsche Prinzip, welches wir nach (3.14–15) wie folgt formulieren möchten: Makroskopische Systeme besitzen bei fixierter Energie eine Lyapunov-Funktion

$$\begin{aligned} &L(E, t) = \delta S(E, t) = S_{eq}(E) - S(E, t), \\ &L(E, t) \geqq 0, \qquad \frac{\partial}{\partial t} L(E, t) \leqq 0. \end{aligned} \tag{3.21}$$

Hierbei bezeichnet

$$S_{\mathrm{eq}}(E)$$

die maximale Entropie (Entropie des Gleichgewichtszustandes) bei fixierter Energie. Diese Größe, die auch Entropieabsenkung genannt wird (Ebeling, Engel-Herbert und Herzel, 1986), spielt eine fundamentale Rolle für das Verständnis von Irreversibilität und Selbstorganisation in der Zeit. Auf Grund des 2. Hauptsatzes der Thermodynamik nimmt $S(t)$ für jedes energetisch isolierte System im Laufe der Zeit monoton zu. Entropie und Wahrscheinlichkeitsdichte hängen über die Boltzmannkonstante k_{B} wie folgt zusammen:

$$S(t) = -k_{\mathrm{B}} \int \mathrm{d}q \, \mathrm{d}p \, \varrho(q, p, t) \ln \varrho(q, p, t) \tag{3.22}$$

bzw.

$$S(t) = -k_{\mathrm{B}} \operatorname{Tr} [\varrho(t) \ln \varrho(t)], \tag{3.23}$$

wobei $\varrho(q, p, t)$ die Wahrscheinlichkeitsdichte im Phasenraum des Systems bzw. $\varrho(t)$ den quantenstatistischen Dichteoperator darstellen.

Um die Monotonie des zeitlichen Verlaufes von $S(t)$ bzw. $\delta S(t)$ richtig darzustellen, benötigt man kinetische Gleichungen für $\varrho(q, p, t)$ bzw. $\varrho(t)$, die nicht zeitsymmetrisch sind. Als geeigneten Ansatzpunkt für die Formulierung kinetischer Gleichungen betrachten wir die von Zubarev vorgeschlagenen Gleichungen für die Wahrscheinlichkeitsdichten (Zubarev, 1976; Röpke, 1986):

$$\partial_t \varrho(q, p, t) + \{H, \varrho\} = -\varepsilon(\varrho - \varrho^{(0)}) \tag{3.24}$$

bzw. für den Dichteoperator

$$\partial_t \varrho(t) + \frac{1}{\mathrm{i}\hbar} [\boldsymbol{H}, \varrho] = -\varepsilon(\varrho - \varrho^{(0)}). \tag{3.25}$$

Die Klammern bezeichnen die Poisson-Operation im klassischen Fall und die Vertauschungsoperation im quantenmechanischen Fall. Bei Zubarev bedeutet ε einen kleinen positiven Parameter, der den Symmetriebruch in die Theorie einführt und der am Ende der Rechnungen (von der positiven Seite her) gegen Null geführt wird. Wir ziehen es vor, dem Parameter ε einen physikalischen Sinn zu geben und identifizieren ihn mit einer effektiven Frequenz der Stöße des Systems mit dem Wärmebad der 2,7 K-Strahlung. In unserer Interpretation entspricht die Zielverteilung, gegen die das System strebt, einer kanonischen Gleichgewichtsverteilung

$$\varrho^{(0)} = Z^{-1} \exp\left[-H/k_B T_0\right], \tag{3.26}$$

wobei $T_0 \approx 2{,}7$ K die Temperatur der Hintergrundstrahlung ist. Die Frequenz der dissipativen Stöße mit dem See der Hintergrund-Photonen ist so klein, daß sie kaum zu meßbaren Konsequenzen in den üblichen Beobachtungszeiten führt. Die prinzipiell wichtige Folge ist jedoch die Einführung eines Symmetriebruchs gegenüber der Zeitumkehr. Die Gleichungen von ZUBAREV (3.24–25) sind irreversibel, sie führen auf retardierte Lösungen und zum Anwachsen der Entropie in energetisch isolierten Systemen.

Eine Alternative zu den Zubarev-Gleichungen bietet die Benutzung von Fokker-Planck-Gleichungen für die Beschreibung der Dämpfung aller Teilchenbewegungen durch das thermische Feld der Hintergrundstrahlung:

$$\partial_t \varrho(q, p, t) + \{H, \varrho\} = \varepsilon\, \partial_p [p\varrho + m k_B T_0\, \partial_p \varrho]. \tag{3.27}$$

Hierbei stellt ε wiederum die (extrem kleine) Frequenz der Wechselwirkungen mit den Photonen der Hintergrundstrahlung und T_0 deren Temperatur dar. Über die Lösungen der Gleichungen vom Typ (3.25) bzw. (3.27), die unter Berücksichtigung des Strahlungsfeldes an die Stelle der Liouville-Gleichung treten, sind verschiedene allgemeine Aussagen bekannt (EBELING, 1965; ZUBAREV, 1976).

Fassen wir am Schluß dieses Abschnitts das physikalische Bild zusammen, das sich aus den bisherigen Betrachtungen ergibt:

1) Rein mechanische (quantenmechanische) Systeme sind zeitsymmetrisch, sie haben keinen Zeitpfeil.
2) Die Brechung der Zeitsymmetrie erfordert ein zusätzliches nichtmechanisches Postulat.
3) Die realen Bedingungen des expandierenden Universums, insbesondere die Existenz einer als dissipatives Wärmebad wirkenden Hintergrundstrahlung brechen die Zeitsymmetrie.

Die Diskussion der Brechung der Zeitsymmetrie trägt soweit eher prinzipiellen Charakter. Sie erlaubt uns, zu verstehen, warum reale makroskopische Systeme nicht zurückkehren, d. h. ihren Poincaré-Zyklus nicht vollenden. Zum Verständnis der praktisch beobachteten kurzen Relaxationszeiten irreversibler Prozesse aber bedarf es weiterer Argumente. Interessanterweise beruhen diese Argumente, die den Zusammenhang zwischen Irreversibilität und Instabilität der Bewegung berühren, wiederum auf der genialen Arbeit POINCARÉS aus dem Jahre 1890, deren Grundgedanken besonders durch HOPF, KRYLOV, KOLMOGOROV, ARNOLD, SINAI, CHIRIKOV und ZASLAVSKIJ weitergeführt wurden.

3.3. Irreversibilität und Instabilität

Das Konzept der Instabilität einer Bewegung gegenüber einer Variation der Anfangsbedingungen wurde bereits in Kapitel 2 eingeführt und im vorigen Abschnitt im Hinblick auf die Festlegung des Zeitpfeils analysiert. Kurz gesagt verstehen wir unter Instabilität die Eigenschaft bestimmter Systeme, zwei anfänglich dicht benachbarte Trajektorien in kurzer Zeit weit auseinanderlaufen zu lassen. Mit anderen Worten, eine kleine Variation der Anfangsbedingungen schaukelt sich bereits nach Durchlaufen eines kleinen Zeitintervalls zu großen Abweichungen auf. Für instabile (chaotische) Gebiete des Phasenraumes wächst die Abweichung zweier ursprünglich dicht benachbarter Trajektorien exponentiell mit der Größe des Zeitintervalls an. Es war schon POINCARÉ (1892) bekannt, daß eine Reihe von mechanischen Mehrkörperproblemen, wie das Dreikörperproblem der Himmelsmechanik, die Eigenschaft der Instabilität besitzt. Allerdings mußte nach POINCARÉS genialen Ansätzen noch mehr als ein halbes Jahrhundert vergehen, bis ein Zusammenhang zwischen der Instabilität mechanischer Bewegungen und der Irreversibilität hergestellt wurde. Zu den Pionieren dieser wichtigen Richtung der Physik zählen HOPF, KRYLOV, BORN, KOLMOGOROV, ARNOLD, MOSER, SINAI, CHIRIKOV und ZASLAVSKIJ (KRYLOV, 1950, 1979; ARNOLD und AVEZ, 1968; SINAI, 1970, 1972; CHIRIKOV, 1979; LICHTENBERG und LIEBERMAN, 1983; ZASLAVSKIJ, 1984; ARNOLD, 1987).

Um das Verständnis dieser neuen Ideen zu erleichtern, wiederholen wir zunächst drei wichtige Begriffe aus der modernen Mechanik: ergodische Systeme, mischende Systeme und K-Systeme.

Wir bezeichnen mit

$$\boldsymbol{x}(t + \Delta t) = T[\boldsymbol{x}(t), \Delta t]$$

die Abbildung, welche zu der mechanischen Bewegung korrespondiert, wobei $\boldsymbol{x} = \{q_1, \ldots, p_f\}$ die Gesamtheit aller Koordinaten und Impulse darstellt. Die Evolution einer beliebigen Phasenraumfunktion $f(\boldsymbol{x})$ kann dann in folgender Form dargestellt werden

$$f(\boldsymbol{x}, t + \Delta t) = f(T[\boldsymbol{x}(t), \Delta t]) = S(\Delta t)\, f(\boldsymbol{x}, t), \tag{3.28}$$

wobei der Operator S das Analogon der quantenmechanischen S-Matrix ist. Das mechanische System heißt ergodisch, wenn das zeitliche Mittel über lange Beobachtungszeiten mit dem Phasenmittel übereinstimmt und nicht von t abhängt:

$$\begin{aligned} f &= \lim_{t \to \infty} \frac{1}{t} \int\limits_{t_0}^{t_0+t} \mathrm{d}t' f(\boldsymbol{x}(t')) \\ &= \langle f \rangle = \int f(z)\, \mathrm{d}\Gamma(z) \end{aligned} \tag{3.29}$$

($\mathrm{d}\Gamma(z)$ – Maß auf dem Phasenraum).

Dabei sollte die Bedingung (3.29) für alle Trajektorien bis auf seltene Ausnahmen vom Maß Null zutreffen. Diese Begriffsbestimmung, die auf Birkhoff und Hopf zurückgeht, ist eine Verallgemeinerung des Ergodenbegriffs von Boltzmann und Ehrenfest.

Der Begriff des Mischungscharakters (der Gemischtheit) der Bewegung, der in seinen Grundzügen noch auf Gibbs zurückgeht, läßt sich wie folgt definieren (Zaslavskij, 1984): Wir betrachten zwei beliebige integrierbare Funktionen der dynamischen Variablen $f(\boldsymbol{x})$ und $g(\boldsymbol{x})$ und bilden ihre zeitliche Korrelationsfunktion nach der Vorschrift

$$R(t) = \langle S(t)\, f, s(t)\, g \rangle - \langle f \rangle \langle g \rangle . \tag{3.30}$$

Die Definition für die Gemischtheit der Bewegung lautet dann

$$\lim_{t \to \infty} R(t) = 0 . \tag{3.31}$$

Sie entspricht der Forderung, daß die Langzeitkorrelationen für alle integrierbaren Phasenfunktionen verschwinden. Anschaulich gesehen bedeutet Mischungscharakter, daß sich die anfänglich in irgend einem Teilvolumen konzentrierte Phasendichte im Laufe der Zeit wie ein Mollusk bzw. wie Tintenfäden über das gesamte zugängliche Phasenvolumen ausbreitet. Mischungscharakter der Bewegung impliziert Ergodizität, aber nicht umgekehrt.

Was versteht man nun unter einem K-Fluß? Die mathematische

Definition eines K-Flusses erfolgt mit Hilfe der Kolmogorov-Entropie. Diese Größe, deren strenge Definition wir hier nicht geben wollen, ist unter recht allgemeinen Voraussetzungen gleich der Summe der positiven Lyapunov-Exponenten (ECKMANN und RUELLE, 1985). Ein dynamisches System heißt K-Fluß, wenn seine Kolmogorov-Entropie positiv ist. Dies bedeutet, daß mindestens ein Lyapunov-Exponent größer als Null sein muß. Damit wird deutlich, daß der Begriff des K-Flusses eng mit dem Begriff der Instabilität zusammenhängt (ZASLAVSKIJ, 1984). Bezeichnen wir mit $d(t)$ den Abstand zweier Trajektorien zur Zeit t

$$d(t) = \left\{\left(\Delta q(t)\right)^2 + \left(\Delta p(t)\right)^2\right\}^{1/2}.$$

Wenn eine lokale Instabilität vorliegt, so existiert eine Richtung, in der

$$d(t) = d(0) \exp (h_0 t); \qquad h_0 > 0 \tag{3.32}$$

gilt, wobei das Inkrement h_0 im allgemeinen vom Ort im Phasenraum abhängt. Man kann zeigen, daß die lokale Instabilität (3.32) in vielen Fällen den Mischungscharakter mit

$$R(t) \sim \exp (-h_c t) \tag{3.33}$$

impliziert, wobei

$$h_c = \langle h_0 \rangle \tag{3.34}$$

einen gemittelten Wert darstellt. Damit wird ein unmittelbarer Zusammenhang zwischen einer statistischen Größe h_c und einer dynamischen Größe h_0 hergestellt. K-Systeme besitzen nun gerade die Eigenschaften (3.32–34), und man kann daher diese Relationen auch zur Definition von K-Systemen (K-Flüssen) benutzen.

Wichtige Erkenntnisse zur Instabilität resultierten aus numerischen Lösungen der Newtonschen Gleichungen für Vielteilchensysteme mit Hilfe moderner Computer. Typische Simulationen dieser Art umfassen zwar nur einige 100 Teilchen; mit Hilfe der Methode der periodischen Randbedingungen können die Resultate jedoch auf unendliche (periodische) Systeme ausgedehnt werden. Abb. 3.1 zeigt die dieser Methode zugrundeliegende Idee. Das System besteht aus unendlich vielen Kästen mit durchlässigen Wänden, in die jeweils einige hundert Teilchen eingesperrt sind. Die Konfigurationen der Teilchen und die Dynamik sind für jeden der Kästen absolut gleich. In einer Pionierarbeit haben ORBAN und BELLEMANS (1967) die Dynamik von 100 Scheiben, die den

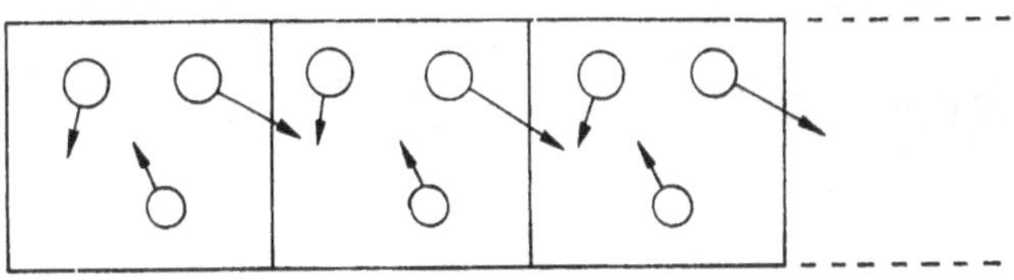

Abb. 3.1. Newtonsche dynamische Systeme mit periodischen Randbedingungen

Newtonschen Gleichungen und den Gesetzen des elastischen Stoßes folgen, studiert. Als Anfangsbedingungen wurden zufällige Positionen und zufällig orientierte Geschwindigkeiten der 100 Scheiben vorgegeben. ORBAN und BELLEMANS berechneten mit diesen Annahmen die Trajektorien aller Teilchen und bestimmten damit die mittlere Häufigkeit im Phasenraum

$$f(x, y, v_x, v_y, t)$$

zur Zeit t und mit deren Hilfe schließlich die Boltzmannsche H-Funktion

$$H(t) = \int dx\, dy\, dv_x\, dv_y\, f \ln f. \tag{3.35}$$

In Abb. 3.2 sind die außerordentlich lehrreichen Resultate der Arbeit von ORBAN und BELLEMANS schematisch dargestellt. Der erste Lauf bezieht sich auf relativ lange Rechenzeiten. Man beobachtet, daß die H-Funktion (die negative Entropie) bis auf kleine Schwankungen monoton abnimmt.

In einer weiteren Rechnung wurden nach 50 Stößen und in einer dritten Rechnung nach 100 Stößen die Richtungen der Geschwindigkeiten umgedreht. Es ist sehr interessant, zu beobachten, daß die H-Funktion dann nach weiteren 50 bzw. 100 Stößen wieder auf den Ausgangswert zurückkehrt, bzw. zumindest diesen fast erreicht. Das entspricht genau dem von LOSCHMIDT postulierten Verhalten.

Eine dem Poincaré-Zyklus entsprechende Wiederkehr wurde allerdings nicht beobachtet. Dafür gibt es zwei Ursachen:

1. Der Poincaré-Zyklus ist für Systeme von 100 Teilchen bereits sehr groß.
2. Die bei der Rechnung unvermeidlich auftretenden Rundungsfehler wirken wie eine ständige stochastische Störung, die zum „Vergessen“ der Anfangsbedingungen führt.

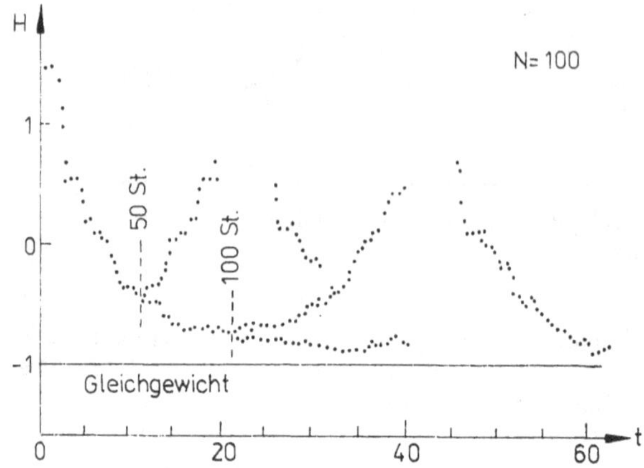

Abb. 3.2. Evolution der Boltzmannschen H-Funktion nach numerischen Resultaten (für 100 Scheiben) von ORBAN und BELLEMANS (1967) (Inversion nach 50 bzw. 100 Stößen)

Der zuletzt genannte Effekt wurde intensiv von NORMAN und Mitarbeitern studiert (KAKLYUGIN und NORMAN, 1987; VALUEV et al., 1987). Anhand von numerischen Simulationen der Dynamik Newtonscher Partikel wurde nachgewiesen, daß Rundungsfehler den Poincaré-Zyklus großer Systeme zerstören und zum monotonen Anwachsen der Entropie des Systems führen. Übrigens sind die Rundungsfehler auch dafür verantwortlich, daß bei Geschwindigkeitsinversion der anfängliche Wert der H-Funktion nicht mehr ganz erreicht wird, denn durch die Rundungsfehler ist bereits ein Teil der zu Anfang vorhandenen Information verlorengegangen. NORMAN hat in diesem Zusammenhang den Begriff des stochastischen Hintergrundes eingeführt. Dahinter verbirgt sich die Vorstellung, daß es eine Newtonsche Mechanik in der Realität eigentlich nur für solche Zeiten gibt, in denen die unvermeidlichen stochastischen Einflüsse nicht das Vergessen der Anfangsbedingungen erzwingen.

Nach unserer Auffassung sollte man diese prinzipiell richtige Vorstellung unbedingt mit unserem Wissen über die Existenz einer universellen Hintergrundstrahlung in Verbindung bringen. Der sogenannte stochastische Hintergrund ist vom Standpunkt der Physik aus nichts anderes als der See der thermischen Photonen mit der Temperatur 2,7 K, in den alle Prozesse in unserer Metagalaxis eingebettet sind. Wie schon im vorigen Abschnitt dargelegt wurde, ist der thermische Photonensee eine entscheidende physikalische Ursache für die Zerstörung des Poincaré-Zyklus der Teilsysteme der Metagalaxis.

Die aufmerksame Betrachtung der in Abb. 3.2 dargestellten Resultate von ORBAN und BELLEMANS zeigt uns, daß die charakteristische Zeit der Relaxation der Entropie (H-Funktion) wesentlich kleiner ist als die charakteristische Zeit des Poincaré-Zyklus. MARECHAL und KESTEMONT (1987) haben den Zusammenhang mit der Zerfallszeit der Korrelationen auch für ein System aus harten Scheiben untersucht.

Es ist eines der wichtigsten Resultate der neueren Untersuchungen, daß diese Relaxationszeiten mit der Instabilität der mechanischen Bewegungen und damit auch mit ihrem Lyapunov-Exponenten im Zusammenhang stehen. Entsprechend der allgemeinen Definition (siehe Kap. 2) führen wir den Lyapunov-Exponenten eines mechanischen Systems wie folgt ein:

$$\Lambda = \lim_{t \to \infty; d(0) \to 0} \frac{\ln d(t) - \ln d(0)}{t}. \tag{3.36}$$

Dabei ist $d(t)$ der oben eingeführte Abstand im Phasenraum. Es gilt heute als gesichert, daß die Lyapunov-Exponenten für eine Reihe konkreter mechanischer Vielteilchen-Systeme positiv sind. Allerdings geben die vorhandenen numerischen Resultate noch keine erschöpfende Auskunft (BENETTIN et al., 1976; SELIGMAN et al., 1985; HOOVER et al., 1987; HOOVER, 1988). Die oben eingeführten Begriffe Mischungscharakter und K-Fluß stehen, wie die Gln. (3.32–34) zeigen, in einem engen Zusammenhang mit dem Lyapunov-Exponenten mechanischer Bewegungen.

Es gehört zu den fundamentalen Resultaten der modernen Forschungen über mechanische Bewegungen, daß eine Reihe wichtiger physikalischer Systeme die K-Fluß-Eigenschaft besitzt. Dazu gehören Systeme harter Kugeln in einem Kasten, das Lorentz-Gas sowie unendliche harmonische Gitter (SINAI, 1972; MISRA, 1987).

In einer neueren Arbeit konnte MISRA (1987) zeigen, daß Klein-Gordon-Felder und auch die Wellengleichung die Eigenschaften von K-Flüssen besitzen. Man darf daher vermuten, daß die Bewegung realer physikalischer Systeme wenigstens partiell K-Flüssen entspricht. In anderen Worten, es ist zu vermuten, daß die Nichtintegrabilität und Instabilität gegenüber einer Variation der

Anfangsbedingungen eine grundlegende Eigenschaft der realen physikalischen Bewegungen ist (PRIGOGINE und STENGERS, 1981; NICOLIS und PRIGOGINE, 1987; PETROSKY und PRIGOGINE, 1988).

Gerade an diesen Punkt knüpft ein neuer Ansatz zur Lösung des Problems der gebrochenen Zeitsymmetrie an, der von MISRA, PRIGOGINE und Mitarbeitern stammt (MISRA, 1987; MISRA und PRIGOGINE, 1983; PRIGOGINE 1987; PETROSKY und PRIGOGINE 1988). Dieser Ansatz unterscheidet sich wesentlich von, den üblichen Methoden der Vergröberung der Beschreibung. Die gebrochene Zeitsymmetrie wird nicht durch Approximationen eingeführt, sondern als ein physikalisches Selektionsprinzip, das auf der Instabilität der Bewegung und einem Grenzübergang zu sehr großen Systemen ($N \to \infty$) beruht. Das Prinzip der Irreversibilität wird so bereits auf der fundamentalen Ebene der Dynamik ins Spiel gebracht. Damit ist eine Erweiterung der konzeptionellen und der mathematischen Struktur der Dynamik verknüpft. Wesentlich für die Schlußkette ist die K-Fluß-Eigenschaft. Wie oben ausgeführt, ist es eine grundlegende Eigenschaft von K-Flüssen, daß sich Punkte exponentiell voneinander entfernen. Es ist genau diese Eigenschaft, die es MISRA und PRIGOGINE erlaubt, eine probabilistische Markovsche Evolution abzuleiten, die zum Entropiewachstum führt. Allerdings ist der Übergang von der reversiblen deterministischen Evolution zur entropiesteigernden stochastischen Evolution nicht mehr das Resultat von Näherungen oder Zusatzannahmen, sondern es erwächst aus der intrinsischen Instabilität der Bewegung.

Um wenigstens den Grundgedanken dieser Ableitung verstehen zu können, müssen wir wieder einige Begriffe einführen:

Sei S_t die Gruppe der Transformationen, die die Bewegung des Phasenpunktes ω beschreibt und U_t die dazugehörige unitäre Gruppe, die die Evolution der Wahrscheinlichkeitsdichte angibt,

$$\varrho(S_{-t}\omega) = U_t\varrho(\omega). \tag{3.37}$$

Unter der Voraussetzung der K-Fluß-Eigenschaft kann dann die Existenz einer beschränkten Transformation Λ nachgewiesen werden, die folgende Eigenschaften besitzt:

1) Wenn ϱ eine Wahrscheinlichkeitsdichte ist, dann auch

$$\varrho' = \Lambda\varrho. \tag{3.38}$$

2) Die Relation

$$\Lambda U_t = W_t \Lambda \tag{3.39}$$

definiert eine Halbgruppe W_t, die für $t \geqq 0$ die Evolution der Gibbsverteilung als Markovprozeß beschreibt.

3) Die Entropie

$$\begin{aligned} S(t) &= -k_B \operatorname{Tr}\left(\varrho(t) \ln \varrho(t)\right) \\ &= -k_B \operatorname{Tr}\left((W_t\varrho) \ln (W_t\varrho)\right) \end{aligned} \tag{3.40}$$

ist eine monoton zunehmende Funktion.

Darüber hinaus kann man eine inverse Transformation Λ^{-1} finden. Mit ihrer Hilfe kann W_t für positive Zeiten als nichtunitäre Ähnlichkeitstransformation von U_t dargestellt werden:

$$W_t = \Lambda U_t \Lambda^{-1}. \tag{3.41}$$

Es sei angemerkt, daß zur Zeit noch nicht bekannt ist, ob die K-Fluß-Eigenschaft wirklich notwendige Voraussetzung für die Existenz der Transformation Λ ist. Allerdings weiß man schon, daß die Mischungseigenschaft unbedingt erforderlich ist. Für dynamische Systeme, die keinen Mischungscharakter besitzen, existiert die Transformation Λ nicht.

Petrosky und Prigogine (1988) haben in neueren Arbeiten die Rolle der Nichtintegrabilität für die Ableitung irreversibler Gleichungen für klassische und quantenmechanische Systeme untersucht. In beiden Fällen ist die Existenz kinetischer Stoßoperatoren, die zu irreversiblen Gleichungen führen, an einen Grenzübergang zu unendlich großen Systemen und die Eigenschaft der Nichtintegrabilität gebunden. Nichtintegrabilität heißt hier, daß die einzigen Invarianten der Bewegung, die sich analytisch fortsetzen lassen, die Stoßinvarianten (darunter auch der Hamiltonian selbst) sind. Es konnte gezeigt werden, daß nur unter dieser Bedingung der Stoßoperator nicht verschwindet.

Vom physikalischen Standpunkt aus gesehen, ist die Notwendigkeit eines Grenzübergangs zu unendlich großen Systemen natürlich nicht ganz befriedigend. Man kann sich jedoch auf den Standpunkt stellen, daß mit diesem Grenzübergang gerade die Ankopplung des betrachteten Systems, das zwar groß, aber doch prinzipiell endlich ist, an den Kosmos modelliert wird.

Am Schluß dieses Abschnitts, der den Beziehungen zwischen der Instabilität mechanischer Bewegungen und der Irreversibilität gewidmet war, fassen wir noch einmal die wesentlichen Voraussetzungen zusammen, durch die moderne Ableitungen irreversibler Gleichungen charakterisiert sind:

1) Annahme eines komplexen Charakters der mechanischen (quantenmechanischen) Bewegung im System selbst, der durch Begriffe wie Instabilität, Nichtintegrabilität, Mischungs- bzw. K-Fluß-Charakter beschrieben werden kann.
2) Ausführung eines Grenzübergangs zu unendlich großen Systemen, entweder durch einen mathematischen Grenzübergang zu unendlichen Teilchenzahlen oder durch die Ankopplung des (endlichen) Systems an den „Rest" des Kosmos.

Es sei noch einmal betont, daß trotz der geschilderten wichtigen Beiträge viele wichtige Fragen weiterhin offen sind, so daß eine endgültige Lösung des Irreversibilitätsproblems noch aussteht. Insbesondere halten wir, wie bereits ausgeführt, die Einbeziehung der kosmologischen Aspekte für unverzichtbar.

3.4. *Irreversibilität und Selbstorganisation*

Der zweite Hauptsatz der Thermodynamik, den wir im Abschnitt 3.1. formuliert haben (siehe Gl. (3.4)) läßt sich in folgender Form schreiben:

$$\frac{\mathrm{d}S}{\mathrm{d}t} \geqq \frac{\mathrm{d_e}S}{\mathrm{d}t}. \tag{3.42}$$

Die Entropieänderung in einem System muß wegen der unvermeidlichen Entropieproduktion stets größer oder gleich dem Entropieimport sein. Wendet man dieses Gesetz auf isolierte Systeme an, so folgt

$$\frac{\mathrm{d}S}{\mathrm{d}t} \geqq 0. \tag{3.43}$$

Die Entropie eines isolierten Systems nimmt stets zu oder kann im Grenzfall höchstens konstant bleiben. In einem isolierten System wird aufgrund des zweiten Hauptsatzes die Energie stets entwertet, die molekulare Ordnung nimmt ab. Ein isoliertes System kann sich nicht spontan organisieren; es tendiert zur Desorganisation seiner inneren Struktur, zur Vergrößerung der molekularen Unordnung.

Was bedeutet molekulare Unordnung vom Standpunkt der mikroskopischen Mechanik aus gesehen? Für ein isoliertes System ist die Energie konstant, d. h., die Trajektorie des Systems bewegt sich stets auf der sogenannten Energiefläche

$$H(q_1 \dots q_f, p_1 \dots p_f) = E = \text{const}. \qquad (3.44)$$

Im thermodynamischen Gleichgewicht füllt die Trajektorie im Laufe der Zeit die Energiefläche vollständig aus und die Entropie wird durch den Logarithmus der „Größe" dieser Fläche im $2f$-dimensionalen Phasenraum gegeben:

$$S_{\text{eq}}(E) = k_{\text{B}} \ln \Omega(E). \qquad (3.45)$$

Im Nichtgleichgewicht ist die Dichte der Trajektorien auf der Energiefläche nicht mehr gleichmäßig, und die Entropie berechnet sich nach Gl. (3.22) im klassischen bzw. Gl. (3.23) im quantenmechanischen Fall. Mit Hilfe der so berechneten zeitabhängigen Nichtgleichgewichtsentropie können wir ein effektives Volumen des von Trajektorien ausgefüllten Teils des Phasenraumes definieren:

$$S(E, t) = k_{\text{B}} \ln \Omega_{\text{eff}}(E, t). \qquad (3.46)$$

Die Tendenz zur Zunahme der Entropie im isolierten System entspricht nach Gl. (3.46) einer Tendenz zur Zunahme des effektiven Phasenvolumens.

Entropie ist die entscheidende physikalische Größe für die Beschreibung der Selbstorganisation (Glansdorff und Prigogine, 1971; Ebeling und Ulbricht, 1986). Sie ist ein Maß für die Wertlosigkeit der im System enthaltenen Energie und ein Maß der Unordnung. Nach den obigen Überlegungen kann die relative Ausfüllung der Energiefläche als Maß für den Wert der Energie benutzt werden, d. h., die Größe

$$W(E, t) = 1 - \exp \{[S(E, t) - S_{\text{eq}}(E)]/k_{\text{B}}\} \qquad (3.47)$$

hat die Bedeutung des „Wertes der Energie". Auf Grund des II. Hauptsatzes nimmt dieser „Wert der Energie" im Laufe der Zeit ständig ab, er stellt mit anderen Worten eine Lyapunov-Funktion dar,

$$W(E, t) \geqq 0; \qquad \partial_t W(E, t) \leqq 0, \qquad \forall\, t. \qquad (3.48)$$

Selbstorganisation ist verknüpft mit wertvollen Energieformen und geordneten Zuständen des Systems. Die Entropie eines Systems kann sich verringern, wenn das System Entropie exportiert ($d_eS < 0$) und wenn der Export pro Zeiteinheit die entsprechende Entropieproduktion im Innern übersteigt, also:

$$\frac{dS}{dt} \leqq 0 \qquad \text{wenn} \qquad \left|\frac{d_eS}{dt}\right| \geqq \frac{d_iS}{dt} > 0 . \tag{3.49}$$

Eine solche Situation ist nur weitab vom Gleichgewicht denkbar, da in Gleichgewichtsnähe stets $d_iS > 0$ dominiert. Der Entropieexport muß einen kritischen Wert übersteigen, damit im System eine Strukturbildung beginnen kann. Die Selbstorganisation ist eine „überkritische" Erscheinung; das heißt, sie ist nur möglich, wenn die Systemparameter gewisse kritische Werte überschreiten. Für diese Regel werden wir in den folgenden Kapiteln verschiedene Beispiele geben.

Ein Entropieexport, der die innere Entropieproduktion übersteigt, kommt nicht spontan zustande, sondern erfordert eine „Entropiepumpe". Zum Betrieb dieser Pumpe wird, wie für den Betrieb jeder Maschine, verschleißbare freie Energie oder freie Enthalpie benötigt, die aus äußeren oder inneren Quellen stammen kann. Letztlich lassen sich solche Energiequellen immer auf irdische oder stellar ablaufende Kernreaktionen oder chemische Reaktionen zurückführen. Die Entropiepumpe kann sich sowohl außerhalb als auch innerhalb eines strukturbildenden Systems befinden. Wir unterscheiden dementsprechend zwischen passiven und aktiven strukturbildenden Systemen. Passive strukturbildende Systeme (Benard-Zelle, Elektrogeräte, Laser usw.) müssen mit einer Umgebung gekoppelt sein, die eine Entropiepumpe (eine Quelle wertvoller Energie) enthält, die Elektrizität, Wärme bei hoher Temperatur, kurzwellige Strahlung o. ä. in das System pumpt. Erst im Ergebnis eines Prozesses der Selbstorganisation werden im Inneren geordnete Strukturen gebildet. Dabei werden wertvolle Energieformen wie Strömungsenergie oder kohärente Strahlung aufgebaut (Feistel und Ebeling, 1989). Aktive strukturbildende Systeme (Lebewesen, Ottomotoren, usw.) enthalten eine Entropiepumpe im Innern und müssen daher schon von vornherein einen hohen Grad innerer Organisiertheit besitzen. Um den Antrieb dieser inneren Pumpen zu gewährleisten, müssen ihnen aus der Umgebung energiereiche Rohstoffe zufließen, die auch in Depots (Tanks) bevorratet werden können. Sowohl aktive als auch passive Systeme werden durch die Entropiepumpe vom Gleichgewicht weggetrieben.

Betrachten wir als Beispiel eines entropieexportierenden Prozesses ein isotherm-isochores System. Es gilt

$$\frac{dF}{dt} = \frac{d_iF}{dt} + \frac{d_eF}{dt} = \frac{dE}{dt} - T\frac{dS}{dt} = \frac{d_eE}{dt} - T\frac{d_eS}{dt} - T\frac{d_iS}{dt},$$

$$\frac{d_eF}{dt} = \frac{d_eE}{dt} - T\frac{d_eS}{dt}, \quad \frac{d_eS}{dt} = \frac{1}{T}\left(\frac{dE}{dt} - \frac{d_eF}{dt}\right). \tag{3.50}$$

Aus der Entropieexportbedingung $d_eS < 0$ und $|d_eS| > d_iS$ folgt

$$\frac{d_eF}{dt} > \left(\frac{dE}{dt} + T\frac{d_iS}{dt}\right). \tag{3.51}$$

In Worten ausgedrückt: Um Entropieexport zu garantieren, muß freie Energie in einem Beitrag eingeführt werden, der die Änderung der inneren Energie und den Verschleiß infolge der Entropieproduktion abdeckt.

Für isotherm-isobare Systeme gilt

$$\frac{d_eS}{dt} = \frac{1}{T}\left(\frac{dH}{dt} - \frac{d_eG}{dt}\right),$$

d. h., die Entropieexportbedingung lautet

$$\frac{d_eG}{dt} > \left(\frac{dH}{dt} + T\frac{d_iS}{dt}\right). \tag{3.52}$$

In Worten ausgedrückt: Um Entropieexport zu garantieren, muß das isotherm-isobare System freie Enthalpie in einem Beitrag einführen, der sowohl die Änderung der Enthalpie als auch den Verschleiß durch Entropieproduktion abdeckt.

Wenn ein System vom Gleichgewicht stark abweicht, dann genügen die Variablen im allgemeinen nicht mehr linearen Gleichungen, sondern unterliegen nichtlinearen Gesetzen. Die Nichtlinearität ist ein wesentliches und allgemeines Merkmal der Naturprozesse weitab vom Gleichgewicht. Andererseits erfordert ein überkritischer Entropieexport spezielle innere Systemstrukturen. Das bedeutet, die Selbstorganisation ist eine Eigenschaft der Materie, die nur unter spezifischen Bedingungen existiert; sie ist nicht an spezielle Stoffklassen gebunden. Zusammenfassend können wir feststellen, daß es in der Natur zwei Grundtypen irreversibler Prozesse gibt:

1. Strukturzerstörung in Gleichgewichtsnähe als allgemeine Systemeigenschaft unter beliebigen Bedingungen;

2. Strukturbildung in Gleichgewichtsferne unter speziellen inneren und äußeren Bedingungen; zu diesen Bedingungen gehören Nichtlinearität der inneren Dynamik und überkritische Werte der äußeren Systemparameter.

Prigogine hat vorgeschlagen, die stabilen räumlichen, zeitlichen und raumzeitlichen Strukturen, die sich weitab vom Gleichgewicht jenseits kritischer Parameterwerte im nichtlinearen Bereich ausbilden können, als dissipative Strukturen zu bezeichnen (Prigogine, 1969; Glansdorff und Prigogine, 1971; Nicolis und Prigogine, 1977). Jedes der Kennzeichen, die wir oben zur Definition einer dissipativen Struktur herangezogen haben, hat eine bestimmte Bedeutung für den Prozeß. Zu den entscheidenden Merkmalen gehört die Stabilität gegenüber kleinen Störungen und der überkritische Abstand vom Gleichgewicht. Die wichtigsten Teilklassen der dissipativen Strukturen werden durch die stationären dissipativen Strukturen gebildet, die im Laufe der Zeit bei konstanten äußeren Bedingungen keinen Änderungen unterworfen sind:

$$\frac{\mathrm{d}S}{\mathrm{d}t} = \frac{\mathrm{d_e}S}{\mathrm{d}t} + \frac{\mathrm{d_i}S}{\mathrm{d}t}, \qquad \frac{\mathrm{d_e}S}{\mathrm{d}t} = -\frac{\mathrm{d_i}S}{\mathrm{d}t} < 0,$$
$$\frac{\mathrm{d}E}{\mathrm{d}t} = \frac{d_\mathrm{i}E}{\mathrm{d}t} = 0. \tag{3.53}$$

Die Ungleichung in (3.53) muß gelten, da für alle echten Nichtgleichgewichtsprozesse $\mathrm{d_e}S < 0$ zutrifft. Daraus folgt $\mathrm{d_i}S > 0$, d. h., das System muß Entropie an die Umgebung abgeben, um die Entropieproduktion im Innern auf Grund irreversibler Prozesse kompensieren zu können. Für den speziellen Fall eines isotherm-isochoren Systems gilt

$$\frac{\mathrm{d_e}F}{\mathrm{d}t} = T\,\frac{\mathrm{d_i}S}{\mathrm{d}t} > 0, \tag{3.54}$$

und für ein isotherm-isobares System gilt

$$\frac{\mathrm{d_e}G}{\mathrm{d}t} = T\,\frac{\mathrm{d_i}S}{\mathrm{d}t} > 0, \tag{3.55}$$

d. h., stationäre Nichtgleichgewichtssysteme müssen freie Energie oder freie Enthalpie einführen.

Wir benutzen für die Benennung stabiler stationärer Nichtgleichgewichte den von Ostwald und Bertalanffy eingeführten

Begriff des Fließgleichgewichts und definieren: Stationäre Nichtgleichgewichtszustände, die stabil gegenüber kleinen Schwankungen sind, heißen Fließgleichgewichte. Stationäre dissipative Strukturen entsprechen somit überkritischen Fließgleichgewichten.

4. Mechanische und chemische Oszillationen

4.1. Mechanische Schwingungen

In mechanischen wie auch in elektronischen Systemen tritt eine Vielzahl von Schwingungsphänomenen auf, deren Modellierung Gegenstand dieses Abschnitts sein soll. Man kann gedämpfte, selbsterregte und chaotische Oszillatoren unterscheiden. Anschauliche Beispiele sind Musikinstrumente, Stimmbänder, Schwingkreise oder auch rotierende Maschinenteile. In den meisten Fällen erfordert eine Modellierung eigentlich partielle Differentialgleichungen, aber oft können die wesentlichen Effekte bereits durch wenige gewöhnliche Differentialgleichungen beschrieben werden.

Als Ausgangspunkt für die Untersuchung von Schwingungsvorgängen kann der harmonische Oszillator

$$m\ddot{x} + kx = 0 \tag{4.1}$$

dienen. Die zugehörige Lösung

$$x(t) = A \sin(\omega_0 t + \alpha) \qquad \left(\omega_0 = \sqrt{\frac{k}{m}}\right) \tag{4.2}$$

entspricht konzentrischen Ellipsen im Phasenraum, wobei die Amplitude und die Phase durch die Anfangsbedingungen bestimmt werden (siehe Abb. 4.1). Der harmonische Oszillator hat zentrale Bedeutung, da bei hinreichend kleinen Auslenkungen aus Gleichgewichtslagen die Rückstellkraft i. allg. linear mit der Auslenkung wächst (Hookesches Gesetz). Führt man mit

$$F(x) = -\frac{\partial V}{\partial x} \tag{4.3}$$

das Kraftpotential $V(x)$ ein, so entspricht der harmonische Oszillator einer parabolischen Approximation der Potentialmulde, die für kleine Abweichungen vom Potentialminimum fast immer gerechtfertigt ist.

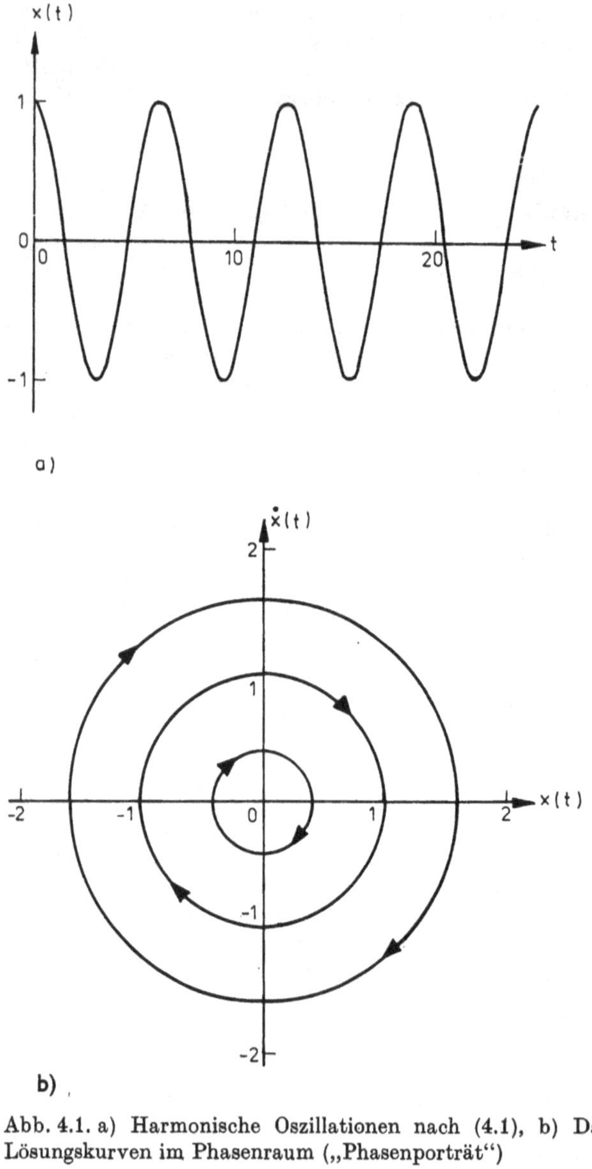

a)

b)

Abb. 4.1. a) Harmonische Oszillationen nach (4.1), b) Darstellung der Lösungskurven im Phasenraum („Phasenporträt")

Im Sinne der Klassifikation in Kapitel 2 handelt es sich bei dem harmonischen Oszillator um ein konservatives und strukturell instabiles System. Bereits die geringste Dämpfung führt zu einem völlig anderen asymptotischen Verhalten, nämlich zum Einlaufen in den Gleichgewichtszustand.

Für das Modell (4.1) ist die Eigenfrequenz ω_0 unabhängig von der Amplitude. Bereits zu Beginn unseres Jahrhunderts wies der Berliner Ingenieur GEORG DUFFING darauf hin, daß bei schwingenden Maschinenteilen eine deutliche Abhängigkeit der Frequenz von der Amplitude beobachtet wird (DUFFING, 1918; SCHMIDT, 1975). DUFFING untersuchte ausführlich Oszillatoren mit nichtlinearen Rückstellkräften, die man heute als Duffing-Oszillatoren bezeichnet:

$$m\ddot{x} + kx + ax^2 + bx^3 = 0. \tag{4.4}$$

Auch hierbei handelt es sich um konservative Schwingungen. Aus der Energieerhaltung

$$E = \frac{m}{2}\dot{x}^2 + V(x) = \text{const} \tag{4.5}$$

lassen sich die Lösungen in Form von elliptischen Integralen darstellen (s. Abb. 4.2). Durch die Nichtlinearitäten sind die Lösungen nicht mehr reine Sinusschwingungen, und in der Fourierentwicklung treten somit Harmonische, d. h. Vielfache der Grundfrequenz, auf.

Die bisher diskutierten konservativen Ansätze sind strukturell instabil, denn es wurde keine Dämpfung berücksichtigt. Da in realen Systemen jedoch Reibung, und damit Dissipation, unumgänglich ist, muß eine Dämpfungskonstante γ in realistische Modelle einbezogen werden:

$$m\ddot{x} + \gamma\dot{x} + \frac{\partial V}{\partial x} = 0. \tag{4.6}$$

Für kleine Reibung beschreibt diese Gleichung gedämpfte Oszillationen, die asymptotisch in das Potentialminimum, einen gedämpften Strudel, einlaufen.

Bekanntlich gibt es jedoch eine große Zahl von Systemen wie z. B. Röhrengeneratoren, Weihnachtspyramiden oder angestrichene Geigensaiten, die mit nahezu konstanter Amplitude oszillieren, solange Energie zugeführt wird. Hierbei handelt es sich um selbsterregte Schwingungen, bei denen die Dämpfung durch

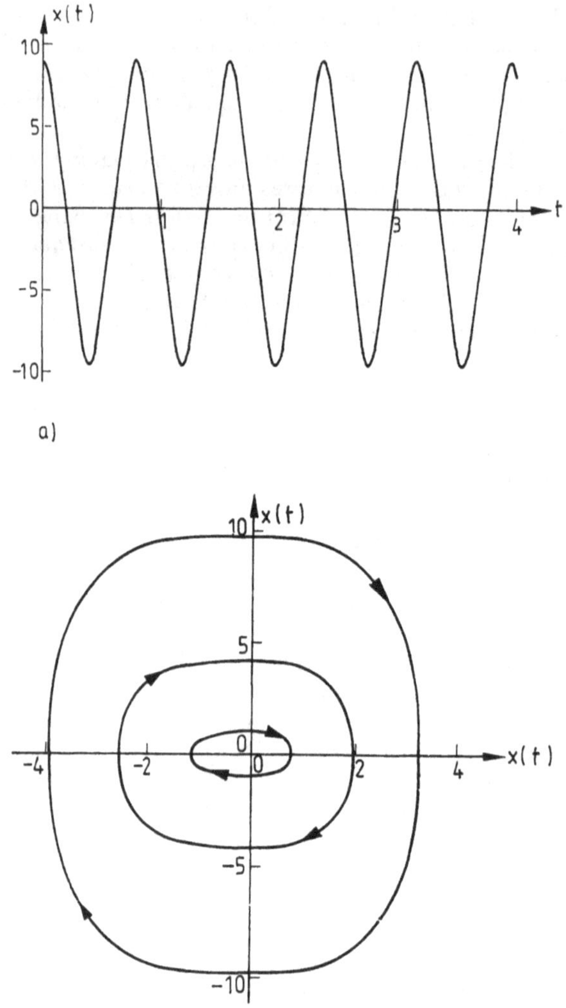

Abb. 4.2. a) Anharmonische Oszillationen nach (4.4), b) Phasenporträt

ständige Energiezufuhr kompensiert wird. Ein einfaches Modell solcher Phänomene ist die Gleichung

$$m\ddot{x} - (a - bx^2 - c\dot{x}^2)\,\dot{x} + \frac{\partial V}{\partial x} = 0 \tag{4.7}$$

(s. Abb. 4.3). Die quadratischen Terme in der Reibungsfunktion bezeichnet man dabei im Unterschied zu den konservativen Nicht-

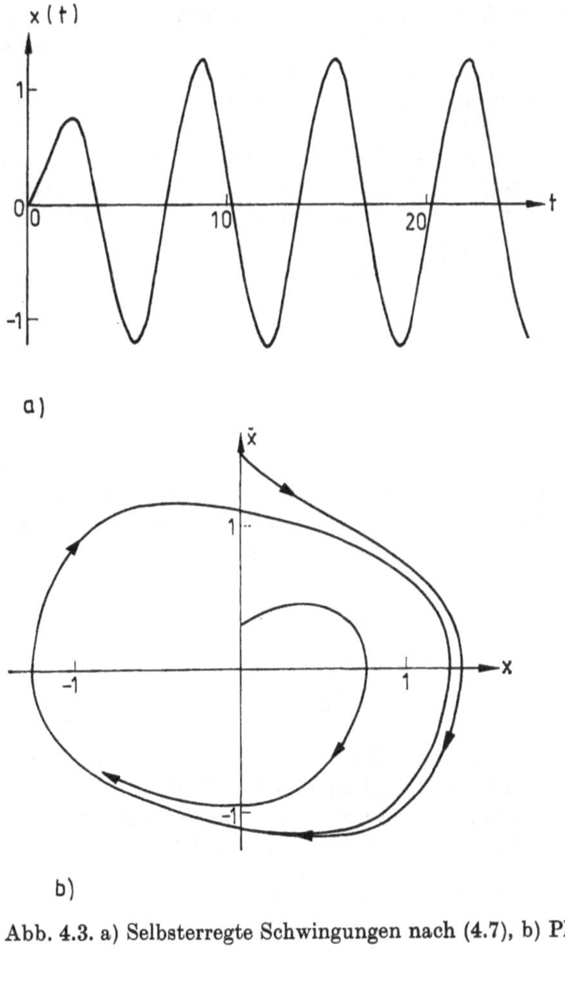

Abb. 4.3. a) Selbsterregte Schwingungen nach (4.7), b) Phasenporträt

linearitäten des Duffing-Oszillators als dissipative Nichtlinearitäten.

Für $b = 0$ entspricht Gleichung (4.7) dem Rayleigh-Oszillator (Rayleigh, 1879), und im Falle von $c = 0$ erhält man den viel untersuchten van der Pol-Oszillator. Für negative a ist das System gedämpft, während für positive a, d. h., wenn die Rückkopplung stärker als die Dämpfung ist, selbsterregte Schwingungen beobachtet werden können. Der Übergang vom gedämpften Strudel zum Grenzzyklus bei $a = 0$ entspricht einer Hopf-Bifurkation.

Die Dynamik der bisher diskutierten Oszillatoren, deren Phasenraum die durch Geschwindigkeit $\dot{x}$ und Auslenkung x aufgespannte Ebene darstellt, ist noch relativ übersichtlich, denn als Attraktoren kommen nur stationäre Zustände und Grenzzyklen in Frage.

Wesentlich reichhaltiger wird die Dynamik, wenn man fremderregte oder gekoppelte Oszillatoren untersucht. Der Phasenraum ist dann drei- bzw. vierdimensional, und es können Tori und seltsame Attraktoren auftreten. Solange aber die Systeme linear sind, ist das Verhalten noch überschaubar. So treten im Fall von gekoppelten linearen Oszillatoren –

$$\begin{aligned} \ddot{x}_1 + \omega_1^2 x_1 &= k_1(x_2 - x_1), \\ \ddot{x}_2 + \omega_2^2 x_2 &= k_2(x_1 - x_2) \end{aligned} \tag{4.8}$$

– die bekannten Schwebungsphänomene auf, d. h., man erhält eine Überlagerung zweier harmonischer Schwingungen. Ein weiteres exakt lösbares System stellt der fremderregte gedämpfte Oszillator dar, der asymptotisch mit der Erregerfrequenz ω schwingt; für die Amplitude A erhält man die charakteristische Resonanzkurve $A(\omega)$:

$$\begin{aligned} \ddot{x} + \gamma\dot{x} + \omega_0^2 x &= f \cos(\omega t), \\ A(\omega) &= \frac{f}{\sqrt{\gamma^2\omega^2 + (\omega^2 - \omega_0^2)^2}}. \end{aligned} \tag{4.9}$$

Aus der Breite des Resonanzpeaks um ω_0 läßt sich auch die Dämpfung abschätzen. Das Studium von Resonanzkurven erlaubt somit die experimentelle Bestimmung der Eigenfrequenzen und Dämpfungen schwingungsfähiger Systeme und ist auch der Ausgangspunkt zahlreicher spektroskopischer Methoden.

Gerade beim Studium von Resonanzerscheinungen fiel auf, daß Nichtlinearitäten zu qualitativ neuen Effekten führen können. So

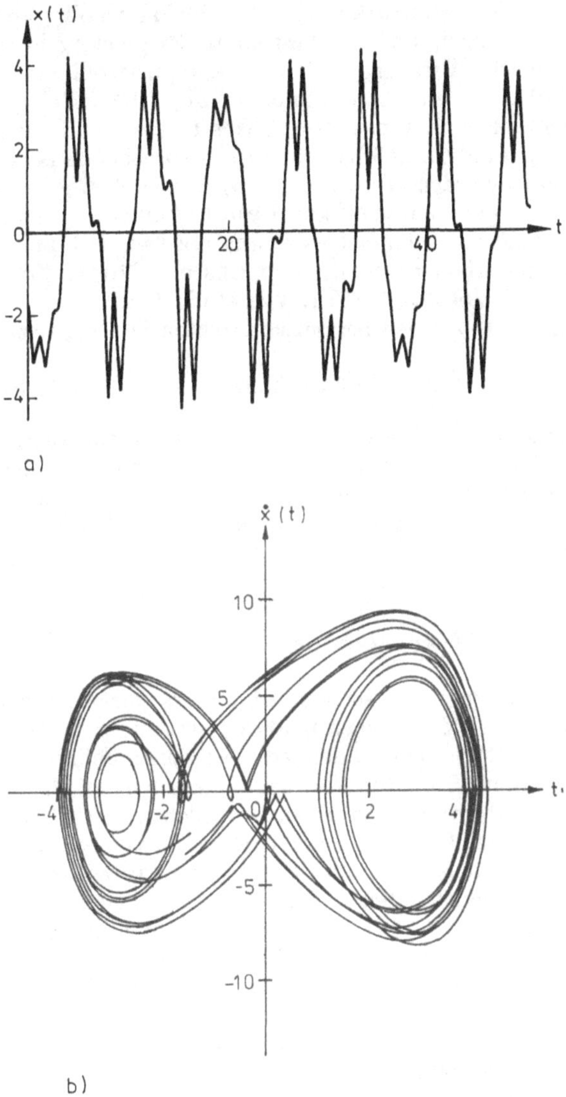

Abb. 4.4. a) Chaotische Dynamik des periodisch erregten Duffing-Oszillators (4.10), b) Phasenporträt

ist bekannt, daß die Resonanzkurven von Duffing-Oszillatoren Hysterese zeigen können, und für bestimmte Parametergebiete führt eine periodische Erregung zu einem komplizierten nichtperiodischen Verhalten, zu Chaos (UEDA et al., 1973). Bei getriebenen mechanischen Systemen tritt Chaos relativ häufig auf, so daß es nicht verwundert, daß bereits 1918 entsprechende Beobachtungen gemacht wurden (DUFFING, 1918). Inzwischen gibt es eine Vielzahl von Experimenten (MOON, 1980; LEVEN et al., 1985), die zum Teil sehr gut mit entsprechenden analytischen und numerischen Rechnungen übereinstimmen (HOLMES und MOON, 1983; GUCKENHEIMER und HOLMES, 1983; LEVEN et al., 1989).

In Abbildung 4.4 ist für den periodisch erregten Duffing-Oszillator

$$\ddot{x} + 0{,}2\dot{x} + x + x^3 = 28{,}5 \cos (0{,}87t) \tag{4.10}$$

eine charakteristische Realisierung chaotischer Dynamik dargestellt. In diesem Falle ist der Phasenraum des korrespondierenden autonomen Systems dreidimensional, und somit können sich in der Projektion auf die x-$\dot{x}$-Ebene Trajektorien ohne Verletzung der Eindeutigkeit schneiden.

4.2. *Chemische und biochemische Oszillatoren*

Obwohl es schon zu Beginn unseres Jahrhunderts Anzeichen für oszillierendes Verhalten chemischer Reaktionssysteme gab (LOTKA, 1910; BRAY, 1921), ist erst in den letzten zwanzig Jahren das theoretisch begründete Vorurteil von der Unmöglichkeit chemischer Oszillationen überwunden worden. Natürlich treten wie bei mechanischen Systemen Grenzzyklen lediglich dann auf, wenn ein ständiger Zustrom von Energie oder Substrat gewährleistet ist, d. h., die Systeme müssen offen und fernab vom Gleichgewicht sein. Das trifft gerade für lebende Organismen uneingeschränkt zu, und so sind Parallelen zwischen offenen chemischen Reaktionssystemen und biologischen Systemen naheliegend. Somit bieten gut untersuchte chemische und biochemische Schwingungen die konzeptionelle Basis für das Verständnis von Biorhythmen (RENSING und JAEGER, 1985).

Im Einzelnen wurden Oszillationen z. B. für die Jodwasserstoffreaktion, für Elektrodenprozesse, heterogene Katalyse und Reaktionen der Photosynthese analysiert (BRAY, 1921; DIEM und HUDSON, 1987; RENSING und JAEGER, 1985; ZHABOTINSKY,

1974). Besonders intensiv wurden die Belousov-Zhabotinsky-Reaktion und die glykolytischen Oszillationen studiert (Zhabotinsky, 1974; Selkov, 1968). In diesen beiden Systemen fand man experimentell eine große Vielfalt von Erscheinungen wie periodische Farbwechsel, Spiralwellen und chaotisches Verhalten (Krinsky, 1984; Markus et al., 1985).

Oft läßt sich trotz einer sehr komplizierten Gesamtkinetik ein relativ einfaches Kernstück der Reaktionssysteme finden, das im wesentlichen die Oszillationen generiert. So fand man für die Belousov-Zhabotinsky-Reaktion den dreikomponentigen „Oregonator", und für die glykolytischen Oszillationen steht ein zweikomponentiges Modell der allosterischen Phosphofruktokinase im Mittelpunkt der Untersuchungen.

Im weiteren sollen Systeme vorgestellt werden, die als einfachste Grundmodelle (bio)chemischer Reaktionen dienen. Das folgende Schema beinhaltet wichtige Mechanismen, die zu Schwingungen führen:

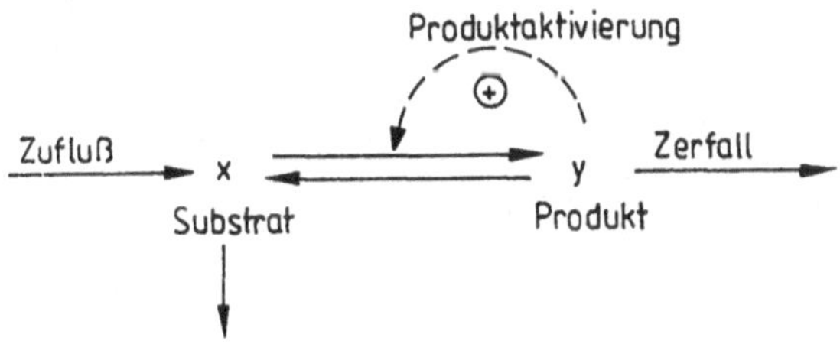

Durchgezogene Reaktionspfeile entsprechen stöchiometrischen Übergängen, während gestrichelte Pfeile aktivierende Signale der Reaktanden symbolisieren. In biochemischen Systemen werden enzymatische Produktaktivierungen üblicherweise durch gebrochen rationale Funktionen (Michaelis-Menten-Kinetik) beschrieben. Die folgenden einfachen Modelle bleiben jedoch auf potenzförmige Nichtlinearitäten beschränkt.

Bereits 1910 zeigte Lotka, daß eine lineare Produktaktivierung zu gedämpften Oszillationen führt:

$$\dot{x} = H - k_1 xy, \qquad \dot{y} = k_1 xy - k_2 y. \tag{4.11}$$

In Abbildung 4.5 ist eine entsprechende Zeitfunktion und ein Phasenraumporträt dargestellt. Ersetzt man den konstanten Zufluß H durch eine linear vom Substrat abhängige Wachstums-

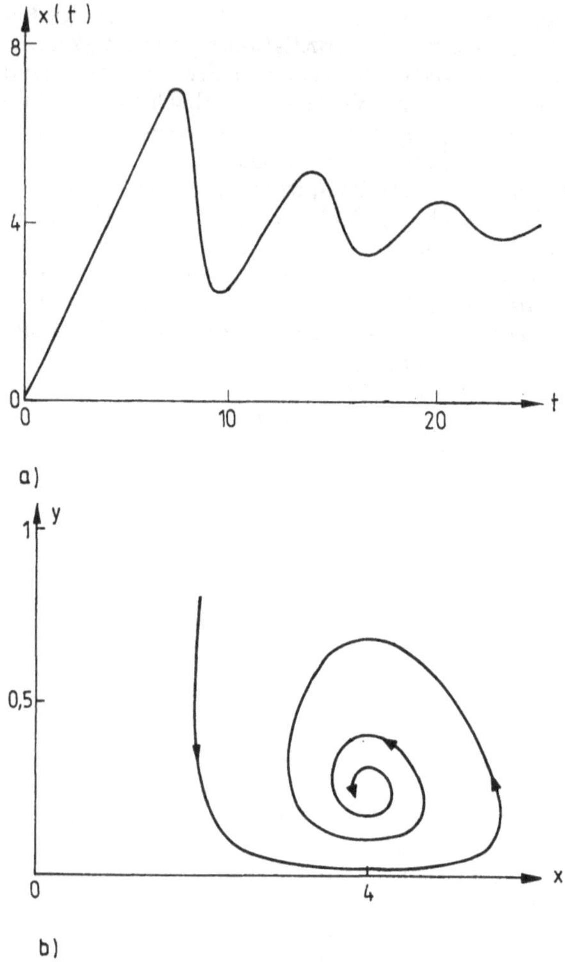

Abb. 4.5. a) Gedämpfte Schwingungen des Lotka-Systems (4.11), b) Phasenporträt

rate, so erhält man sogenannte Lotka-Volterra-Gleichungen (Peschel und Mende, 1986):

$$\begin{aligned} \dot{x} &= ax - xy\,, \\ \dot{y} &= xy - by\,. \end{aligned} \tag{4.12}$$

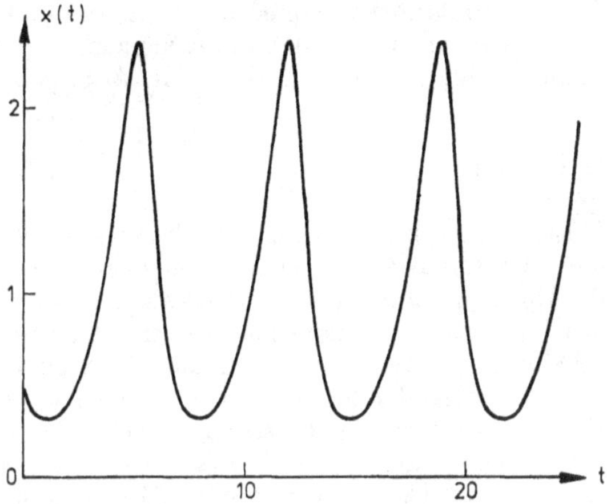

a)

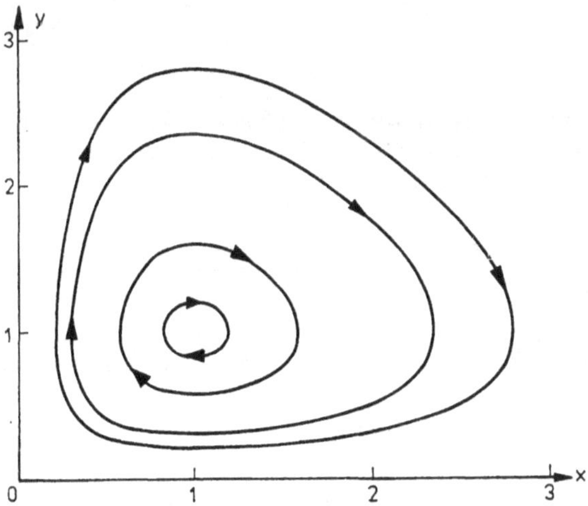

b)

Abb. 4.6. a) Oszillationen des Lotka-Volterra Modells (4.12), b) Phasenporträt

Dieses System ist in der Populationsdynamik als „Räuber-Beute-System" sehr populär; es führt zu ungedämpften Schwingungen um den Gleichgewichtszustand $(x, y) = (b, a)$ (siehe Abb. 4.6). Man kann sich leicht davon überzeugen, daß

$$(b \ln x + a \ln y - x - y) = \text{const} \tag{4.13}$$

gilt und somit eine Erhaltungsgröße existiert. Deshalb ist dieses System genau wie die konservativen mechanischen Oszillatoren strukturell instabil. Allgemein gilt, daß in zweikomponentigen Systemen, in denen lediglich bimolekulare Reaktionen zu Nichtlinearitäten führen, keine Grenzzyklen auftreten können (NICOLIS und PRIGOGINE, 1977). Die folgenden Standardmodelle chemischer Oszillationen enthalten kubische Terme, wie sie aus trimolekularen Reaktionen resultieren. Ein intensiv studiertes Beispiel, das Grenzzyklusoszillationen zeigt, ist der sogenannte „Brüsselator" (LEFEVER und NICOLIS, 1971):

$$\begin{aligned} \dot{x} &= A - (B + 1)\,x + x^2 y, \\ \dot{y} &= Bx - x^2 y. \end{aligned} \tag{4.14}$$

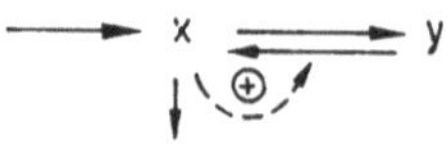

Ein Modell ähnlicher Struktur wurde von SELKOV im Zusammenhang mit den glykolytischen Oszillationen aufgestellt (SELKOV, 1968) und später durch Hinzunahme des Terms Bx erweitert:

$$\begin{aligned} \dot{x} &= 1 - Bx - xy^2, \\ \dot{y} &= A(xy^2 - y). \end{aligned} \tag{4.15}$$

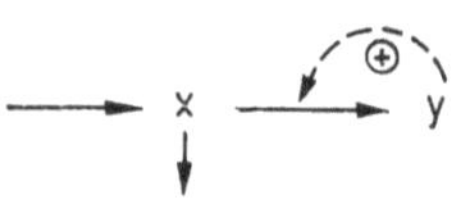

Das dynamische Verhalten dieses interessanten Systems soll im folgenden kurz dargestellt werden.

Für $0 < B < 0{,}25$ existieren drei stationäre Zustände:

$$x^{(1)} = \frac{1}{B}, \qquad y^{(1)} = 0 \qquad \text{(stabiler Knoten)};$$

$$x^{(2)} = \frac{1}{2B} + \frac{1}{2B}\sqrt{1 - 4B},$$

$$y^{(2)} = \frac{1}{2} - \frac{1}{2}\sqrt{1 - 4B} \qquad \text{(Sattelpunkt)};$$

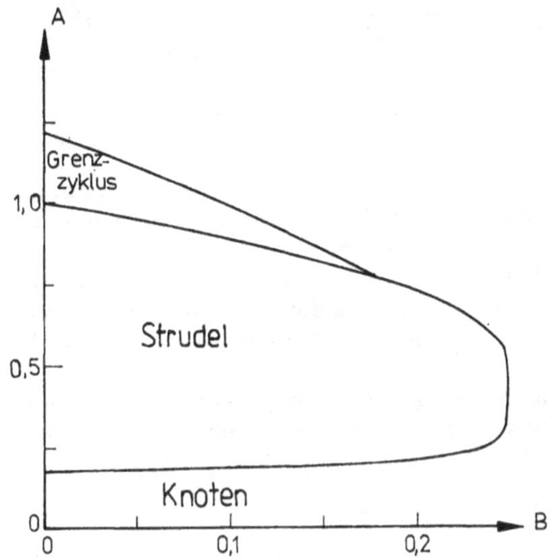

Abb. 4.7. Bifurkationsdiagramm für das Modell (4.15)

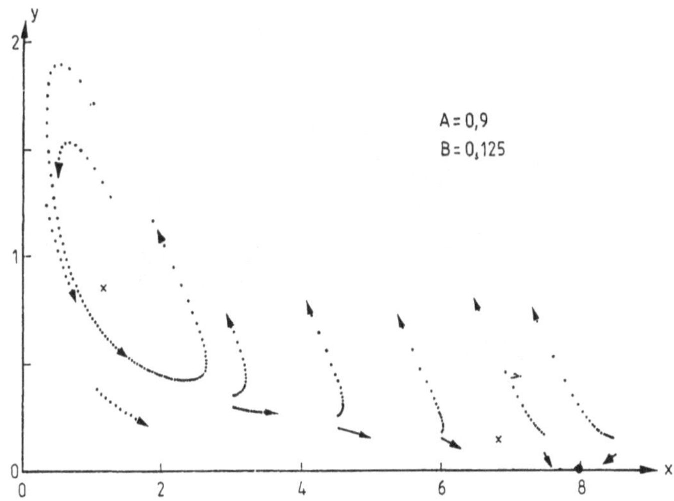

Abb. 4.8. Phasenporträt des Systems (4.15) für Parameterwerte mit Koexistenz von Grenzzyklus und stabilem Knoten

$$x^{(3)} = \frac{1}{2B} - \frac{1}{2B}\sqrt{1 - 4B},$$

$$y^{(3)} = \frac{1}{2} + \frac{1}{2}\sqrt{1 - 4B} \qquad \text{(siehe Abb. 4.7).}$$

Wie das Bifurkationsdiagramm in Abb. 4.7 zeigt, treten um den dritten stationären Zustand Oszillationen auf. Insbesondere entsteht bei wachsendem A aus einem stabilen Fokus ein Grenzzyklus, der dann über eine Separatrixschleife verschwindet. Ein charakteristisches Phasenporträt, das die Koexistenz eines Grenzzyklus mit dem Knoten auf der x-Achse demonstriert, ist in Abb. 4.8 dargestellt.

Noch reichhaltiger ist die Dynamik eines um ein Depot z erweiterten Modells (Schulmeister, 1978), da hier der Phasenraum

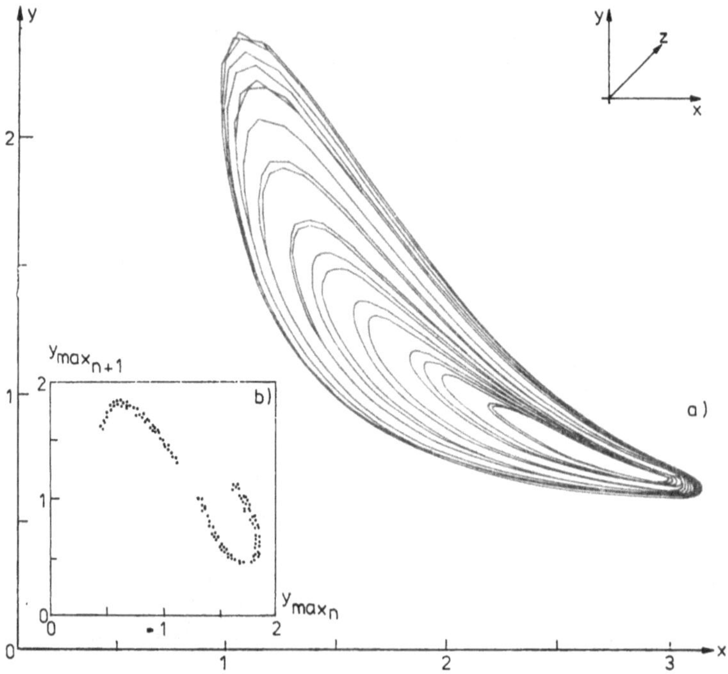

Abb. 4.9. a) Chaotischer Attraktor nach (4.16), b) Darstellung aufeinanderfolgender Maxima

dreidimensional ist und damit auch Chaos möglich ist:

$$\begin{aligned} \dot{x} &= 1 - Bx - xy^2 - Exy + z, \\ \dot{y} &= A(xy^2 - y + D), \\ \dot{z} &= F(Exy - z). \end{aligned} \tag{4.16}$$

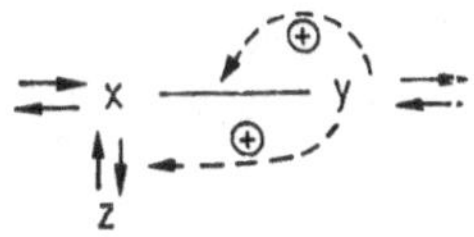

In diesem System fand Schulmeister chaotisches Verhalten, wie es in Abb. 4.9 veranschaulicht wird. Die Darstellung zeigt den entsprechenden seltsamen Attraktor im Phasenraum, der in diesem Fall von den chemischen Konzentrationen x, y und z aufgespannt wird. Wie in Kapitel 6 eingehender erläutert wird, lassen sich in vielen Fällen höherdimensionale nichtperiodische Trajektorien auf diskrete Abbildungen reduzieren. Eine einfache Möglichkeit dazu bietet die Darstellung aufeinanderfolgender Maxima, wie sie in Abb. 4.9 enthalten ist. Man erkennt zwei „Bänder", die im ständigen Wechsel angelaufen werden. Damit handelt es sich bei dieser Parameterkonstellation um sogenanntes Zwei-Band-Chaos, wie es in der Nähe von Periodenverdopplungskaskaden auftritt (Grossmann und Thomae, 1977). Dieses Szenarium der Periodenverdopplungen wurde von Schulmeister bei dicht benachbarten Parameterwerten tatsächlich gefunden.

Das Parametergebiet, für das im Modell (4.16) Chaos auftritt, ist relativ klein, was für autonome chemische Reaktionssysteme charakteristisch zu sein scheint (Decroly und Goldbeter, 1982; Arneodo et al., 1987). Auch experimentell gibt es weit mehr chemische und biologische Systeme, die im nichtautonomen Regime, bei periodischer Erregung, chaotisches Verhalten zeigen. Das zweidimensionale Selkov-Modell zeigt ebenfalls für periodische Variation der Parameter in weiten Bereichen Chaos (Tomita, 1982; Schulmeister und Herzel, 1986). In solchen fremderregten Systemen tritt auch Quasiperiodizität auf. In Abb. 4.10 ist ein anschaulicher Vergleich zwischen einem regulären Attraktor der Dimension zwei und einem seltsamen Attraktor mit einer fraktalen Struktur dargestellt. Die angegebene Dimension bezieht sich auf die in Kapitel 2 diskutierte Lyapunov-Dimension.

Deterministisches Chaos stellt gewissermaßen eine Art „innere Stochastizität" der Systeme dar. Im Gegensatz dazu soll in den folgenden Abschnitten der Einfluß äußerer Fluktuationen betrachtet werden.

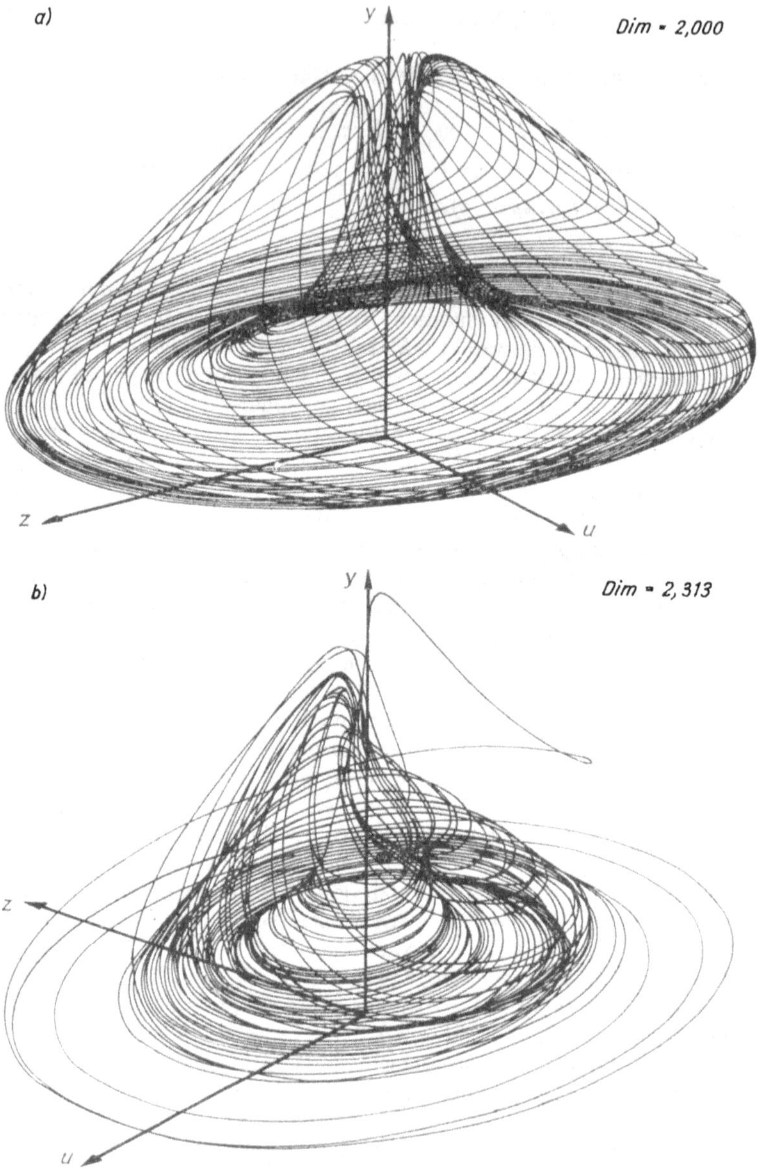

Abb. 4.10. a) Torus und b) chaotischer Attraktor für (4.14) bei periodischer Modulation von Parametern (nach SCHULMEISTER und HERZEL, 1986)

4.3. Selbsterregte Schwingungen unter dem Einfluß von weißem Rauschen

Dieser und der folgende Abschnitt sind dem Einfluß von Fluktuationen auf die Herausbildung und die Stabilität selbsterregter Schwingungen gewidmet. Die stochastische Theorie nichtlinearer Schwingungen hat sich in den letzten Jahren stürmisch entwickelt. Von KUBO, STRATONOVICH und vor allem von GRAHAM und Mitarbeitern erschienen eine Reihe von Arbeiten über die stationären Lösungen der Fokker-Planck-Gleichung im Fall beliebig kleiner Intensität der Fluktuationen (vgl. auch MALCHOW und SCHIMANSKY-GEIER, 1985). Dabei wird D als kleiner Parameter im Sinne einer Störungstheorie genutzt und die Lösung in eine Potenzreihe nach D entwickelt. Andere störungstheoretische Methoden sind für bestimmte Klassen von Oszillatoren ausgearbeitet worden. In erster Linie ist in diesem Zusammenhang die stochastische Variante der asymptotischen Theorie nichtlinearer Schwingungen (BOGOLJUBOV und MITROPOLSKI, 1965) zu nennen. Sie ist auf Oszillationen mit langsam veränderlicher Amplitude und Phase anwendbar, also beispielsweise auf Oszillatoren, deren Bewegungsgleichung in der Form

$$\ddot{x} + \varepsilon\gamma(x, \dot{x}; \boldsymbol{u})\, \dot{x} + \omega_0^2 x = \sigma g(x, \dot{x}; \boldsymbol{u})\, \zeta(t) \tag{4.17}$$

dargestellt werden kann. Dazu gehört der van der Pol-Oszillator, für den STRATONOVICH eine umfassende stochastische Theorie entwickelte (STRATONOVICH, 1963, 1965). Die Existenz getrennter Zeitskalen

$$\tau \ll T_0 \ll T_{\text{rel}} \tag{4.18}$$

läßt sich im üblichen Sinne der adiabatischen Eliminierung ausnutzen, um Fokker-Planck-Gleichungen für die Wahrscheinlichkeitsdichte von Amplitude und Phase $P(A, \varphi, t)$ abzuleiten, die keine schnell veränderlichen oszillatorischen Beiträge enthalten (τ – Korrelationszeit der Fluktuationen, $T_0 = 2\pi/\omega_0$ – Schwingungsdauer der harmonischen Oszillationen im Fall $\varepsilon = 0$, $T_{\text{rel}} \sim 1/\varepsilon$ – Relaxationszeit von Amplitude, Phase oder einer anderen langsam veränderlichen Größe).

Ein wichtiger Effekt der Fluktuationen bei selbsterregten Schwingungen ist die Phasendiffusion. Infolge zufälliger Störungen wird eine anfängliche Phasenlage nach einer bestimmten Korrelationszeit vollständig vergessen, d. h., alle Phasenlagen sind gleichwahrscheinlich. Der Grund für dieses Verhalten besteht darin, daß eine Störung der Phase sich zwar nicht aufschaukeln kann, jedoch auch nicht abklingt. Entsprechend der Terminologie von Abschnitt 2.2. ist die Phasenlage stabil, aber nicht asymptotisch stabil. Als Funktion der Phase genügt $P(A, \varphi, t)$ einer Diffusionsgleichung, und man spricht von der Brownschen Bewegung entlang des Grenzzyklus. Die Phasendiffusion spielt eine wichtige Rolle bei der Ansteuerung der stationären Wahrscheinlichkeitsdichte P^0. Starten wir mit einer punktförmigen Verteilung $P_0(A, \varphi) = P(A, \varphi, t = 0) = \delta(A - A_0)\,\delta(\varphi - \varphi_0)$ in der Amplituden-Phasen-Ebene, so fließt sie in einer Zeit $t \sim 1/|\lambda|$ zu einer Punktwolke auseinander. Dabei ist $|\lambda|$ von der Größenordnung des Realteils der Eigenwerte der linearisierten deterministischen Gleichung. Die Punktwolke rotiert entlang des deterministischen Grenzzyklus und verbreitert sich gleichzeitig diffusionsartig über den gesamten Grenzzyklus. Die charakteristische Zeit für diesen Diffusionsprozeß ist von der Größenordnung $t \sim 1/D_\varphi$, wenn D_φ die Intensität der Phasenfluktuationen darstellt. Während die Streuung der Amplitudenfluktuationen entlang des Grenzzyklus für $t \to \infty$ einen endlichen Wert nicht überschreitet, wächst die Streuung der Phase proportional zur Zeit unbegrenzt an. Auf diese Weise entsteht aus der punktförmigen Anfangsverteilung die stationäre Wahrscheinlichkeitsdichte, die grafisch veranschaulicht die Form eines Kraters hat (Abb. 4.11). Qualitativ stimmt dieses Bild der Herausbildung von P^0 auch dann, wenn die Winkelgeschwindigkeit von der Amplitude abhängt und Amplituden- und Phasenfluktuationen untereinander gekoppelt sind (Feistel, 1981).

Tomita und Tomita (1974) haben den Effekt kleiner Störungen um die deterministische Trajektorie gemäß $x = x(t) + \Omega^{-1/2}\zeta(t)$ (Ω – Systemgrößeparameter, $x(t) = x(t + T)$) untersucht. Durch Entwicklung nach Potenzen von Ω^{-1} (van Kampen, 1970) ergibt sich in niedrigster Ordnung aus der Kramers-Moyal-Zerlegung (2.48) eine Fokker-Planck-Gleichung mit linearem Driftkoeffizienten, wobei Drift- und Diffusionskoeffizient zeitabhängig sind. Die Lösung ist eine Gaußverteilung um die deterministische Trajektorie. Der antisymmetrische Anteil der Varianz der Fluktuationen im stationären Fall – die Autoren bezeichnen ihn als irreversible Zirkulation der Fluktuationen – wächst bei Annäherung an die deterministische Stabilitätsgrenze. Im Bifurkationspunkt selbst divergiert sie aufgrund der linearen Näherung (niedrigste Ordnung der Systemgrößeentwicklung). Somit ist die Aus-

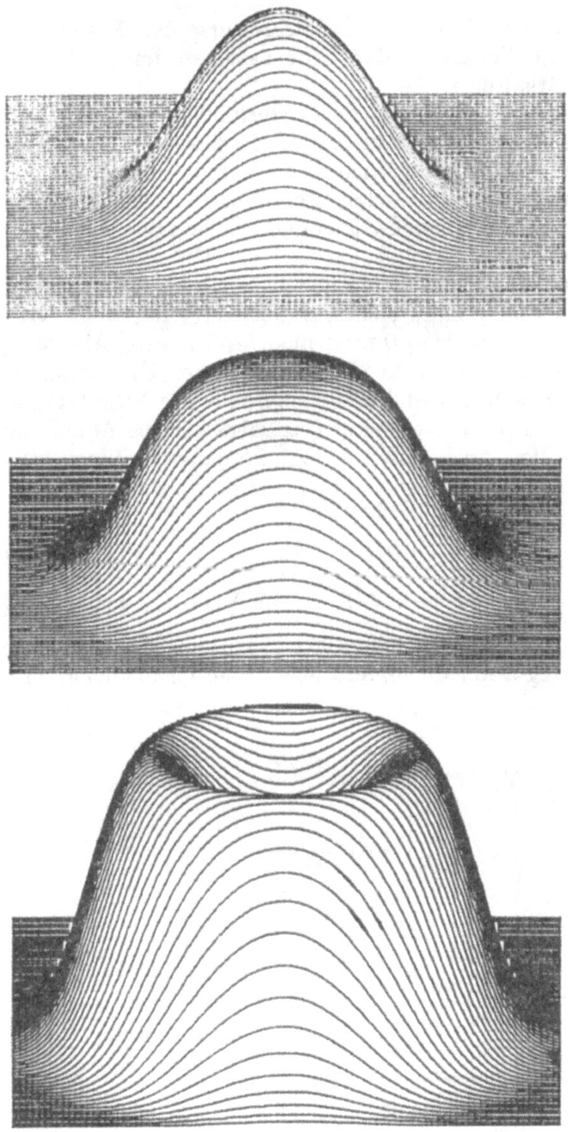

a)

b)

c)

Abb. 4.11. Stationäre Wahrscheinlichkeitsdichte in der Nähe einer Hopf-Bifurkation: a) vor der Bifurkation, b) am Schwellwert, c) nach der Bifurkation

bildung eines Grenzzyklus bei Überschreitung der Stabilitätsgrenze latent im Verhalten der Fluktuationen unterhalb des Schwellwertes enthalten.

In unmittelbarer Umgebung der deterministischen Schwellwerte wird die Existenz des kleinen Parameters $\varepsilon = |u - u_{cr}|$ ausgenutzt, um eine Störungstheorie zu entwickeln. Außerdem werden erfolgreich lokale Methoden (Polynomansätze) zur Lösung der stationären Fokker-Planck-Gleichung angewendet (SCHIMANSKY-GEIER, 1986).

Die störungstheoretischen Methoden werden wirkungsvoll durch Resultate von Computersimulationen ergänzt, wenn Voraussetzungen wie $\varepsilon \to 0$, $D \to 0$ usw. nicht erfüllt sind. Abb. 4.12 vermittelt einen Eindruck vom charakteristischen Erscheinungsbild eines Wahrscheinlichkeitskraters oberhalb der Bifurkationsschwelle im Gebiet voll entwickelter Oszillationen. Die Abbildung bezieht sich auf den stochastisch erregten Selkov-Oszillator (vgl. (4.15)):

$$\dot{x} = 1 - Bx - xy^2 + \zeta_1(t),$$
$$\dot{y} = A(xy^2 - y) + \zeta_2(t), \tag{4.19}$$
$$\langle\zeta_i(t)\rangle = 0, \quad \langle\zeta_i(t+\tau)\,\zeta_j(t)\rangle = D\delta_{ij}\delta(\tau), \quad i, j = 1, 2.$$

Sie wurde durch numerische Simulation erzeugt, d. h., bei der numerischen Integration der deterministischen Gleichungen sind

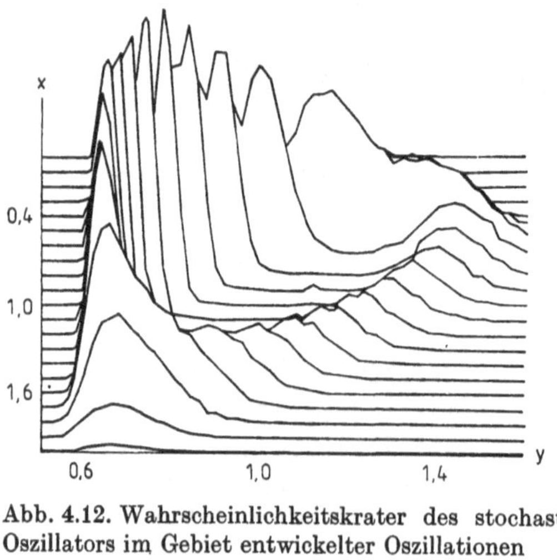

Abb. 4.12. Wahrscheinlichkeitskrater des stochastisch erregten Selkov-Oszillators im Gebiet entwickelter Oszillationen

aller 0,1 Zeitschritte unkorrelierte Gaußsche Zufallszahlen mit der Standardabweichung D zu den Lösungen $x(t)$ und $y(t)$ addiert worden. Deutlich erkennbar an Höhe und Breite der Wände des Wahrscheinlichkeitskraters sind die unterschiedlichen Amplitudenfluktuationen in Abhängigkeit von der Position auf dem deterministischen Grenzzyklus.

Auf welche Weise sich der Wahrscheinlichkeitskrater herausbildet, wenn die äußeren Parameter $\boldsymbol{u}$ geändert werden, hängt u. a. davon ab, welche Bifurkation im deterministischen System zur Entstehung des Grenzzyklus führt. Betrachten wir als Beispiel den einfachsten Fall, die Hopf-Bifurkation. Hinreichend weit unterhalb des Schwellwertes liegt ein stabiler stationärer Zustand und dazu entsprechend eine stationäre Wahrscheinlichkeitsdichte mit einem einzelnen Maximum vor. Ist die Stabilitätsgrenze überschritten und wir befinden uns weit genug oberhalb des Schwellwertes im Gebiet vollständig entwickelter Oszillationen, so ist die Formierung des Kraters abgeschlossen. Für das Verhalten im Übergangsgebiet sind mehrere Möglichkeiten denkbar, z. B.

$$\oplus \longleftrightarrow \oplus\bullet_F \longleftrightarrow \oplus\ominus\circ\,, \tag{4.20}$$

$$\oplus \longleftrightarrow \bullet_C \longleftrightarrow \begin{matrix}\oplus\\ \circ\\ \oplus\end{matrix} \longleftrightarrow \begin{matrix}\oplus\\ \bullet_C\\ \oplus\end{matrix} \longleftrightarrow \begin{matrix} & \oplus & \\ \circ & \ominus & \circ\\ & \oplus & \end{matrix} \tag{4.21}$$

oder

$$\oplus \longleftrightarrow \oplus\bullet_F \longleftrightarrow \oplus\circ\oplus \longleftrightarrow \begin{matrix}\bullet_F\\ \oplus\circ\oplus\end{matrix} \longleftrightarrow \begin{matrix}\circ\\ \oplus\ominus\oplus\\ \circ\end{matrix}\,. \tag{4.22}$$

Die erste Variante (Gl. (4.20)) trifft im Fall des Selkov-Oszillators zu, die zweite (Gl. (4.21)) wurde für den van der Pol-Oszillator gefunden. Der Übergang zu einem qualitativ neuen dynamischen Verhalten, der im deterministischen System in einem Schritt erfolgt, kann in Gegenwart von Fluktuationen über Zwischenschritte realisiert werden. Anstelle einer Hopf-Bifurkation in der Phasenebene werden zwei Bifurkationen der stationären Wahrscheinlichkeitsdichte im Übergangsgebiet gefunden, wobei ein Bereich fluktuationsinduzierter Bistabilität auftritt. Da ein und derselben deterministischen Bifurkation mehrere Folgen qualitativer Veränderungen der stationären Wahrscheinlichkeitsdichte entsprechen, ist das Bifurkationsverhalten bei Berücksichtigung der Fluktuationen wie erwartet reichhaltiger und komplizierter als im deterministischen Fall. Zur deutlicheren Unterscheidung kennzeichnen wir den deterministischen und den stochastischen Schwellwert mit u_{cr}^{det} bzw. u_{cr}^{stoch}. Multiplikatives weißes Rauschen kann den stochastischen Schwellwert sowohl in den deterministisch oszillatorischen ($u_{cr}^{stoch} > u_{cr}^{det}$) als auch in den nichtoszillatorischen Bereich ($u_{cr}^{stoch} < u_{cr}^{det}$) verschieben. Betrachten wir als Beispiel den Rayleigh-Oszillator

$$\dot{x} = v, \qquad \dot{v} = (u - v^2)\, v - \omega_0{}^2 v, \tag{4.23}$$

so ist der kritische Wert des Parameters u, bei dem sich im deterministischen System der Grenzzyklus herausbildet, gleich Null

$$u_{cr}^{det} = 0\,. \tag{4.24}$$

Wird dem Parameter u eine fluktuierende Komponente überlagert,

$$\begin{aligned} &u \to u(t) = u + \sigma\zeta(t)\,,\\ &\langle\zeta(t)\rangle = 0\,, \qquad \langle\zeta(t+\tau)\,\zeta(t)\rangle = \delta(\tau)\,, \end{aligned} \tag{4.25}$$

so tritt in Gleichung (4.23) ein zustandsabhängiger stochastischer Quellenterm $\sigma v\zeta(t)$ auf. Die Analyse der Fokker-Planck-Gleichung für $P(A, \varphi, t; \boldsymbol{u})$ ergibt, daß der Übergang in das oszillatorische Regime durch die Fluktuationen verzögert wird:

$$u_{cr}^{stoch} = \frac{\sigma^2}{8} > u_{cr}^{det}\,. \tag{4.26}$$

Das oszillatorische Gebiet wird kleiner (s. Abb. 4.13). Setzen wir dagegen

$$\begin{aligned} &\omega_0{}^2 \to \omega_0{}^2(t) = \omega_0{}^2 + \sigma\zeta(t)\,,\\ &\langle\zeta(t)\rangle = 0\,, \qquad \langle\zeta(t+\tau)\,\zeta(t)\rangle = \delta(\tau)\,, \end{aligned} \tag{4.27}$$

so finden wir eine Verschiebung in die andere Richtung:

$$u_{cr}^{stoch} = -\frac{\sigma^2}{8\omega_0{}^2} < u_{cr}^{det}\,, \tag{4.28}$$

d. h., die Fluktuationen lösen den Übergang bereits im deterministisch nichtoszillatorischen Gebiet der Parameter aus (Ebeling und Engel-Herbert, 1980b).

Die multiplikative Kopplung der Fluktuationen an die nichtlineare Dynamik ist keine notwendige Voraussetzung für das Auftreten dieser fluktuationsinduzierten Effekte. Die Verschiebung

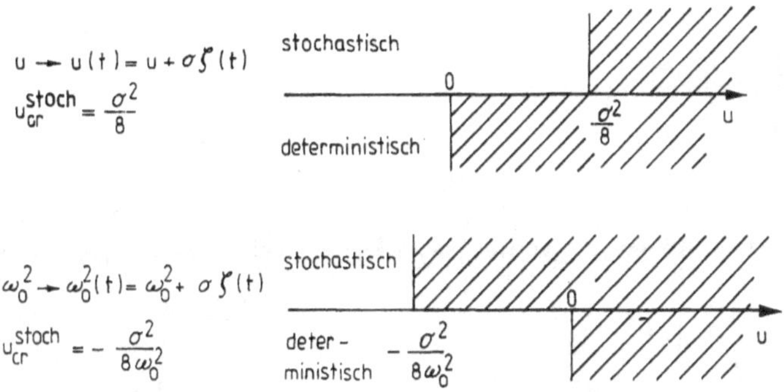

Abb. 4.13. Verschiebung des deterministischen Schwellwertes der Hopf-Bifurkation durch multiplikatives weißes Rauschen am Beispiel des Rayleigh-Oszillators ($u_{cr}^{det} = 0$, oszillatorischer Bereich schraffiert)

deterministischer Schwellwerte erfolgt bereits unter dem Einfluß additiven weißen Rauschens, wenn die Bedingung der detaillierten Balance verletzt wird, wie es bei einem rotierenden stationären Wahrscheinlichkeitsfluß der Fall ist (SCHIMANSKY-GEIER, 1986; EBELING et al., 1986; SCHIMANSKY-GEIER et al., 1985; TOLSTOPJATENKO und SCHIMANSKY-GEIER, 1986).

Bei der Untersuchung fluktuationsinduzierter Effekte im Bifurkationsverhalten nichtlinearer Oszillatoren steht die Hopf-Bifurkation im Mittelpunkt des Interesses. Für die globalen Bifurkationen liegen vergleichsweise wenig Ergebnisse vor. Sie betreffen die harte Anfachung von Schwingungen über eine globale Hopf-Bifurkation in kanonisch-dissipativen oder in schwach dissipativen Systemen (LIN und KAHN, 1977; HONGLER und RYTER, 1978; EBELING und ENGEL-HERBERT, 1980b; ENGEL-HERBERT, 1981; BARAS et al., 1987). Für die Separatrixschleifenbifurkation verweisen wir auf Arbeiten von GRAHAM und TEL (1987) sowie von ALTARES und NICOLIS (1987).

Zwei weitere Effekte des Einflusses von Fluktuationen auf das dynamische Verhalten nichtlinearer Oszillatoren erläutern wir am Beispiel des Selkov-Oszillators (4.15). In Abb. 4.14 ist die deterministische Trajektorie der stochastischen Realisierung für eine Parameterkonfiguration gegenübergestellt, bei der das deterministische System einen schwach gedämpften Strudel an der Stelle $(x, y) = (1, 1)$ besitzt. Die deterministische Trajektorie zeigt erwartungsgemäß gedämpfte Oszillationen, die nach einigen

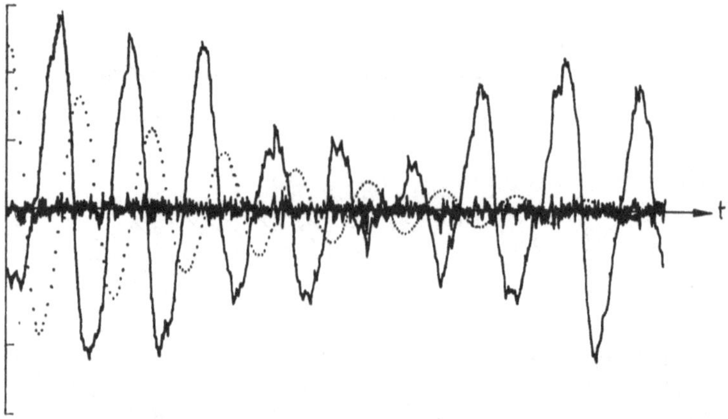

Abb. 4.14. Fluktuationsinduzierte Oszillationen im Fall des Selkov-Oszillators. Dargestellt ist eine stochastische Realisierung für $A = 0{,}95$ und $B = 0$ (deterministischer Schwellwert $A = 1{,}0$). Die gepunktete Linie stellt die deterministische Trajektorie dar. Zum Vergleich ist der Rauschpegel angegeben ($\sigma_1 = 0{,}001$, $\sigma_2 = 0$)

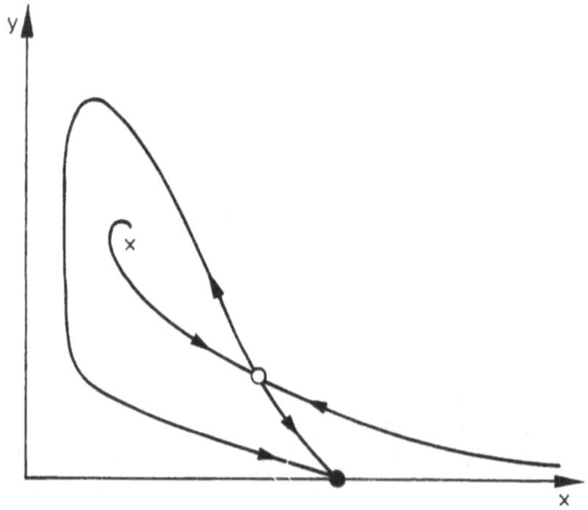

Abb. 4.15. Schematische Darstellung der Phasenebene im Fall des Selkov-Oszillators für $A = 1{,}0$ und $B = 0{,}125$

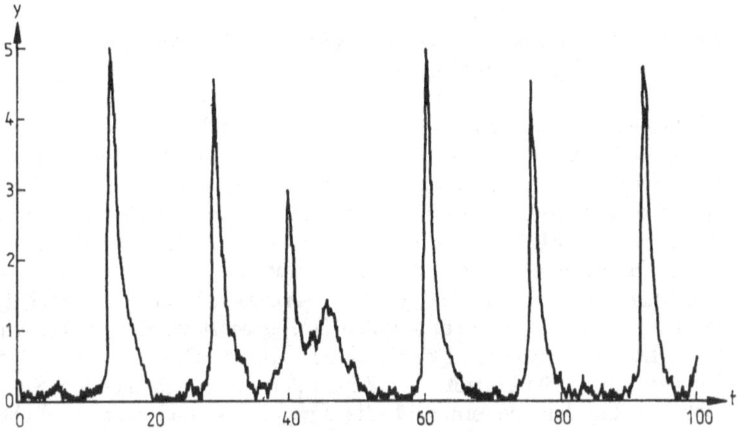

Abb. 4.16. Ausbruchsverhalten der Schwingungen am Beispiel des Selkov-Oszillators

Perioden abklingen. In der stochastischen Realisierung sind dagegen relativ reguläre, fluktuationsinduzierte Oszillationen zu erkennen, deren Amplitude deutlich über dem gewählten Rauschpegel liegt.

Abb. 4.15 entspricht mit den Parameterwerten $A = 1{,}0$ und $B = 0{,}125$ einer Situation, da der einzige Attraktor der stabile Knoten auf der x-Achse ist. Jede Trajektorie strebt diesem stabilen Knoten zu, ohne die Separatrix des Sattelpunktes, die bei den gegebenen Werten der Parameter nahe oberhalb der x-Achse verläuft, zu schneiden. Werden in den Gleichungen für $x(t)$ und $y(t)$ additive Fluktuationen berücksichtigt, so können die stochastischen Realisierungen die Separatrix überwinden, werden dann von der Dynamik erfaßt und erreichen den stabilen Knoten über den in der Abbildung angedeuteten „Umweg“. Dort kann eine genügend starke Fluktuation sie wieder aus dem Einzugsbereich des Knotens, d. h. auf die andere Seite der Separatrix bringen, und der Prozeß beginnt von vorn. Als Funktion der Zeit erinnert die stochastische Realisierung an eine unregelmäßige Oszillation, die durch Ausbrüche großer Amplitude gekennzeichnet ist (Abb. 4.16; Herzel et al., 1987).

4.4. *Einwirkung farbigen Rauschens auf Oszillatoren mit Hopf-Bifurkation*

Weißes Rauschen ist stets eine Approximation der realen stochastischen Prozesse, die auf das dynamische System einwirken. Diese Näherung bringt zum Ausdruck, daß die charakteristischen Zeiten der im System ablaufenden Prozesse alle viel größer als die Korrelationszeit der Fluktuationen sind. Die Korrelationszeit steht dann in der Hierarchie der Zeitskalen am unteren Ende, um Größenordnungen von den anderen charakteristischen Zeiten entfernt. Sie kann in erster Näherung gleich Null gesetzt werden, d. h., wir betrachten δ-korrelierte Fluktuationen, also weißes Rauschen. Ist die geforderte Separation der Zeitskalen im beschriebenen Sinn nicht vorhanden, so entsteht die Frage, wie sich eine endliche Korrelationszeit der Fluktuationen auf die Eigenschaften des dynamischen Systems auswirkt.

Wir wollen diese Frage anhand des nichtlinearen Oszillators mit der allgemeinen Bewegungsgleichung

$$\dot{x} = v, \qquad \dot{v} = F(x, v; \boldsymbol{u}) + y(t) \tag{4.30}$$

untersuchen, wobei als Beispiel für „farbiges Rauschen" der Ornstein-Uhlenbeck-Prozeß $y(t)$ mit

$$\langle y(t) \rangle = 0, \qquad \langle y(t)\, y(t') \rangle = \frac{D}{\tau} \exp\left(-\frac{|t - t'|}{\tau}\right) \tag{4.31}$$

betrachtet werden soll. Die Korrelationsfunktion des Ornstein-Uhlenbeck-Prozesses klingt mit einer charakteristischen Zeit τ exponentiell ab, und im Spektrum sind nicht mehr alle Frequenzen mit gleicher Amplitude vertreten, wie im Fall des weißen Rauschens. Deshalb wird die Bezeichnung farbiges Rauschen verwendet.

Der stochastische Prozeß im Zustandsraum (x_t, v_t) ist kein Markov-Prozeß mehr. Um einen Markov-Prozeß zu erhalten, müssen wir die Dimension des Zustandsraumes vergrößern. Zu diesem Zweck führen wir eine zusätzliche Bewegungsgleichung für y ein:

$$\begin{aligned} &\dot{y} = -\frac{1}{\tau}\, y + \frac{1}{\tau}\, \zeta(t), \\ &\langle \zeta(t) \rangle = 0, \qquad \langle \zeta(t)\, \zeta(t') \rangle = 2D\delta(t - t'). \end{aligned} \tag{4.32}$$

Die Wahrscheinlichkeitsdichte $P(x, v, y, t)$ genügt in diesem erweiterten Zustandsraum wieder einer Fokker-Planck-Gleichung, denn $\zeta(t)$ ist ein δ-korrelierter stochastischer Prozeß. Die Fokker-Planck-Gleichung lautet

$$\frac{\partial P}{\partial t} + v \frac{\partial P}{\partial x} + \frac{\partial}{\partial v} [(F + y) P] - \frac{1}{\tau} \frac{\partial}{\partial y} (yP) = \frac{D}{\tau^2} \frac{\partial^2 P}{\partial y^2}. \tag{4.33}$$

Die stationäre Lösung stellen wir in Form einer Reihe nach Potenzen der Korrelationszeit τ dar (STRATONOVICH, 1963; SCHIMANSKY-GEIER, 1988):

$$\begin{aligned} P^0(x, v, y; D, \tau) &= N^{-1} \exp\left[-\frac{1}{D} \Phi(x, v, y; D, \tau)\right], \\ \Phi(x, v, y; D, \tau) &= \Phi^{(0)}(x, v; D) + \tau\Phi^{(1)}(x, v, y; D) \\ &\quad + \tau^2\Phi^{(2)}(x, v, y; D) + \dots \end{aligned} \tag{4.34}$$

$\Phi^{(0)}$ ist das stochastische Potential im Grenzfall weißen Rauschens, $\Phi^{(1)}$, $\Phi^{(2)}$ usw. stellen die entsprechenden Korrekturen bei kleiner Korrelationszeit dar. Unter Verwendung des Ansatzes (4.34) erhalten wir

$$D \frac{\partial^2 \Phi^{(0)}}{\partial v^2} = \left(\frac{\partial \Phi^{(0)}}{\partial v}\right)^2 + F \frac{\partial \Phi^{(0)}}{\partial v} + v \frac{\partial \Phi^{(0)}}{\partial x} - D \frac{\partial F}{\partial v} \tag{4.35}$$

und für $\Phi^{(1)}$

$$\Phi^{(1)}(x, v, y; D) = \left(\frac{\partial \Phi^{(0)}}{\partial v}\right)^2 - D \frac{\partial^2 \Phi^{(0)}}{\partial v^2} - \frac{\partial \Phi^{(0)}}{\partial v} y + \frac{D}{2} z(x, v; D). \tag{4.36}$$

Die Funktion $z(x, v; D)$ genügt der inhomogenen partiellen Differentialgleichung

$$v \frac{\partial z}{\partial x} + \left(F + 2 \frac{\partial \Phi^{(0)}}{\partial v}\right) \frac{\partial z}{\partial v} - D \frac{\partial^2 z}{\partial v^2} = -D \frac{\partial^3 F}{\partial v^3} + \frac{\partial^2 F}{\partial v^2} \frac{\partial^2 \Phi^{(0)}}{\partial v^2}. \tag{4.37}$$

Für die Klasse nichtlinearer Oszillatoren mit

$$F(x, v) = -\gamma(x) - \frac{\mathrm{d}V}{\mathrm{d}x} \tag{4.38}$$

gilt $\partial^2 F/\partial v^2 = \partial^3 F/\partial v^3 = 0$, und $z = 0$ ist eine Lösung von (4.37). Dadurch lassen sich die Korrekturen zum Grenzfall weißen Rauschens in linearer Näherung bezüglich der Korrelationszeit für beliebige dissipative Nichtlinearitäten $\gamma(x)$ und beliebige äußere Potentiale $V(x)$ angeben (LEKKAS, 1987).

Wie wir bereits im vorigen Abschnitt angedeutet haben, ist die Bestimmung von $\Phi^{(0)}$ für Oszillatoren ein eigenständiges kompliziertes Problem, für das nur in Ausnahmefällen exakte Lösungen bekannt sind. Meist müssen Reihenentwicklungen mit der Intensität der Fluktuationen D als kleinem Parameter angewendet werden. Die entstehenden Gleichungen werden lokal durch Taylorentwicklung (Polynomansätze) gelöst (SCHIMANSKY-GEIER, 1986). Auch Doppelentwicklungen nach D und ε, wobei $\varepsilon = |u - u_{cr}|$ den Abstand vom deterministischen Bifurkationspunkt angibt, haben interessante Resultate im Fall ein- und zweiparametriger Bifurkationen (GRAHAM und TEL, 1987) und im Fall des verallgemeinerten van der Pol-Oszillators (TEL, 1988) erbracht.

Wir geben nun einige Ergebnisse über den Einfluß des Ornstein-Uhlenbeck-Prozesses auf die Hopf-Bifurkation bei einem modifizierten van der Pol-Oszillator mit

$$F(x, v) = -v[a + b(x^2 + v^2)] + x \tag{4.39}$$

an (LEKKAS et al., 1988). Da dieser Oszillator zu den kanonisch-dissipativen Systemen gehört, ist die Gleichung für $\Phi^{(0)}$ exakt lösbar,

$$\Phi^{(0)} = \frac{a}{2}(x^2 + v^2) + \frac{b}{4}(x^2 + v^2)^2. \tag{4.40}$$

Additives weißes Rauschen hat keinen Einfluß auf den deterministischen Schwellwert: Das Maximum der stationären Wahrscheinlichkeitsdichte im Koordinatenursprung $(a > 0)$ entartet bei $a = 0$, und für $a < 0$ entstehen ein Minimum sowie ein rotationssymmetrischer Krater, dessen Kammlinie $x^2 + v^2 = -a/b$ exakt über dem deterministischen Grenzzyklus liegt.

Unter Einwirkung des Ornstein-Uhlenbeck-Prozesses ergibt sich ein ganz anderes Bild. Aus dem stochastischen Potential, für das wir in linearer Näherung bezüglich der Korrelationszeit τ nach Integration über y

$$\begin{aligned}\Phi(x, v; D, \tau) &= (1 + 2\tau v^2)\,\Phi^{(0)}(x, v) \\ &\quad - D\tau\left\{\frac{9}{2}[a + b(x^2 + v^2)] - 2x^2\right\}\end{aligned} \tag{4.41}$$

erhalten, folgt, daß insgesamt drei Bifurkationen stattfinden (vgl. Abb. 4.17). Zunächst entsteht bei

$$a = a_1 = \frac{\left(\sqrt{1 + 36D\tau^2} - 1\right) b}{2\tau} \simeq 9bD\tau \tag{4.42}$$

aus einer unimodalen eine bimodale Verteilung. Wird a weiter verkleinert, so entartet der Sattelpunkt zwischen den beiden Maxima, sobald

$$a = a_2 = 5bD\tau \tag{4.43}$$

erreicht wird und wandelt sich unterhalb a_2 in ein Minimum um, wobei zwei Sattelpunkte abzweigen. Im Gradientenfeld von P^0 ist nun eine geschlossene Kurve vorhanden, die aus den beiden Maxima, den beiden Sattelpunkten und deren Separatrizen besteht. Mit der zweiten Bifurkation ist die Ausbildung des stochastischen Grenzzyklus abgeschlossen und der Übergang zum oszillatorischen Verhalten vollzogen. Der stochastische Bifurkationswert ist also $u_{\text{cr}}^{\text{stoch}} = a_2$.

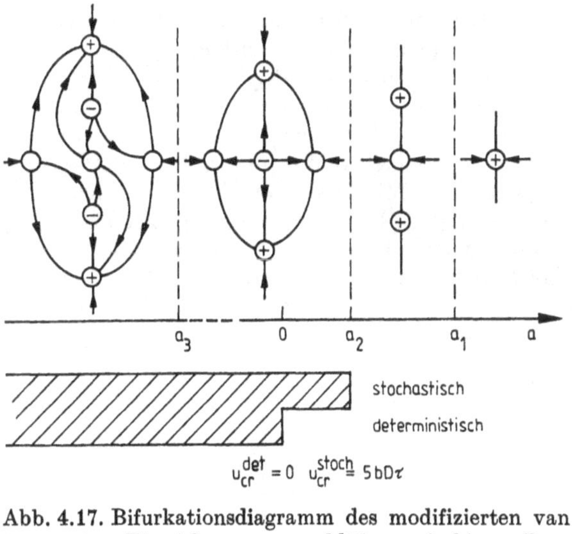

Abb. 4.17. Bifurkationsdiagramm des modifizierten van der Pol-Oszillators unter Einwirkung von additivem farbigen Rauschen (Ornstein-Uhlenbeck-Prozeß). ⊕ – Maximum, ⊖ – Minimum, ○ Sattel; oszillatorischer Bereich schraffiert.

Diese Verschiebung des Schwellwertes in das deterministische nichtoszillatorische Gebiet hinein bedeutet, daß die Fluktuationen mit endlicher Korrelationszeit im Bereich $0 < a < a_2$ selbsterregte Schwingungen anfachen, während das deterministische System dort nur gedämpfte Oszillationen zuläßt. Die dritte Bifurkation ereignet sich im Punkt

$$a = a_3 = \frac{(\sqrt{1 + 36D\tau^2} + 1)\, b}{2\tau} \simeq -\left(9D\tau + \frac{1}{\tau}\right) b, \tag{4.44}$$

also innerhalb des oszillatorischen Gebietes. Das Minimum im Ursprung wandelt sich zurück in einen Sattelpunkt, und dabei entstehen zwei zusätzliche Minima. Bei allen Bifurkationen der stationären Wahrscheinlichkeitsdichte handelt es sich nach der Klassifikation von THOM (1975) um unvollständig entfaltete Spitzenkatastrophen $a = a_1$: $\oplus \leftrightarrow \bullet_C \leftrightarrow \oplus\bigcirc\oplus$; $a = a_2$: $\bigcirc \leftrightarrow \bullet_C \leftrightarrow \bigcirc\ominus\bigcirc$; $a = a_3$: $\ominus \leftrightarrow \bullet_C \leftrightarrow \ominus\bigcirc\ominus$. Die singulären Punkte entstehen paarweise und liegen auf den Koordinatenachsen symmetrisch zum Koordinatenursprung. Bereits die erste Bifurkation bricht die radiale Symmetrie der stationären Wahrscheinlichkeitsdichte. Da $\Phi(x, px)$ eine gerade Funktion ist, bleiben aber alle ebenen Schnitte senkrecht zur (x, v)-Ebene symmetrisch, wenn sie durch den Koordinatenursprung geführt werden.

Im Fall des van der Pol- und des Rayleigh-Oszillators kann $\Phi^{(0)}$ lediglich näherungsweise mit einer der oben erwähnten Methoden bestimmt werden. Lokale Lösungen wurden z. B. von MALCHOW und SCHIMANSKY-GEIER (1985) und SCHIMANSKY-GEIER et al. (1985) angegeben, vgl. vor allem auch TEL (1988). Ermittelt man nun $\Phi^{(1)}$, um die endliche Korrelationszeit der Fluktuationen in linearer Näherung zu berücksichtigen, so gelangt man zu dem Ergebnis, daß das Bifurkationsdiagramm in Abb. 4.17 qualitativ gültig bleibt. Für a_1, a_2 und a_3 ergeben sich für jeden Oszillator natürlich spezielle Werte, z. B.

$$a_2 = a_2^{\tau=0}\left(1 - \frac{4}{3}\tau\right), \qquad F(x, v) = -(a + bx^2)\, v - x \tag{4.45}$$

für den van der Pol-Oszillator und

$$a_2 = a_2^{\tau=0}(1 - 8\tau), \qquad F(x, v) = -(a + bv^2)\, v - x \tag{4.46}$$

für den Rayleigh-Oszillator. Dabei ist $a_2^{\tau=0} = -\frac{3}{4}\, bD$ der stochastische Schwellwert bei additivem weißem Rauschen. Die Gleichung (4.45) bzw. (4.46) zeigt, daß die linearen Korrekturen in τ zu einer Vergrößerung des oszillatorischen Bereiches im Vergleich zu weißem Rauschen führen. Dieses Ergebnis wird durch Computersimulationen gestützt (Moss, 1988). Weißes Rauschen ruft im Vergleich zum deterministischen System den entgegengesetzten Effekt hervor, da $a_2^{\tau=0} < 0 = a_{cr}^{det}$ gilt (vgl. Schimansky-Geier, 1986). Zusammenfassend bleibt festzustellen, daß das Bifurkationsdiagramm in Abb. 4.17 für eine Reihe mechanischer Oszillatoren mit Hopf-Bifurkation gültig ist, wenn sie additiven Fluktuationen mit endlicher Korrelationszeit ausgesetzt sind.

5. Entropie als Ordnungsmaß

5.1. Verschiedene Entropiebegriffe

Die Entropie nimmt in der Physik und in der Informationstheorie eine zentrale Stellung ein (Wehrl, 1978; Martin und England, 1981). Ursprünglich für makroskopische Systeme im Zustand des thermodynamischen Gleichgewichts definiert, wurde der Entropiebegriff von Boltzmann, Planck, Onsager, Prigogine, Zubarev u. a. auf Nichtgleichgewichtszustände ausgedehnt. Im Gegensatz zur Situation im Gleichgewicht existiert bis heute keine einheitliche, abgeschlossene Thermodynamik bzw. statistische Mechanik des Nichtgleichgewichts (siehe etwa Zubarev, 1976; Stratonovich, 1985; Röpke, 1987).

Die Beschreibung von Selbstorganisationsprozessen kann, wie in den vorigen Kapiteln gezeigt wurde, auf unterschiedlichen Ebenen erfolgen. Wir werden im wesentlichen drei Beschreibungsebenen unterscheiden:

1. Die phänomenologische Theorie (Thermodynamik, chemische Kinetik, Diffusionstheorie, Hydrodynamik, Dynamik der Ordnungsparameter). Der Zustand wird durch makroskopische Größen bestimmt; die Zustandsvariablen sind Energie, Temperatur, Dichten, hydrodynamisches Geschwindigkeitsfeld, Konzentrationen bzw. andere Ordnungsparameter.
2. Die stochastische Theorie. Die Wahrscheinlichkeitsdichten der

phänomenologischen Größen definieren den Zustand; die Dynamik wird durch Markovsche Gleichungen bestimmt.

3. Die mikroskopische Theorie (statistische Mechanik, Kinetik). Der Zustand wird durch einen vollständigen Satz der mikroskopischen Freiheitsgrade bzw. deren Verteilungsfunktionen gegeben; die Dynamik wird durch die Liouville-Gleichung bzw. die von Neuman-Gleichung und deren Erweiterungen gegeben.

Jeder Beschreibungsebene mit der für sie charakteristischen Definition des Zustands entspricht ein spezieller Entropiebegriff.

In der Thermodynamik wird die Entropiedifferenz zwischen zwei Gleichgewichtszuständen nach CLAUSIUS über die reduzierten Wärmemengen definiert:

$$S(2) - S(1) = \int_{(1)}^{(2)} \frac{\mathrm{d}'Q}{T}, \qquad (1) \to (2) \text{ reversibel}, \tag{5.1}$$

wobei $\mathrm{d}'Q$ die bei der Temperatur T mit der Umgebung ausgetauschte Wärmemenge ist. Um die Entropie eines Nichtgleichgewichtszustands zu definieren, kann ein reversibler Ersatzprozeß konstruiert werden, der vom Gleichgewicht zum gewünschten Zustand führt. Da die Entropie eine Zustandsgröße ist, deren Wert nicht vom Weg abhängt, kann die Entropieänderung für beliebige Wege (d. h. auch für den Ersatzprozeß) berechnet werden. Eine für die spontane Strukturbildung wichtige Klasse von Nichtgleichgewichtszuständen wird dadurch charakterisiert, daß in einem kleinen Volumenelement, welches immer noch makroskopisch viele Teilchen enthalten möge, die Gleichgewichtsrelationen zwischen den thermodynamischen Größen gültig sind und das makroskopische System sich lokal annähernd im thermodynamischen Gleichgewicht befindet. Diese Voraussetzung ist z. B. bei nichtlinearen chemischen Reaktionen und bei hydrodynamischen Strömungen erfüllt. Insbesondere GLANSDORFF und PRIGOGINE (1971) haben die thermodynamischen Eigenschaften dieser Klasse globaler Nichtgleichgewichtszustände untersucht.

In der statistischen Mechanik ist die Entropie eines Makrozustandes ein Maß für die thermodynamische Wahrscheinlichkeit, die man erhält, wenn man die Anzahl der Molekülkonfigurationen berechnet, die diesem Zustand entsprechen. Nach BOLTZMANN läßt sich die Entropie eines Systems aus N nicht miteinander wechselwirkenden Teilchen (ideale Systeme im äußeren Feld) durch die Einteilchenverteilungsfunktion $f(\boldsymbol{p}, \boldsymbol{q}, t)$ ausdrücken (vgl. (3.22)):

$$S^{(\mathrm{B})} = -k_\mathrm{B} \int \frac{\mathrm{d}\boldsymbol{p}\,\mathrm{d}\boldsymbol{q}}{h^3} f(\boldsymbol{p}, \boldsymbol{q}, t) \ln f(\boldsymbol{p}, \boldsymbol{q}, t),$$
$$\int \frac{\mathrm{d}\boldsymbol{p}\,\mathrm{d}\boldsymbol{q}}{h^3} f(\boldsymbol{p}, \boldsymbol{q}, t) = N. \tag{5.2}$$

Die Verallgemeinerung für wechselwirkende Systeme lautet nach Gibbs

$$S^{(\mathrm{G})} = -k_\mathrm{B} \int \frac{\mathrm{d}\boldsymbol{p}_1, \ldots, \mathrm{d}\boldsymbol{p}_N, \mathrm{d}\boldsymbol{q}_1, \ldots, \mathrm{d}\boldsymbol{q}_N}{h^{3N}} \times \varrho(\boldsymbol{p}_1, \ldots, \boldsymbol{q}_N) \ln \varrho(\boldsymbol{p}_1, \ldots, \boldsymbol{q}_N) \tag{5.3}$$

mit ϱ als Wahrscheinlichkeitsverteilung im $6N$-dimensionalen Phasenraum des Systems. Sind f oder ϱ Gleichgewichtsverteilungen, so führen statistischer und thermodynamischer Entropiebegriff zu äquivalenten Resultaten. So läßt sich z. B. aus der kanonischen Verteilung für ϱ bekanntlich die Gibbsche Fundamentalgleichung

$$S(2) - S(1) = \int_{(1)}^{(2)} \left\{\frac{1}{T} \mathrm{d}\langle W_\mathrm{kin} + W_\mathrm{pot}\rangle + \langle p\rangle \,\mathrm{d}V\right\} \tag{5.4}$$

herleiten (W_kin, W_pot – kinetische bzw. potentielle Energie der Teilchen, p – Gesamtdruck; siehe z. B. Li, 1986).

$S^{(\mathrm{G})}$ enthält alle Effekte der zwischenmolekularen Wechselwirkung und ist der thermodynamischen Entropie des Gleichgewichtszustandes äquivalent. Die Berücksichtigung der Wechselwirkung senkt die Entropie, d. h.

$$S^{(\mathrm{G})} \leqq S^{(\mathrm{B})}; \tag{5.5}$$

das Gleichheitszeichen gilt für ideale Systeme, wenn ϱ als Produkt von Einteilchenverteilungsfunktionen darstellbar ist. Der Unterschied zwischen $S^{(\mathrm{G})}$ und $S^{(\mathrm{B})}$ ist nicht vernachlässigbar, sobald die molekulare Wechselwirkung einen deutlichen Beitrag zu den thermodynamischen Eigenschaften liefert.

Die Definition der Entropie in der statistischen Mechanik ist sowohl auf das Gleichgewicht als auch auf das Nichtgleichgewicht anwendbar. Dazu schrieb bereits Max Planck: „Dieser Satz (gemeint ist die Beziehung $S = k \ln W$) eröffnet den Zugang zu einer neuen, über die Hilfsmittel der gewöhnlichen Thermodynamik weit hinausreichenden Methode, die Entropie eines Systems in einem gegebenen Zustand zu berechnen. Namentlich erstreckt sich hiernach die Definition der Entropie nicht allein auf Gleichgewichtszustände, wie sie in der gewöhnlichen Thermodynamik fast ausschließlich betrachtet werden, sondern ebensowohl auch auf beliebige dynamische Zustände, und man braucht zur Berechnung der Entropie nicht mehr wie bei CLAUSIUS einen reversiblen Prozeß auszuführen, dessen Realisierung stets mehr oder weniger zweifelhaft erscheint ..." (PLANCK, 1909; 1958 S. 20/21).

Die statistische Entropie ist dem Logarithmus des zugänglichen Phasenraumvolumens $\Omega(A)$ proportional:

$$S \sim \log \Omega(A) \tag{5.6}$$

(A – Gesamtheit der makroskopischen Bedingungen). Bei einem abgeschlossenen System beschränkt sich der zugängliche Teil des Phasenraumes auf die Hyperfläche konstanter Energie $H(\boldsymbol{q}_1, \ldots, \boldsymbol{q}_N, \boldsymbol{p}_1, \ldots, \boldsymbol{p}_N) = E$. Ist das System abgeschlossen, befindet sich jedoch nicht im Gleichgewicht (sondern z. B. im gehemmten Gleichgewicht), so ist nur ein Teil der Hyperfläche zugänglich. Bei der Relaxation zum Gleichgewicht verteilt sich die Wahrscheinlichkeitsdichte über die gesamte Hyperfläche. Im Gleichgewicht ist sie vollständig und gleichmäßig überdeckt (Hypothese konstanter a priori-Wahrscheinlichkeiten). Die makroskopischen Bedingungen für die Ausbildung stationärer Nichtgleichgewichtsstrukturen sind außerordentlich vielfältig. Durch sie wird die Bewegung zusätzlich eingeschränkt. Der zugängliche Teil des Phasenraums ist als Schnitt der Hyperflächen gegeben, die durch die makroskopischen Bedingungen für die Aufrechterhaltung des betrachteten stationären Nichtgleichgewichtszustandes definiert sind.

Der stochastischen Beschreibung entspricht die Informationsentropie. Nach SHANNON (1948) heißt die mittlere Unbestimmtheit einer normierbaren Wahrscheinlichkeitsverteilung $P(\boldsymbol{x})$

$$S^{(S)} = -\int \mathrm{d}\boldsymbol{x} P(\boldsymbol{x}) \ln P(\boldsymbol{x}) \tag{5.7}$$

Informationsentropie dieser Verteilung. Dabei definiert $\boldsymbol{x} = (x_1, \ldots, x_d)$ den Zustand des Systems bezüglich der zu beobachtenden Freiheitsgrade. Ist $\boldsymbol{x}$ ein vollständiger Satz von Koordinaten und Impulsen der Teilchen eines makroskopischen Systems $\boldsymbol{x} = (\boldsymbol{q}_1, \ldots, \boldsymbol{q}_N, \boldsymbol{p}_1, \ldots, \boldsymbol{p}_N)$, dann gilt

$$S^{(G)} = k_B S^{(S)}, \tag{5.8}$$

d. h., die statistische Entropie des Makrozustands entspricht der Information, die notwendig ist, um den Mikrozustand aufzuklären. Dabei ist zu beachten, daß ein Mikrozustand im Phasenraum ein Volumenelement einnimmt, das infolge der endlichen Meßgenauigkeit mindestens von der Größe $\hbar^{3N}$ ist.

Die Informationsentropie ist keine kovariante Größe, denn bei einer nichtlinearen Transformation der Zustandsvariablen folgt

$$S_y^{(\mathrm{S})} = S_x^{(\mathrm{S})} + \int \mathrm{d}\boldsymbol{x} P(\boldsymbol{x}) \ln |J| , \qquad \boldsymbol{y} = \boldsymbol{y}(\boldsymbol{x}), \tag{5.9}$$

wobei $J = \det (\partial y_i / \partial x_j)$ die Funktionaldeterminante der Transformation ist $(i, j = 1, \ldots, d)$.

Im Gegensatz zu $S^{(\mathrm{S})}$ ist der Informationsgewinn

$$K[P, P^0] = - \int \mathrm{d}\boldsymbol{x} P(\boldsymbol{x}, t) \ln \frac{P(\boldsymbol{x}, t)}{P^0(\boldsymbol{x})} \tag{5.10}$$

(auch Transinformation oder relative Entropie genannt) eine kovariante Größe. Der Informationsgewinn spielt eine wichtige Rolle in der Theorie Markovscher stochastischer Prozesse. Genügen die zeitabhängige und die stationäre Verteilung einer Fokker-Planck-Gleichung oder einer Mastergleichung, so gilt

$$K[P, P^0] \geqq 0 , \qquad \frac{\mathrm{d}K[P, P^0]}{\mathrm{d}t} \leqq 0 \tag{5.11}$$

(vgl. Abschn. 2.5). Demzufolge ist K ein Lyapunov-Funktional der Verteilungen P und P^0.

Die Informationsentropie steht in keinem direkten Zusammenhang zur statistischen Entropie, wenn die Zustandsvariablen $\boldsymbol{x}$ nicht ein kompletter Satz mikroskopischer Variablen sind. Häufig werden die $\boldsymbol{x}$ auf der Grundlage einer reduzierten Beschreibung konstruiert (Ordnungsparameter), wobei „irrelevante" mikroskopische Freiheitsgrade eliminiert werden. Die Informationsentropie der Wahrscheinlichkeitsverteilung der Ordnungsparameter stellt nur einen Bruchteil der gesamten statistischen Entropie dar. Dennoch ist dieser Anteil für die Strukturbildung entscheidend, da dissipative Strukturen durch kollektive Moden charakterisiert werden. Selbstorganisation und Strukturbildung vollziehen sich auf makroskopischer Ebene und werden durch makroskopische Freiheitsgrade bestimmt.

Abschließend gehen wir auf eine Methode aus der Informationstheorie ein (Jaynes, 1983), die sich (zunächst außerhalb jeden physikalischen Bezuges) allgemein mit dem Problem des Schlußfolgerns auf der Basis unvollständiger Informationen befaßt.

Angenommen, von einer normierbaren Wahrscheinlichkeitsverteilung $P(\boldsymbol{x})$ sind nur m Erwartungswerte

$$\langle A_i \rangle = \int \mathrm{d}\boldsymbol{x}\, P(\boldsymbol{x})\, A_i(\boldsymbol{x}), \qquad i = 1, \dots, m \tag{5.12}$$

der Größen $A_i(\boldsymbol{x})$ bekannt. Gesucht ist die Verteilung P. Da die Vorgabe endlich vieler Erwartungswerte nicht ausreicht, um P eindeutig festzulegen, schlug JAYNES vor, die gesuchte Verteilung aus einem Variationsproblem zu bestimmen und die Informationsentropie (5.7) unter Beachtung der Nebenbedingungen (5.12) sowie der Normierungsbedingung

$$\int \mathrm{d}\boldsymbol{x} P(\boldsymbol{x}) = 1 \tag{5.13}$$

zu maximieren. Das Ergebnis lautet

$$P(\boldsymbol{x}) = \frac{1}{Z} \exp\left[-\sum_{i=1}^{m} \lambda_i A_i(\boldsymbol{x})\right], \tag{5.14}$$

wobei die Lagrange-Parameter λ_i implizit durch die Relationen

$$\langle A_i \rangle = -\frac{\partial \ln Z}{\partial \lambda_i}, \qquad Z = \int \mathrm{d}\boldsymbol{x} \exp\left[-\sum_{i=1}^{m} \lambda_i A_i(\boldsymbol{x})\right] \tag{5.15}$$

gegeben sind. Unter allen Verteilungen mit den geforderten Erwartungswerten (5.12) wird die mit der größten Unbestimmtheit ausgewählt. Diese Vorgehensweise, so argumentierte JAYNES, entspricht der geschilderten Situation: Jede von (5.14) abweichende Verteilungsfunktion mit den vorgegebenen Erwartungswerten (5.12) würde auf zusätzlichen Informationen beruhen, die jedoch nach Voraussetzung nicht vorliegen.

Wendet man diese Methode nun auf ein makroskopisches System an, das sich im Kontakt mit einem Wärmebad befindet (GIBBS, 1960), so ist die Gesamtenergie $E = \langle H(\boldsymbol{p}_1, \dots, \boldsymbol{p}_N) \rangle$ zu fixieren, und man erhält die kanonische Verteilung

$$f^{(0)}(\boldsymbol{p}_1, \dots, \boldsymbol{q}_N) = \frac{1}{Z} \exp\left[-\lambda H(\boldsymbol{p}_1, \dots, \boldsymbol{q}_N)\right], \quad \lambda = \frac{1}{k_\mathrm{B} T}. \tag{5.16}$$

Jaynes hat als einer der ersten postuliert, daß das Prinzip der maximalen Informationsentropie auch auf Nichtgleichgewichtszustände anwendbar ist. Gelingt es, einen Satz von Größen A zu finden, deren Erwartungswerte den Zustand des Systems im Nichtgleichgewicht vollständig charakterisieren, so wird der sogenannte relevante statistische Operator $\varrho_{\mathrm{rel}}(t)$ aus dem Prinzip der maximalen Informationsentropie gewonnen (ZUBAREV, 1976).

Wie schon in Kapitel 3 gezeigt wurde, genügt $\varrho_{\text{rel}}(t)$ nicht der Liouville-von Neuman-Gleichung, sondern es tritt ein zusätzlicher Term auf, der die Zeitsymmetrie bricht (vgl. (3.24), (3.25)).

Während die Anwendbarkeit des Prinzips der maximalen Entropie in abgeschlossenen Systemen auf dem II. Hauptsatz der Thermodynamik basiert und die kanonische Verteilung auch auf unabhängigem Wege abgeleitet werden kann, ist die Situation für gepumpte Nichtgleichgewichtssysteme weniger klar. Außerdem muß betont werden, daß das Prinzip der maximalen Informationsentropie die grundlegende Frage offen läßt, welche A_i im konkreten Fall zu wählen sind bzw. welche Nebenbedingungen (5.12) anzuwenden sind. Die Fixierung der Energie verliert in gepumpten Systemen ihre dominierende Rolle als Nebenbedingung.

Haken (1975, 1985, 1986) hat das Prinzip der maximalen Informationsentropie mit dem Ordnungsparameterkonzept und der Bifurkationstheorie verknüpft, um die Willkür bei der Auswahl der Nebenbedingungen zu verringern. So läßt sich z. B. die Verteilungsfunktion für den Ein-Moden-Laser bestimmen, wenn als Nebenbedingungen die Korrelationsfunktionen der Intensität und der Intensitätsfluktuationen des emittierten Lichtes fixiert werden (Haken, 1985).

Abschließend gehen wir kurz auf den Begriff der Kolmogorov-Entropie eines dynamischen Systems, auch metrische Entropie genannt, ein. Unser Ausgangspunkt sind Symbolfolgen über einem endlichen Alphabet $\{A\}$ von Symbolen (vgl. Herzel, 1986). Ein anschauliches Beispiel dafür sind DNA-Sequenzen über dem Alphabet aus den vier Buchstaben A (für Adenin), C (für Cytosin), G (für Guanin) und T (für Thymin). Aus den Wahrscheinlichkeiten p_i für das Auftreten eines einzelnen Symbols in einer Sequenz ergibt sich die Informationsentropie

$$H_1 = -\sum_i p_i \ln p_i .$$

Analog werden aus den relativen Häufigkeiten für Symbolfolgen S_r der Länge r die Informationsentropien

$$H_r = -\sum_{\{S_r\}} p(S_r) \ln p(S_r) \tag{5.17}$$

bestimmt. Die mittlere Informationsentropie pro Symbol

$$H = \lim_{r\to\infty} \frac{H_r}{r} \quad \text{bzw.} \quad H = \lim_{r\to\infty} (H_{r+1} - H_r) \tag{5.18}$$

wird als „Entropie der Quelle“ bezeichnet.

Zur Übertragung dieser Begriffe auf ein dynamisches System im Sinne von Kap. 2 dient die „symbolische Dynamik“. Man zerlegt den Zustandsraum in Boxen und numeriert sie. Diese Zerlegung $\{A\}$ entspricht dem Alphabet, die Boxnummern entsprechen den Buchstaben. An Stelle der Trajektorie wird nun die Folge der Boxen untersucht, in denen sich die Trajektorie zu den Zeitpunkten t, $t + \Delta t$, $t + 2\Delta t$ usw. befindet. Auf diese Weise erzeugt die Trajektorie eine Folge von Boxnummern, eine der DNA-Sequenz entsprechende Symbolfolge. Werden die Zerlegungen $\{A\}$ des Zustandsraumes in Boxen und das Zeitintervall Δt variiert, so ändert sich die Größe H für diese Symbolfolgen. Die Kolmogorov-Entropie ist per Definition der entsprechende Maximalwert

$$K = \sup_{\{A\},\Delta t} \frac{1}{\Delta t} H(\{A\}; \Delta t). \tag{5.19}$$

Die Kolmogorov-Entropie ist eine Invariante des dynamischen Systems, d. h., sie ist nicht vom gewählten Koordinatensystem abhängig. Die Kolmogorov-Entropie entspricht keiner Informationsentropie, was auch in der Einheit Bit/s zum Ausdruck kommt.

Eine positive Kolmogorov-Entropie bedeutet, daß bei Verlängerung der Sequenzen immer wieder neue Information in den Symbolfolgen erscheint. Dadurch ist die Vorhersagbarkeit für diese dynamischen Systeme bei endlicher Boxgröße (Meßgenauigkeit) eingeschränkt. Eine positive Kolmogorov-Entropie ist infolge des exponentiellen Auseinanderstrebens der Trajektorien für chaotische Dynamik charakteristisch.

5.2. *Entropieabsenkung und S-Theorem*

Nach Boltzmann ist das thermodynamische Gleichgewicht von allen Zuständen, die vorgegebenen Werten der makroskopischen Größen entsprechen, derjenige mit der größten Entropie bzw. dem geringsten Ordnungsgrad. Im folgenden wollen wir annehmen, der Parameter u sei ein Maß für den Abstand vom thermodynamischen Gleichgewicht. Betrachten wir beispielsweise eine Flüssigkeit, so kann u eine dimensionslose Größe von der Art der Reynoldszahl, der Taylorzahl usw. sein. Dem thermodynamischen Gleichgewicht ordnen wir den Wert $u = 0$ zu. Wird das System gezwungen, den Gleichgewichtszustand zu verlassen, so nimmt es für $u > 0$ zunächst stationäre Zustände auf dem sogenannten thermodynamischen Ast ein. Wird u weiter erhöht, so kann der thermodynamische Ast bei einem bestimmten kritischen Wert u_{cr} instabil werden. Neue stabile stationäre Zustände zweigen ab, die vom thermodynamischen Gleichgewicht durch die Instabilität bei $u = u_{cr}$ getrennt sind. Ihre Stabilität kann ebenfalls begrenzt sein, so daß bei hinreichend großen Werten von u weitere Instabilitäten folgen. Ein sehr eindrucksvolles Beispiel für dieses allgemeine Szenarium ist die Strömung einer Flüssigkeit im Spalt zwischen zwei konzentrischen rotierenden Zylindern (SWINNEY, 1983; LÜCKE, 1983).

Wird das System in einem stationären Nichtgleichgewichtszustand plötzlich von der Umgebung isoliert, so relaxiert es zum Gleichgewicht. Während des Relaxationsprozesses wächst die Entropie in Übereinstimmung mit dem zweiten Hauptsatz der Thermodynamik an. Die Entropieabsenkung δS, d. h., die Differenz

$$\delta S(u) = S_{eq} - S_{neq}(u), \qquad E = \text{const}, \tag{5.20}$$

zwischen der Entropie des erreichten Gleichgewichtszustands und der Entropie des Ausgangszustands (in beiden Zuständen hat das System die gleiche Energie), definieren wir als Ordnungsgrad des betrachteten Nichtgleichgewichtszustandes. Die Idee, die auf eine bestimmte Energie bezogene Entropie als quantitatives Maß für die Strukturiertheit eines stationären Nichtgleichgewichtszustandes zu nutzen, liegt dem S-Theorem zugrunde (KLIMONTOVICH 1983, 1987). Darunter verstehen wir die Aussage, daß die Entropieabsenkung um so größer ist, je weiter das System vom thermodynamischen Gleichgewicht entfernt ist. Wird der stationäre Nichtgleichgewichtszustand durch mehrere unabhängige äußere Parameter $\boldsymbol{u} \in C^k$ bestimmt, so kann man sich $\delta S(\boldsymbol{u})$ als positiv definite Hyperfläche über dem Parameterraum C^k veranschaulichen.

Im Fall der Poiseuille-Strömung einer Flüssigkeit in einem Rohr lautet die Aussage des S-Theorems, daß die Entropie der Flüssigkeit mit wachsender Reynoldszahl monoton fällt, wenn dabei die Energie konstant gehalten wird, indem man die Temperatur der Flüssigkeit entsprechend absenkt. Bevor wir dieses Problem quantitativ untersuchen, wenden wir uns zunächst einem anderen Beispiel, und zwar der Anfachung selbsterregter Schwingungen, zu.

5.3. *Selbsterregte Schwingungen als strukturierter Nichtgleichgewichtszustand*

Bereits in Kap. 4 wurden selbsterregte Schwingungen als typische zeitliche Nichtgleichgewichtsstrukturen charakterisiert. Es sind ungedämpfte Eigenschwingungen, die durch ständige Energieaufnahme aus einer äußeren Quelle aufrechterhalten werden. Sie entstehen als Folge spezifischer innerer Wechselwirkungen im System, die vor allem durch die Existenz eines Rückkopplungsmechanismus gekennzeichnet sind, der die Energieaufnahme steuert. Aus der Mechanik, der Aerodynamik, der Akustik und der Elektronik sind zahlreiche Beispiele für selbsterregte Schwingungen bekannt (Pendeluhr, „Flattern" der Tragflächen von Flugzeugen, Tonerzeugung bei der Orgel und der Violine, Röhrengenerator u. a.; vgl. Kauderer, 1958; Andronov et al., 1965, 1969; Bogoljubov und Mitropolski, 1965). Von großem Interesse sind selbsterregte Schwingungen auch für die Biochemie. Sie werden bei lebenswichtigen Stoffwechselprozessen (Photosynthese, Glykolyse) in den Zellen der Organismen beobachtet (Romanovski et al., 1984). Ein weiteres breites Anwendungsgebiet für selbsterregte Schwingungen sind nichtlineare chemische Reaktionen in der heterogenen Katalyse (vgl. Jaeger et al., 1989).

Die Anfachung selbsterregter Schwingungen ist mit einer Brechung der Zeitsymmetrie verbunden, die bei einem kritischen Wert der Rückkopplungsstärke auftritt. Durch die Untersuchung des Verhaltens der Entropie beim Übergang aus dem nichtoszillatorischen Regime in das Regime der selbsterregten Schwingungen wird die These gestützt, daß die Anfachung selbsterregter Schwingungen aus der Sicht der Entropieabsenkung tatsächlich eine spontane Strukturierung in einem gepumpten System darstellt.

Als konkretes Beispiel betrachten wir dazu die weiche Anfachung selbsterregter Schwingungen bei der Hopf-Bifurkation eines stochastisch erregten van der Pol-Oszillators. Dieser Oszillator gehört, wie bereits in Kap. 4 diskutiert, zu den am gründlichsten untersuchten nichtlinearen dynamischen Systemen. Seine Bewegungsgleichung stellen wir in der Form

$$\ddot{q} + \frac{1}{2}\left[\gamma_0 - \left(\delta - \frac{4}{3}u\dot{q}^2\right)\right]\dot{q} + \omega_0^2 q = \sqrt{D}\,\zeta(t) \qquad (5.21)$$

dar (q – Koordinate, ω_0 – Eigenfrequenz). Der dissipative Term besteht aus zwei Anteilen, einer passiven Komponente $\gamma_0\dot{q}$ ($\gamma_0 > 0$)

und einer nichtlinearen aktiven Komponente. In ihr gibt δ die Stärke der Rückkopplung an, während u ein konstanter positiver Parameter zur Begrenzung der Schwingungsamplitude ist. Die auf den Oszillator einwirkende stochastische Kraft approximieren wir als Gaußsches weißes Rauschen der Intensität D

$$\langle \zeta(t) \rangle = 0 , \qquad \langle \zeta(t + \tau) \, \zeta(t) \rangle = \delta(\tau) . \tag{5.22}$$

Der Gleichung (5.21) genügt z. B. die Stärke des Anodenstroms in einem rückgekoppelten Röhrenschwingkreis bei Berücksichtigung des Schrotrauschens (STRATONOVICH, 1963). In einem verallgemeinerten Sinn beschreibt sie die Brownsche Bewegung eines selbsterregten Schwingers oder auch ein Gas nichtlinearer Oszillatoren, wobei die Reibung durch Stöße zwischen ihnen hervorgerufen wird.

Bei geringer Dissipation ($\gamma_0, \delta, u \sim \varepsilon$, $\varepsilon \ll 1$) und schwachem Rauschen ($D \sim \varepsilon$) existieren getrennte Zeitskalen. Den oszillatorischen Bewegungen mit charakteristischen Zeiten $T \sim 1/\omega_0$ stehen die relativ langsamen Änderungen von Amplitude, Phase, Schwingungsenergie usw. gegenüber, deren Relaxationszeit von der Größenordnung $T_{\text{rel}} \sim 1/\varepsilon$ ist. Unter der Voraussetzung $\varepsilon \ll 1$ ist (5.21/5.22) mathematisch der Fokker-Planck-Gleichung

$$\frac{\partial P}{\partial t} = \frac{\partial}{\partial H} \left\{ \left[\frac{1}{2} (\gamma_0 - \delta) H + uH^2 \right] P \right\} + \frac{D}{2} \frac{\partial}{\partial H} \left(H \frac{\partial P}{\partial H} \right) \tag{5.23}$$

für die Wahrscheinlichkeitsdichte $P(H, t)$ der Schwingungsenergie

$$H = \frac{1}{2} (\dot{q}^2 + \omega_0^2 q^2) \tag{5.24}$$

äquivalent. Die stationäre Lösung von (5.23) lautet

$$P(H; \delta, D) = \frac{1}{Z} \exp \left\{ -\frac{1}{D} [(\gamma_0 - \delta) H + uH^2] \right\} \tag{5.25}$$

mit

$$Z = \int_0^\infty \mathrm{d}H \exp \left\{ -\frac{1}{D} [(\gamma_0 - \delta) H + uH^2] \right\} . \tag{5.26}$$

Für $\delta = 0$, $u = 0$ und $D = k_B \gamma_0 T$ (Einstein-Relation) geht die stationäre Wahrscheinlichkeitsdichte in die kanonische Verteilung über,

$$P^0(H; \delta, D) \longrightarrow \frac{1}{Z} \exp\left(-\frac{H}{k_B T}\right), \tag{5.27}$$

wobei letztere das thermodynamische Gleichgewicht zwischen Oszillator und Wärmebad charakterisiert. Die Rückkopplungsstärke δ spielt offensichtlich die Rolle eines Bifurkationsparameters: Für $\delta < \delta_{cr} = \gamma_0$ ist die Verteilung (5.25) monoton fallend in $0 \leqq H < \infty$, während für $\delta > \gamma_0$ ein Maximum bei $H = (\delta - \gamma_0)/2u$ auftritt. Im allgemeinen ist die Verteilung (5.25) in unmittelbarer Umgebung einer Hopf-Bifurkation gültig, da dann die Bewegungsgleichung der langsamen Mode vom Typ (5.21) ist (Stratonovich, 1963; Graham, 1981, 1982). Infolgedessen ist sie für eine ganze Reihe von Nichtgleichgewichtsphasenübergängen charakteristisch. Explizit behandelt wurden der Ein-Moden-Laser in der Nähe des Schwellwertes (Graham, 1973), die Thermokonvektion in der Nähe der kritischen Rayleigh-Zahl (Graham, 1974) und die Taylor-Couette-Strömung in der Nähe der ersten Instabilität (Graham und Domaradzki, 1982).

Betrachten wir nun die der stationären Verteilung (5.25) zugeordnete Entropie

$$S(\delta, D) = -k_B \int_0^\infty \mathrm{d}H\, P^0(H; \delta, D) \ln P^0(H; \delta, D). \tag{5.28}$$

Sie ist in Abb. 5.1 als Funktion der Rückkopplungsstärke δ dargestellt. Die Abbildung enthält außerdem den Verlauf der mittleren Energie der Schwingungen

$$\langle H \rangle = \int_0^\infty \mathrm{d}H\, H\, P^0(H; \delta, D) \tag{5.29}$$

sowie der Größen

$$F(\delta, D) = -\frac{D}{k_B \gamma_0} \ln Z \tag{5.30}$$

und

$$U(\delta, D) = \left(1 - \frac{\delta}{k_B \gamma_0}\right) \langle H \rangle + \frac{u}{k_B \gamma_0} \langle H^2 \rangle. \tag{5.31}$$

F und U sind die freie Energie bzw. die innere Energie in dem durch P^0 beschriebenen stationären Nichtgleichgewichtszustand.

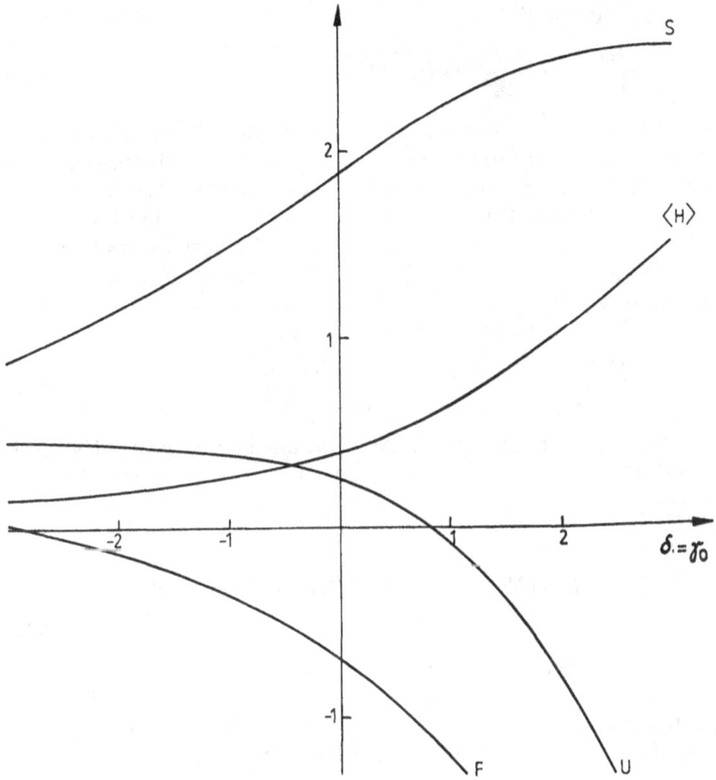

Abb. 5.1. Abhängigkeit der Größen S, $\langle H\rangle$, F und U von der Rückkopplungsstärke δ ($D = 0{,}5$; $u = 2$)

Diese Größen sind so definiert, daß zwischen F, U und S die Relation

$$F = U - \frac{D}{\gamma_0} S \tag{5.32}$$

erfüllt ist, die im Fall des thermodynamischen Gleichgewichts ($\delta = u = 0$, $\gamma_0 = D/k_B T$) in die bekannte Beziehung

$$F = U - TS \quad \text{mit} \quad U = \langle H\rangle \tag{5.33}$$

übergeht. Aus Abb. 5.1 ist ersichtlich, daß $S(\delta, D)$ eine monoton wachsende Funktion von δ ist. Aus (5.28) folgt für $S(\delta, D)$ unter

Verwendung von (5.25)

$$\left(\frac{\partial S}{\partial \delta}\right)_D = \frac{\langle H^2\rangle}{2Z} > 0\,. \tag{5.34}$$

Der Anstieg der Entropie mit wachsender Anregungsstärke δ scheint der intuitiven Vorstellung von der Selbstorganisation einer zeitlichen Struktur oberhalb des Schwellwertes $\delta_{cr} = \gamma_0$ zu widersprechen. Wir haben jedoch bisher nicht berücksichtigt, daß mit wachsendem δ auch die mittlere Energie der Schwingungen $\langle H\rangle$ ansteigt (vgl. Abb. 5.1). In Übereinstimmung mit dem in Abschnitt 5.2 erläuterten Konzept ist $\langle H\rangle$ bei Änderung von δ zu fixieren. Für die entsprechende Ableitung

$$\left(\frac{\partial S}{\partial \delta}\right)_{\langle H\rangle} = \left(\frac{\partial S}{\partial \delta}\right)_D + \left(\frac{\partial S}{\partial D}\right)_\delta \left(\frac{\partial D}{\partial \delta}\right)_{\langle H\rangle} \tag{5.35}$$

folgt aus (5.25), (5.28) und (5.29) (ENGEL-HERBERT und EBELING, 1988a)

$$D^4 \left(\frac{\partial S}{\partial \delta}\right)_D \left(\frac{\partial S}{\partial \delta}\right)_{\langle H\rangle}$$
$$= u^2\left[\langle (H - \langle H\rangle)\,(H^2 - \langle H^2\rangle)\rangle^2 - \langle (H - \langle H\rangle)^2\rangle \langle (H^2 - \langle H^2\rangle)^2\rangle\right], \tag{5.36}$$

wobei die spitzen Klammern jeweils Mittelung über P^0 bedeuten. Die rechte Seite von (5.36) ist infolge der Schwarzschen Ungleichung negativ definit. Somit gilt unter Berücksichtigung von (5.34) für die weiche Anfachung selbsterregter Schwingungen

$$\left(\frac{\partial S}{\partial \delta}\right)_{\langle H\rangle} \leqq 0\,. \tag{5.37}$$

Wir erkennen, daß die Entropie eine monoton fallende Funktion der Rückkopplungsstärke ist, wenn die mittlere Energie der Schwingungen konstant gehalten wird. Die Konstanz von $\langle H\rangle$ wird im vorliegenden Fall über eine von δ abhängige effektive Rauschintensität $D(\delta)$ realisiert. Die Funktion $D(\delta)$ ist implizit in Form der Relation

$$\langle H\rangle = \int_0^\infty \mathrm{d}H\, H\, P^0(H; \delta, D) = \frac{D}{\sqrt{\pi u}}\, F^{-1}\left(\frac{\gamma_0 - \delta}{2\sqrt{Du}}\right)$$
$$+ \frac{\delta - \gamma_0}{2u} = \text{const} \tag{5.38}$$

mit

$$F(y) = \frac{2}{\sqrt{\pi}} \exp(y^2) \int_y^\infty dt \exp(-t^2) \qquad (5.39)$$

gegeben.

Die Ableitung eines S-Theorems (5.37) wird im betrachteten Fall dadurch erleichtert, daß es nur einen Bifurkationsparameter, nämlich δ, gibt, der den Übergang in das Regime selbsterregter Schwingungen steuert. Treten gleichzeitig mehrere voneinander unabhängige äußere Parameter auf, so ist die Situation komplizierter (Engel-Herbert und Schumann, 1987; Klimontovich et al., 1988). Modifizieren wir beispielsweise die dissipative Nichtlinearität in der Bewegungsgleichung (5.21) durch Berücksichtigung eines zusätzlichen nichtlinearen Terms ($\sim \dot{q}^5$), und wir erhalten

$$\ddot{q} + \frac{1}{2}\left[(\gamma_0 - \delta) + \frac{4}{3} u\dot{q}^2 + \frac{6}{5} v\dot{q}^4\right] \dot{q} + \omega_0^2 q = \sqrt{D}\,\zeta(t), \qquad (5.40)$$

so hat die stationäre Wahrscheinlichkeitsdichte der Energie die Form

$$P^0(H; \delta, u, D) = \frac{1}{Z} \exp\left\{-\frac{1}{D}\left[(\gamma_0 - \delta) H + uH^2 + vH^3\right]\right\}. \qquad (5.41)$$

Das entsprechende Bifurkationsnetz ist in Abb. 5.2 dargestellt. Die kritische Rückkopplungsstärke δ_{cr} ist von γ_0 und u abhängig:

$$\delta_{\mathrm{cr}} = \begin{cases} \gamma_0 & \text{bei weicher Anfachung } (u > 0, \text{ Hopf-Bifurkation}), \\ \gamma_0 - \dfrac{u^2}{3v} & \text{bei harter Anfachung } (u < 0, \text{ globale Hopf-Bifurkation}). \end{cases} \qquad (5.42)$$

Untersucht man den Verlauf der Entropie bei Änderung der Parameter u und δ, so stellt man fest, daß Übergänge aus dem nichtoszillatorischen Bereich der Parameterebene in Abb. 5.2 in das Gebiet der selbsterregten Schwingungen nicht notwendig mit Entropieverminderung einhergehen. Mit anderen Worten, in der (δ, u)-Ebene lassen sich Wege finden, die das Bifurkationsnetz schneiden, wobei die Entropie trotz Berücksichtigung der Bedingung $\langle H \rangle = \mathrm{const}$ ansteigt, wenn das nichtoszillatorische Gebiet auf diesen Wegen verlassen wird. Daraus ergibt sich kein

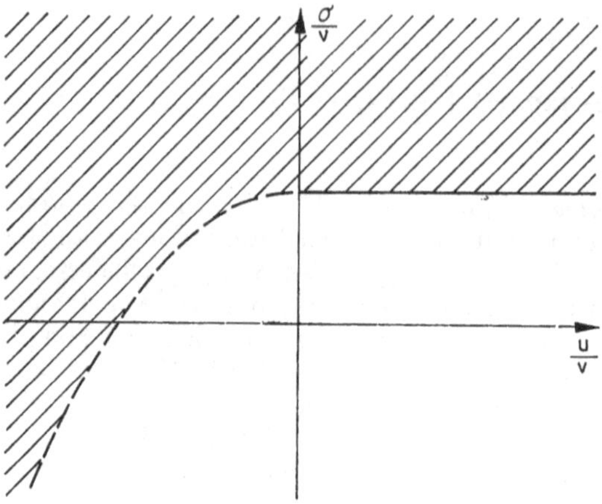

Abb. 5.2. Bifurkationsnetz im Fall des nichtlinearen Oszillators (5.40). Durchgezogene Linie — weiche Schwingungsanfachung über Hopf-Bifurkation; unterbrochene Linie — harte Schwingungsanfachung über globale Hopf-Bifurkation. Das Gebiet selbsterregter Schwingungen in der Parameterebene ist schraffiert

Widerspruch zum S-Theorem, dessen Anwendung bzw. Überprüfung nur dann möglich ist, wenn ein Maß für den Abstand vom thermodynamischen Gleichgewicht vorliegt. Diese Voraussetzung ist im betrachteten Fall der beiden unabhängigen Bifurkationsparameter δ und u nicht erfüllt.

5.4. *Hydrodynamische Strömungen*

In diesem Abschnitt wird das Konzept der Entropieerniedrigung auf hydrodynamische Systeme angewendet und ein quantitatives Maß für den Strukturierungsgrad turbulenter Strömungen gewonnen. Dieser Zugang geht auf eine Idee von Klimontovich (1982, 1987) zurück; siehe auch Klimontovich und Engel-Herbert (1984) sowie Ebeling und Klimontovich (1984).

Mitunter wird eine turbulente Strömung als unstrukturierter, chaotischer Bewegungszustand eines makroskopischen Systems charakterisiert. Bei genauerer Betrachtung ist diese Kennzeichnung unvollständig und unzureichend. In einer turbulenten Strömung existieren komplizierte spezifische Strukturen. Die kollektiven Mechanismen des Impuls-, Wärme- und Stofftransports weisen auf ein kooperatives, abgestimmtes Verhalten der Flüssigkeitsteilchen hin. Es ist gut bekannt, daß die Transportkoeffizienten im turbulenten Regime teilweise um Größenordnungen über den Werten für laminare Strömungen liegen. Auch die Entdeckung der Wirbelhierarchie und des damit verbundenen Mechanismus des Energietransports von großen zu kleinen Wirbeln (Kolmogorov, 1941) spricht gegen die „Strukturlosigkeit" turbulenter Strömungen. Außerdem verweisen wir in diesem Zusammenhang auf neuere Untersuchungen zu kohärenten Strukturen in turbulenten Strömungen (Goldstik und Stern, 1977; Albring, 1981; Stern, 1986) sowie zur Selbstähnlichkeit bei der entwickelten Turbulenz (von Karman, 1930; Grossmann, 1985).

Um die Entropieerniedrigung für laminare und turbulente Strömungen bestimmen zu können, stellen wir uns vor, die Strömung wird zu einem bestimmten Zeitpunkt t_0 von der Umgebung isoliert. Das System relaxiert dann zum Gleichgewicht. Dabei wird Entropie produziert. Zwischen Entropien des Ausgangszustandes (Nichtgleichgewichtszustand) und des Endzustandes (Gleichgewicht) S_{neq} bzw. S_{eq} gilt die Relation

$$S_{\text{neq}}(E; T, \text{Re}) + \int_{t_0}^{\infty} \mathrm{d}t \int \mathrm{d}\boldsymbol{r}\, \sigma(\boldsymbol{r}, t) = S_{\text{eq}}(E; T_{\text{eq}}). \quad (5.43)$$

In beiden Zuständen ist die Energie E gleich. In (5.43) bezeichnet T die Temperatur der strömenden, T_{eq} die Temperatur der ruhenden Flüssigkeit. Anstelle der Reynoldszahl Re kann in Abhängigkeit von der Art der Strömung auch ein anderer adäquater Parameter stehen; $\sigma(\boldsymbol{r}, t)$ ist die Entropieproduktionsdichte. Für die Temperaturerhöhung während der Relaxation zum Gleichgewicht folgt aus der Energiebilanz

$$C_{\text{V}}\delta T = \frac{1}{2} \int \mathrm{d}\boldsymbol{r}\, \varrho\langle \boldsymbol{u}^2(\boldsymbol{r})\rangle, \qquad \delta T = T_{\text{eq}} - T, \quad (5.44)$$

wobei ϱ die Dichte, C_{V} die Wärmekapazität und $\boldsymbol{u}(\boldsymbol{r})$ das Geschwindigkeitsfeld der Strömung bedeuten. Im turbulenten Regime ist $\boldsymbol{u}$ infolge der turbulenten Pulsationen eine fluktuierende Größe. Wir verwenden die spitzen Klammern in diesem Kapitel als Abkürzung für die Mittelung über die hydrodynamischen Fluktuationen. Ohne auf die detaillierte Rechnung einzugehen, geben wir das Ergebnis für die Entropieabsenkung

$$\delta S(\text{Re}) = S_{\text{eq}}(E; T_{\text{eq}}) - S_{\text{neq}}(E; T, \text{Re}) \quad (5.45)$$

an, das sich in hydrodynamischer Näherung, d. h. bei geringen

Abweichungen der Einteilchenverteilungsfunktion von der lokalen Maxwellverteilung, ergibt:

$$\delta S = \int \mathrm{d}\boldsymbol{r} \left[C_\mathrm{V} \ln \frac{T_\mathrm{eq}}{T} + \frac{\varrho k_\mathrm{B}}{(nk_\mathrm{B}T)^2} \left(\frac{1}{4m} \langle \Pi_{ij}\Pi_{ij} \rangle + \frac{1}{5k_\mathrm{B}T} \langle q_i q_i \rangle \right) \right] \tag{5.46}$$

(Engel-Herbert und Ebeling, 1988b). In (5.46) bezeichnet Π_{ij} die Komponenten des viskosen Spannungstensors

$$\Pi_{ij} = -\eta \left(\frac{\partial u_i}{\partial r_j} + \frac{\partial u_j}{\partial r_i} - \frac{2}{3} \delta_{ij} \frac{\partial u_l}{\partial r_l} \right), \qquad i, j, l = 1, 2, 3 \tag{5.47}$$

(η – dynamische Zähigkeit) und q_i die Komponenten des Wärmestromvektors

$$\boldsymbol{q} = -\lambda \operatorname{grad} T \tag{5.48}$$

(λ – Wärmeleitfähigkeit). Über die doppelt auftretenden Indizes ist zu summieren. Aus (5.46) wird deutlich, daß ein Beitrag zur Entropieabsenkung auf die Temperaturänderung δT zurückzuführen ist, während der andere mit der Entropieproduktionsdichte im lokalen thermodynamischen Gleichgewicht

$$\sigma = \frac{1}{2\eta T} \Pi_{ij}\Pi_{ij} + \frac{1}{\lambda T^2} q_i q_i \tag{5.49}$$

verknüpft ist.

Im folgenden werten wir das Ergebnis (5.46) für die Entropieerniedrigung im Fall der Poiseuille-Strömung einer inkompressiblen Flüssigkeit in einem Rohr mit glatten Wänden aus. Die Rohrströmung ist experimentell und unter dem Gesichtspunkt der Stabilitätstheorie umfassend untersucht worden (Nikuradse, 1932; Schlichting, 1951; Reichardt, 1951). Uns interessiert die Frage, ob δS eine monoton wachsende Funktion der Reynoldszahl ist.

Zunächst ist die Abhängigkeit der Entropieerniedrigung von der Reynoldszahl aus (5.46) nicht unmittelbar ersichtlich. Bevor wir die Ableitung $(\partial \delta S / \partial \,\mathrm{Re})_E$ bestimmen, kehren wir daher noch einmal zur Energiebilanz

$$\begin{aligned} C_\mathrm{V} T_\mathrm{eq} &= \int \mathrm{d}\boldsymbol{r} \frac{C_\mathrm{V}}{V} T(\boldsymbol{r}) + \frac{1}{2} \varrho \langle \boldsymbol{u}^2(\boldsymbol{r}) \rangle, \\ T_\mathrm{eq} &= T + \frac{\varrho}{2c_\mathrm{V}} \langle \boldsymbol{u}^2(\boldsymbol{r}) \rangle \end{aligned} \tag{5.50}$$

zurück. Hier ist

$$\boldsymbol{u} = \langle \boldsymbol{u} \rangle + \delta \boldsymbol{u}, \qquad \langle \boldsymbol{u}^2 \rangle = \langle \boldsymbol{u} \rangle^2 + \langle (\delta \boldsymbol{u})^2 \rangle, \tag{5.51}$$

wobei $\langle \boldsymbol{u} \rangle$ das gemittelte Strömungsprofil und $\delta \boldsymbol{u}$ die turbulenten Pulsationen (die hydrodynamischen Fluktuationen des Geschwindigkeitsfeldes) bezeichnen. Sowohl $\langle \boldsymbol{u} \rangle$ als auch $\langle (\delta \boldsymbol{u})^2 \rangle$ hängen von der Reynoldszahl ab.

Um das mittlere Strömungsprofil zu berechnen, wird die Navier-Stokes-Gleichung für das turbulente Geschwindigkeitsfeld über die hydrodynamischen Fluktuationen gemittelt. Dabei entsteht bekanntlich eine Hierarchie gekoppelter Gleichungen, denn wegen des nichtlinearen konvektiven Terms enthält die Gleichung für $\langle u_i \rangle$ den Korrelator $\langle \delta u_i \delta u_j \rangle$ (die Reynoldsschen Spannungen). Die Gleichung für $\langle \delta u_i \delta u_j \rangle$ enthält wiederum einen Korrelator dritter Ordnung usw. Wir können hier nicht die Details der Entkopplungsproblematik diskutieren (Monin et al., 1965, 1967). Bereits auf der untersten Stufe der Hierarchie ersetzen wir den unbekannten Korrelator $\langle \delta u_i \delta u_j \rangle$ mit Hilfe einer turbulenten Zähigkeit $\nu_t(\boldsymbol{r})$ durch den Gradienten des mittleren Strömungsprofils. Das ist der übliche Ansatz im Rahmen der halbempirischen Theorie der Turbulenz (Schlichting, 1951).

Bei Verwendung von Zylinderkoordinaten – also für $\boldsymbol{u}(r, \varphi, z) = \big(u(r), 0, 0\big)$, z-Achse in Richtung der Rohrachse – lautet die Abschlußbedingung (Prandtl-von-Karman-Beziehung)

$$-\langle \delta u_z \delta u_r \rangle = [\nu_t(r) - \nu] \frac{\mathrm{d}u}{\mathrm{d}r}, \qquad \langle u \rangle \equiv u, \tag{5.52}$$

und die stationäre Navier-Stokes-Gleichung hat die Form

$$\frac{1}{r} \frac{\mathrm{d}}{\mathrm{d}r} \left(r \nu_t \frac{\mathrm{d}u}{\mathrm{d}r} \right) = -\frac{\Delta p}{l}, \qquad u\Big|_{r=a} = 0, \qquad \frac{\mathrm{d}u}{\mathrm{d}r}\Big|_{r=a} = 0. \tag{5.53}$$

Der Ansatz

$$\begin{aligned} \nu_t(r) &= \nu \left[1 + \frac{R^*}{2R_{\mathrm{cr}}} (1 - \bar{r}^2) \right], \\ R^* &= \frac{v^* a}{\nu}, \qquad v^* = \sqrt{\frac{\Delta p a}{2 \varrho l}}, \qquad \bar{r} \equiv \frac{r}{a} \end{aligned} \tag{5.54}$$

(Klimontovich, 1982) für die turbulente Zähigkeit führt auf das mittlere Strömungsprofil

$$u(r) = v^* R_{\mathrm{cr}} \ln \left[1 + \frac{R^*}{2R_{\mathrm{cr}}} (1 - \bar{r}^2) \right]. \tag{5.55}$$

Dabei ist R^* die über die dynamische Geschwindigkeit v^* definierte Reynoldszahl, während R_{cr} den Kolmogorov-Maßstab der kleinsten Wirbel in der Strömung charakterisiert. R^* und R_{cr} sind beide von der Reynoldszahl der Grundströmung Re abhängig, deren kritischer Wert für den Umschlag laminar–turbulent etwa bei $\mathrm{Re} = \mathrm{Re}_{cr} = 3000$ liegt. Für voll entwickelte Turbulenz ($\mathrm{Re} \gg \mathrm{Re}_{cr}$) ist $R^*/R_{cr} \gg 1$ und R_{cr} näherungsweise konstant ($\lim_{\mathrm{Re}\to\infty} R_{cr} = 1/\varkappa$; $\varkappa = 2{,}5$ ist die von Karman-Konstante). Für die laminare Strömung ($\mathrm{Re} < \mathrm{Re}_{cr}$) strebt R_{cr} formal gegen Unendlich, d. h. $R^*/R_{cr} \ll 1$ ist als kleiner Parameter nutzbar.

Die Abhängigkeit $R^*(\mathrm{Re})$ ist unter der Bezeichnung Widerstandsgesetz bekannt. Für die Poiseuille-Strömung erhalten wir

$$\mathrm{Re} = 2R^*R_{cr}\left[\left(1 + \frac{2R_{cr}}{R^*}\right)\ln\left(1 + \frac{R^*}{2R_{cr}}\right) - 1\right]. \tag{5.56}$$

Aus (5.55) bzw. (5.56) ergeben sich in niedrigster Ordnung einer Entwicklung nach dem kleinen Parameter $\varepsilon = R^*/R_{cr} \ll 1$ für das Strömungsprofil und das Widerstandsgesetz die bekannten Resultate für die laminare Strömung

$$u = R^*v^*(1 - \bar{r}^2) \qquad \text{bzw.} \qquad \mathrm{Re} = 2R^{*2}. \tag{5.57}$$

Der Ansatz (5.54) berücksichtigt nicht die Existenz einer laminaren Unterschicht im turbulenten Strömungsregime; zur Einbeziehung der laminaren Unterschicht siehe Klimontovich und Engel-Herbert (1984).

Bei der Bestimmung der Abhängigkeit der Entropieabsenkung δS von der Reynoldszahl beschränken wir uns der Einfachheit halber auf einen Spezialfall. Für ein System harter Kugeln der Masse m mit dem Radius r_0 läßt sich (5.46) in der Form

$$\delta S = \int \mathrm{d}\boldsymbol{r}\, \delta s, \qquad \delta s = c_V \ln\frac{T_{eq}}{T} + \frac{A}{\sqrt{T}}\,\sigma \tag{5.58}$$

darstellen, wobei σ die Entropieproduktionsdichte (5.49) und

$$A = \frac{5}{32\sqrt{\pi}}\,\frac{1}{nr_0^2}\sqrt{\frac{m}{k_B}} \tag{5.59}$$

eine von der Temperatur unabhängige Konstante ist. Die Abhängigkeit $T(\mathrm{Re})$ ergibt sich aus (5.50), $u(\mathrm{Re})$ folgt aus (5.55) und $R^*(\mathrm{Re})$ aus dem Widerstandsgesetz (5.56). Für die turbulenten

Pulsationen setzen wir näherungsweise $\langle(\delta u^2)\rangle \approx 3v^{*2}$ (vgl. COMPTE-BELLOT, 1965). Die detaillierte Rechnung ergibt (ENGEL-HERBERT und EBELING, 1988b)

$$\frac{\partial(\delta s)}{\partial\,\mathrm{Re}} > 0\,, \qquad E = \mathrm{const}\,, \tag{5.60}$$

wobei $(\partial\sigma/\partial\,\mathrm{Re}) > 0$ benutzt wurde (vgl. Abb. 5.3). Im unmittelbaren Übergangsgebiet $\mathrm{Re} \gtrsim \mathrm{Re}_{\mathrm{cr}}$ ist die Gültigkeit von (5.59) an die Bedingung

$$\left|\frac{\partial R_{\mathrm{cr}}}{\partial\,\mathrm{Re}}\right| \sim \frac{1}{\varepsilon^{\alpha}} \quad \text{mit} \quad \alpha < 2\,, \quad \varepsilon = \frac{R^*}{2R_{\mathrm{cr}}} \ll 1\,, \tag{5.61}$$

gebunden. Abgesehen davon wird die Entropieerniedrigung mit steigender Reynoldszahl immer größer, oder mit anderen Worten,

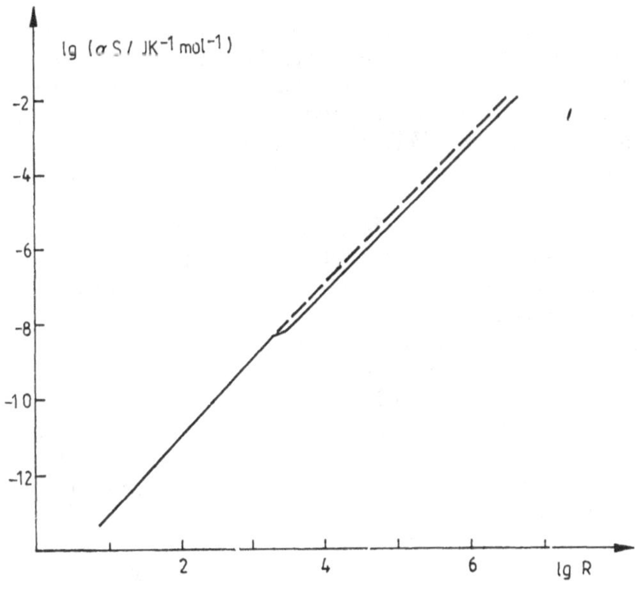

Abb. 5.3. Entropieerniedrigung für eine Poiseuille-Strömung als Funktion der Reynoldszahl. Bei $Re \approx 5 \cdot 10^3$ wird die laminare Strömung instabil (gestrichelt). Parameterwerte: $c_V = 1\ \mathrm{cal\,g^{-1}\,K^{-1}}$, $\nu = 10^{-6}\ \mathrm{m^2\,s^{-1}}$ (entspricht Wasser bei 20 °C)

die Entropie von Rohrströmungen gleicher Energie fällt mit wachsender Reynoldszahl monoton. Von diesem Standpunkt aus ist eine turbulente Strömung geordneter als eine laminare Strömung gleicher Energie.

Zusammenfassend halten wir fest, daß der Umschlag einer laminaren Strömung in den turbulenten Strömungszustand als Nichtgleichgewichtsphasenübergang in einen höher geordneten Zustand aufgefaßt werden kann. Die Rolle des Ordnungsparameters spielen die Reynoldsschen Spannungen, die für $\mathrm{Re} < \mathrm{Re}_{cr}$ Null sind und im Übergangsgebiet $\mathrm{Re} \gtrsim \mathrm{Re}_{cr}$ proportional zu $(\mathrm{Re} - \mathrm{Re}_{cr})/\mathrm{Re}_{cr}$ anwachsen (KLIMONTOVICH und ENGEL-HERBERT, 1984).

6. Methoden der Zeitreihenanalyse

6.1. *Klassische Zugänge zur Datenanalyse*

In den bisherigen Kapiteln waren jeweils bestimmte deterministische oder stochastische Systeme als Ausgangspunkt gegeben, und es wurden Dynamik und Eigenschaften des Systems charakterisiert. In diesem und den folgenden Abschnitten diskutieren wir das inverse Problem: Wie kann man aus gemessenen Daten Rückschlüsse auf das zugrunde liegende dynamische System ziehen?

In der Geschichte hat oft die richtige Interpretation sorgsam gemessener Daten zu Durchbrüchen beim Verständnis zeitl cher Strukturen geführt. So war die Entdeckung der Keplerschen Gesetze möglich, nachdem TYCHO BRAHE mit Akribie die Planetenbahnen gemessen hatte, und die Analyse der Brownschen Bewegung führte zur Theorie des weißen Rauschens.

Auch das Studium chaotischer Dynamik wurde durch Daten angeregt, die zunächst nicht interpretierbar waren. Der Berliner Ingenieur GEORG DUFFING untersuchte z. B. das Resonanzverhalten eines nichtlinearen Oszillators und fand wahrscheinlich experimentell Chaos: „Die Ausschläge ... konnten sich nur sehr kurze Zeit halten, ... entsprechen daher Bewegungszuständen, die entweder instabil oder sehr empfindlich gegen kleine Störungen sind“ (DUFFING, 1918). Als mögliche Erklärung für starke Schwankungen von Insektenpopulationen studierte der Populationsbiologe ROBERT MAY die heute so populären eindimensionalen diskreten Abbildungen (MAY, 1976). Insbesondere wurde jedoch die

Chaos-Forschung durch die Beobachtung der hydrodynamischen Turbulenz motiviert: Dem berühmten Lorenz-Modell (LORENZ, 1963) liegt ein Konvektionsproblem zugrunde, und ein weiterer Meilenstein war die Arbeit von RUELLE und TAKENS im Jahre 1971, in der sie bewiesen, daß die beobachteten Fourier-Spektren von turbulenten Bewegungen schon durch die Anregung weniger Moden erklärt werden können. Damit stellten sie die bis dahin verbreitete Ansicht, daß eine große Zahl von Hopf-Bifurkationen für den Übergang zur Turbulenz notwendig sei, in Frage. Diese Beispiele belegen, daß gerade die Verknüpfung von theoretischer Forschung mit gründlicher Datenanalyse Einsicht in kompliziertе Naturvorgänge liefern kann.

Bei der Diskussion von Zeitreihenanalysen beschränken wir uns im folgenden auf die häufig anzutreffende Situation, daß wir es mit einer äquidistant gemessenen Reihe

$$\{x_i\} = (x_1, x_2, \ldots, x_N) \quad \text{mit} \quad x_i \equiv x(t_i) \tag{6.1}$$

zu tun haben, die relativ stationär ist, d. h. unter möglichst konstanten Bedingungen gewonnen wurde. Im Idealfall sollte $\{x_i\}$ ein im mathematischen Sinne stationärer Prozeß sein (JAGLOM und JAGLOM, 1984), dessen statistische Eigenschaften nicht von der Zeit abhängen. Diese Forderung ist für reale Daten nur schwer zu erfüllen und stellt eine wesentliche Einschränkung bei der Anwendung der beschriebenen Methoden dar. Primär aus diesem Grunde hat beispielsweise die Analyse ökonomischer Daten (Börsenkurse usw.) noch keine überzeugenden Erfolge gebracht.

Ein wichtiges Ziel jeder Zeitreihenanalyse ist die Modellbildung und, falls man einen befriedigenden Ansatz gefunden hat, die Schätzung der entsprechenden Modellparameter. Aber auch für Prozesse, bei denen ein vollständiges Modell noch illusorisch ist (z. B. klimatische und meteorologische Probleme), gibt eine gründliche Datenanalyse schon wertvolle Aufschlüsse über die Optimierung des Meßprozesses und kann zu bemerkenswert guten Vorhersagen führen (FARMER und SIDOROVICH, 1987).

Nachdem im letzten Jahrzehnt in einer Vielzahl von Systemen deterministisches Chaos nachgewiesen wurde, ergibt sich für die Zeitreihenanalyse eine besonders reizvolle und schwierige Fragestellung: Inwieweit ist es noch angebracht, nichtperiodische Signale mit traditionellen Methoden als stochastischen Prozeß zu modellieren (z. B. durch ARMA-Modelle; siehe BOX und JENKINS, 1970), oder: Inwieweit läßt sich zeigen, daß beobachtete Nichtregularitäten von niedrigdimensionalem Chaos induziert werden? Sicher läßt sich keine scharfe Trennlinie zwischen stochastischen Prozessen und Chaos ziehen, denn einerseits ist auch die Brownsche Bewegung eigentlich „molekulares Chaos", aber extrem hochdimensional, und andererseits wird niedrigdimensionales Chaos in der Realität immer von kleinen Fluktuationen überlagert.

Bereits vor einhundert Jahren erkannte RAYLEIGH die Schwierigkeit, periodische und nichtperiodische Signale streng zu unterscheiden (RAYLEIGH, 1879): „Unter den Schallempfindungen kann man musikalische und unmusikalische unterscheiden; die ersteren mögen zweckmäßig Klänge und die letzteren Geräusche genannt werden. Die extremen der diesen beiden Classen angehörenden Fälle werden nie einen Streit in Betreff ihrer Classificirung hervorrufen; Jedermann erkennt den Unterschied zwischen dem Klange eines Klaviers und dem Knarren eines Schuhes. Es ist indessen nicht so leicht, eine Trennungslinie zu ziehen. Zunächst sind wenige Klänge frei von jeder unmusikalischen Beigabe. ... Zweitens nehmen manche Geräusche in so fern einen musikalischen Charakter an, als sie eine bestimmte Höhe haben." Aber wie die Beispiele im siebenten Kapitel zeigen werden, ist die Unterscheidung zwischen Chaos und Rauschen zumindest in bestimmten Skalenbereichen durchaus sinnvoll.

Einen Schwerpunkt bei der Analyse stochastischer und chaotischer Prozesse stellen Korrelationsfunktionen dar. Um Periodizitäten aufzuspüren, werden häufig auch die Fouriertransformierten, die sogenannten Leistungsspektren, untersucht. Vom mathematischen Standpunkt aus gesehen, sind Zeit- und Spektralbereich äquivalent, so daß je nach Fragestellung die entsprechende Variante bevorzugt werden kann. Dieses Gebiet der Zeitreihenanalyse kann mittlerweile als klassisch bezeichnet werden, und es existiert dazu eine umfangreiche Literatur (BOX und JENKINS, 1970; TAUBENHEIM, 1969). Hier sollen nur die wichtigsten Grundbegriffe zusammengestellt werden.

Im folgenden sind Mittelungen als Zeitmittel zu verstehen, so daß sich zum Beispiel als Mittelwert der Reihe $\{x_i\}$

$$\langle x_i \rangle = \frac{1}{N} \sum_{i=1}^{N} x_i \tag{6.2}$$

ergibt, sowie als Varianz

$$D(x) = \left\langle (x_i - \langle x_i \rangle)^2 \right\rangle = \langle x_i^2 \rangle - \langle x_i \rangle^2 . \tag{6.3}$$

Wenn das untersuchte System ergodisch ist, fallen die Zeitmittel mit den in den vorigen Kapiteln diskutierten Mittelwerten aus Wahrscheinlichkeitsverteilungen zusammen. Grundlage einer Korrelationsanalyse ist die Kovarianz zweier Zufallsvariablen x und y:

$$C(x, y) = \langle xy \rangle - \langle x \rangle \langle y \rangle . \tag{6.4}$$

Die Kovarianz ist durch die Varianzen wie folgt beschränkt:

$$-\sqrt{D(x)\, D(y)} \leqq C(x, y) \leqq \sqrt{D(x)\, D(y)} . \tag{6.5}$$

Normiert man die Kovarianz mit Hilfe der Varianzen, so ergibt sich der Korrelationskoeffizient

$$\tilde{C}(x, y) = \frac{C(x, y)}{\sqrt{D(x)\, D(y)}} \quad \text{mit} \quad -1 \leqq \tilde{C}(x, y) \leqq 1 . \tag{6.6}$$

Ein Gleichheitszeichen gilt, falls x und y linear abhängig sind. Sind dagegen x und y voneinander stochastisch unabhängig, d. h. für die Verteilungen gilt

$$P(x, y) = P(x)\, P(y) , \tag{6.7}$$

so verschwindet der Korrelationskoeffizient. Die Umkehrung dieser Aussage gilt i. allg. nicht, da man mit Korrelationskoeffizienten nur lineare Zusammenhänge erfaßt. Hinreichend und notwendig für Unabhängigkeit wäre zum Beispiel das Verschwinden der Transinformation (Völz, 1982; Herzel und Ebeling, 1985; Leven, Koch und Pompe, 1989)

$$H(x, y) = \int\!\!\int P(x, y) \ln \frac{P(x, y)}{P(x)\, P(y)}\, dx\, dy . \tag{6.8}$$

Dieses Maß für den „Abstand“ der Verteilungen $P(x, y)$ und $P(x)\, P(y)$ wurde bereits im Zusammenhang mit dem H-Theorem erwähnt. Korrelationskoeffizienten lassen sich jedoch demgegenüber mit weniger Aufwand berechnen und liefern in vielen Fällen bereits wichtige Informationen.

Zum Aufspüren von Korrelationen innerhalb einer gegebenen Zeitreihe dient die Autokovarianzfunktion

$$C_{xx(k)} = \langle x_i x_{i+k} \rangle - \langle x_i \rangle^2 . \tag{6.9}$$

Für stationäre Prozesse hängt dieses „Gedächtnismaß“ nur von der Zeitdifferenz k ab und ist symmetrisch bezüglich $k = 0$.

Um Periodizitäten innerhalb der Reihe zu analysieren, ist oft die entsprechende diskrete Fouriertransformierte, das Leistungsspektrum

$$S_{xx(m)} = \sum_{i=1}^{n} C_{xx(k)} \cos\left(\frac{2\pi mk}{n}\right) \tag{6.10}$$

von großer Aussagekraft. Periodische Anteile der Zeitreihen spiegeln sich in mehr oder weniger schmalbandigen Peaks im Spektrum wieder. Zur Bestimmung des Leistungsspektrums wird in der Praxis oft die schnelle Fouriertransformation angewandt, da damit bei großen Datenzahlen N der Rechenaufwand um Größenordnungen verringert werden kann (Ahmed und Rao, 1975). Bei geringem Datenumfang N können Randeffekte das Leistungsspektrum beträchtlich beeinflussen. In diesem Fall hat sich die „Maximum-Entropie-Spektralschätzung" (MES) als günstiger Weg erwiesen (Haykin, 1979).

Die ausgereiften Methoden der Korrelations- und Spektralanalyse sollten i. allg. den ersten Schritt einer Datenanalyse darstellen. Insbesondere lassen sich auf dieser Basis oft die Daten für die in Abschnitt 6.4. besprochenen Methoden „vorverarbeiten", indem man Trends eliminiert, Jahresgänge o. ä. abzieht oder kurzkorreliertes Rauschen durch Glättung reduziert. In vielen Fällen lassen sich so auf der Basis einer gründlichen Spektralanalyse weniger relevante Teilprozesse wegfiltern.

6.2. *Korrelationsfunktionen und Spektren charakteristischer Prozesse*

Um aus Messungen geschätzte Korrelationsfunktionen und Spektren interpretieren zu können, ist es von Nutzen, einige grundlegende Prozesse zu studieren. Als erstes betrachten wir deterministische Oszillationen, wie sie z. B. im Abschnitt 4.1. diskutiert wurden. Für den harmonischen Oszillator $x(t) = A \cos(\omega_1 t)$ oszilliert auch die Autokovarianzfunktion ungedämpft:

$$\begin{aligned} C_{xx}(\tau) &= \langle x(t)\, x(t+\tau)\rangle = \frac{1}{2} A^2 \cos(\omega_1 t), \\ S_{xx}(\omega) &= \frac{1}{4} A^2\big(\delta(\omega - \omega_1) + \delta(\omega + \omega_1)\big). \end{aligned} \tag{6.11}$$

Eine endliche Datenzahl N und im Experiment unvermeidliche Fluktuationen führen i. allg. zu Abweichungen von diesem theoretischen Resultat, zu einer endlichen Bandbreite. Durch den Einfluß von Nichtlinearitäten werden periodische Signale anharmonisch, was sich im Spektrum im Auftreten von Obertönen äußert:

$$S_{xx}(\omega) = \sum_n a_n \delta(\omega - n\omega_1). \tag{6.12}$$

Wie wichtig dieser Effekt ist, zeigt sich darin, daß z. B. der Klang von Instrumenten im wesentlichen durch die unterschiedliche Intensität von harmonischen Oberwellen bestimmt wird.

Als quasiperiodische Signale bezeichnet man Überlagerungen mehrerer inkommensurabler Frequenzen. Das heißt zum Beispiel im Falle zweier Frequenzen:

$$x(t) = f(\omega_1 t, \omega_2 t) = f(\omega_1 t + 2\pi, \omega_2 t) = f(\omega_1 t, \omega_2 t + 2\pi). \tag{6.13}$$

Auch die Autokorrelationsfunktion oszilliert dann ungedämpft mit ω_1 und ω_2, und als Spektrum erhält man:

$$S_{xx}(\omega) = \sum_{n,m} a_{nm} \delta\big(\omega - (n\omega_1 + m\omega_2)\big). \tag{6.14}$$

Solche Linearkombinationen von Frequenzen können schon zu relativ komplizierten Spektren führen, die unter experimentellen Bedingungen oft nur schwer von stochastischen Prozessen oder Chaos abzugrenzen sind.

Deterministisches Chaos erzeugt qualitativ neue Spektren, denn die Nichtperiodizität der Daten spiegelt sich in einem stetigen Anteil des Spektrums wieder, wie er eigentlich charakteristisch für stochastische Prozesse ist. Dementsprechend fallen auch Korrelationsfunktionen auf Null, außer für sogenanntes „Mehr-Band-Chaos" (siehe Abb. 4.9), das einer Überlagerung von periodischer und irregulärer Dynamik entspricht.

Als instruktives Beispiel eines chaotischen Systems, für das man die Korrelationsfunktion explizit angeben kann (Stratonovich, 1982), soll die Bernoulli-Transformation

$$x_{i+1} = 2x_i (\text{mod } 1) \tag{6.15}$$

diskutiert werden. In Abb. 6.1 ist diese diskrete Abbildung und eine Realisierung einer Sequenz $\{x_i\}$ skizziert. Für fast alle Anfangswerte x_0 generiert die Vorschrift (6.15) Zahlen, die im Intervall (0, 1) gleichverteilt sind. Das läßt sich verstehen, wenn man sich die Wirkung der obigen Transformation in der Binärdarstellung veranschaulicht. Dann erhält man z. B. aus $x_i = 0{,}1010011\ldots$ den Wert $x_{i+1} = 0{,}010011\ldots$, d. h., die Abbildung versetzt das

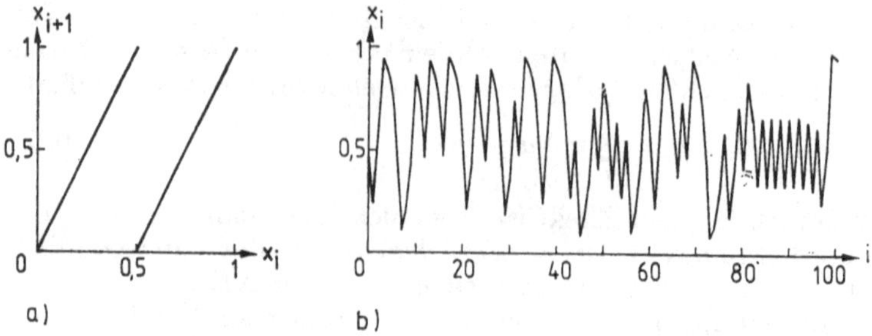

Abb. 6.1. a) Bernoulli-Abbildung, b) damit generierte Folge $\{x_i\}$ nach Gl. (6.9)

Komma um eine Stelle und streicht die erste Position. Somit ergibt sich die resultierende Sequenz $\{x_i\}$ letztendlich aus der Binärdarstellung der Anfangsbedingung x_0. Aus der Komplexitätstheorie ist bekannt, daß fast alle Zahlen algorithmisch komplex sind (Chaitin, 1975), so daß die Zahlen x_i im Einheitsintervall gleichverteilt sind. Somit können alle Korrelatoren mit Hilfe der Wahrscheinlichkeitsdichte

$$P(x_i) \equiv 1 \qquad \text{für } x_i \in (0, 1) \tag{6.16}$$

berechnet werden. Man erhält sofort

$$\begin{aligned} \langle x_i \rangle &= \int_0^1 x_i P(x_i)\, \mathrm{d}x_i = \frac{1}{2}, \\ D(x_i) &= \big\langle (x_i - \langle x_i \rangle)^2 \big\rangle = \int_0^1 x_i^2 P(x_i)\, \mathrm{d}x_i - \frac{1}{4} = \frac{1}{12}, \end{aligned} \tag{6.17}$$

und durch eine geschickte Zerlegung des Einheitsintervalls (Stratonovich, 1982) ergibt sich mit $m = 2^k$

$$\langle x_i x_{i+k} \rangle = \sum_{q=0}^{m-1} \int_{q/m}^{(q+1)/m} (m x_i - q)\, x_i\, \mathrm{d}x_i = \frac{1}{4} + \frac{1}{12}\, 2^{-k}. \tag{6.18}$$

Somit erhält man die Autokorrelationsfunktion

$$\tilde{C}_{xx}(k) = 2^{-k} = \exp(-\lambda k) \qquad (\lambda = \ln 2). \tag{6.19}$$

Dieser exponentielle Abfall der Korrelationen wird letztendlich durch die exponentielle Instabilität hervorgerufen, denn aus Gleichung (6.15) folgt, daß Störungen der Anfangsbedingung sich bei jeder Iteration verdoppeln, und damit ist der Lyapunov-Exponent, der hier mit der Kolmogorov-Entropie zusammenfällt, gleich ln 2 bzw. 1 Bit pro Iteration, wenn man zum dualen Logarithmus übergeht. Damit ähnelt die Bernoulli-Abbildung vom Standpunkt ihres Korrelationszerfalls einem stochastischen Prozeß, wie er durch Gleichung (6.20) beschrieben wird. An diesem Beispiel wird besonders deutlich, wie durch deterministisches Chaos die Unterscheidung von deterministischen und stochastischen Prozessen relativiert wird. Wie in Kapitel 3 dargelegt wurde, ist ja auch die Instabilität von Mikroprozessen eine Quelle der irreversiblen, statistisch zu beschreibenden Makroprozesse.

Stochastische Prozesse lassen sich sehr gut mit Hilfe ihres Spektrums klassifizieren (Gichman und Skorochod, 1971). Im Abschnitt 4.3. wurde bereits „weißes Rauschen" als Grenzfall von extrem kurzkorrelierten Fluktuationen eingeführt (z. B. als Approximation des Nyquist-Rauschens oder der Brownschen Bewegung). Die Bezeichnung „weiß" bezieht sich darauf, daß das Spektrum $S(\omega)$ konstant ist, d. h., alle Frequenzen („Farben") sind gleichmäßig vertreten. Dementsprechend kann man als „rotes Rauschen" stochastische Prozesse bezeichnen, bei denen niedrige Frequenzen dominieren.

Ein wichtiges Beispiel dafür ist der Ornstein-Uhlenbeck-Prozeß (vgl. Abschn. 4.4.):

$$\dot{x} = -\gamma x + \xi(t) \tag{6.20}$$

mit $\langle \xi(t) \rangle = 0, \quad \langle \xi(t)\, \xi(t + \tau) \rangle = \varepsilon \delta(\tau);$

$$\begin{aligned} C_{xx}(\tau) &= \frac{\varepsilon}{\gamma} \exp(-\gamma\tau), \\ S_{xx}(\omega) &= \frac{\varepsilon}{\gamma^2 + \omega^2}. \end{aligned} \tag{6.21}$$

Hierbei ist $\xi(t)$ ein Gaußsches weißes Rauschen und γ eine charakteristische Dämpfung des Systems. Eine numerische Realisierung, sowie Korrelationsfunktion und Spektrum dieses wichtigen Prozesses sind in Abb. 6.2 dargestellt. Weißes Rauschen kann numerisch simuliert werden, indem in kurzen Zeitabständen gaußverteilte Zufallszahlen addiert werden. Diese lassen sich aus im Intervall (0, 1) gleichverteilten Zufallszahlen R_1 und R_2, wie

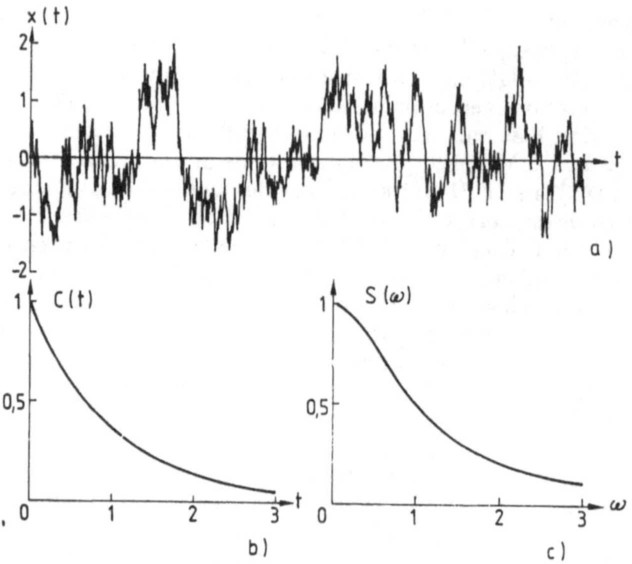

Abb. 6.2. a) Realisierung des Ornstein-Uhlenbeck Prozesses (6.21), b) zugehörige Autokovarianzfunktion, c) Leistungsspektrum

sie nahezu jeder Rechner generieren kann, nach den Formeln

$$\begin{aligned} z_1 &= \sqrt{-2 \ln R_1} \cos (2\pi R_2), \\ z_2 &= \sqrt{-2 \ln R_1} \sin (2\pi R_2) \end{aligned} \tag{6.22}$$

erzeugen (Box und Müller, 1958). Dann stehen mit z_1 und z_2 unabhängige normalverteilte Zufallszahlen zur Verfügung. Generell bezeichnet man stochastische Prozesse, bei denen bestimmte Frequenzanteile dominieren, als „farbiges Rauschen". Besonders häufig sind Spektralpeaks um bestimmte Frequenzen ω_1, ω_2, ... zu beobachten, die zu den Resonanzfrequenzen des Systems korrespondieren.

Linearisiert man z. B. die in Abschnitt 4.3. diskutierten stochastischen Oszillatoren, so lassen sich die Autokorrelations- und Spektralfunktionen berechnen (Stratonovich, 1963). Für gedämpfte mechanische Schwingungen

$$\begin{aligned} \dot{x} &= y, & \langle \xi(t) \rangle &= 0; \\ \dot{y} &= -\gamma y - \omega_0^2 x + \xi(t), & \langle \xi(t)\, \xi(t + \tau) \rangle &= \varepsilon \delta(\tau) \end{aligned} \tag{6.23}$$

erhält man mit Hilfe der Fouriertransformation (EBELING und KLIMONTOVICH, 1984):

$$C_{xx}(\tau) = \frac{\varepsilon\pi}{2\omega_0^2}\left[\frac{1}{\gamma}\cos(\Omega\tau) + \frac{1}{\Omega}\sin(\Omega\tau)\right] e^{-\frac{\gamma}{2}\tau}$$

$$\left(\text{mit } \Omega = \sqrt{\omega_0^2 - \left(\frac{\gamma}{2}\right)^2}\right), \tag{6.24}$$

$$S_{xx}(\omega) = \frac{\varepsilon}{\gamma^2\omega^2 + (\omega^2 - \omega_0^2)^2}.$$

Abbildung 6.3 vermittelt einen Eindruck von stochastischen Schwingungen, wie sie durch das System (6.23) beschrieben werden. Man erkennt, daß die Autokorrelationsfunktion gedämpfte Oszillationen zeigt, wobei der Abfall durch die deterministische Dämpfung γ bestimmt wird. Daraus folgt sofort, daß in der Nähe der Hopf-Bifurkation, wo die Dämpfung gerade durch die Rückkopplung kompensiert wird, rauschinduzierte Oszillationen mit relativ langen Korrelationszeiten auftreten.

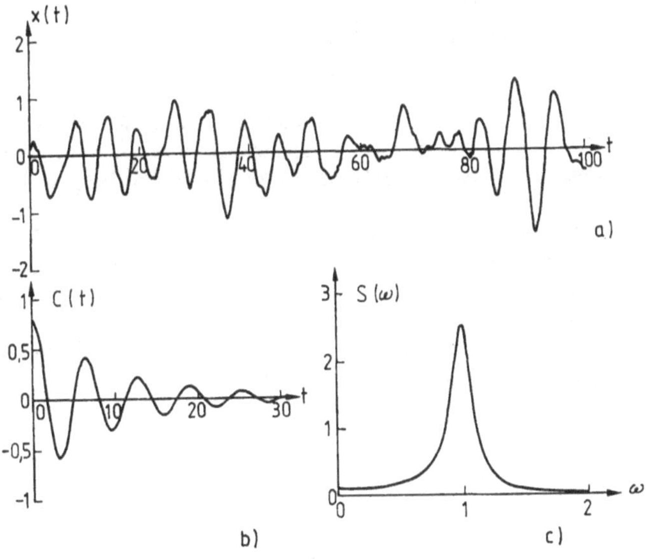

Abb. 6.3. a) Stochastische Oszillationen entsprechend Gl. (6.23), b) zugehörige Autokovarianzfunktion, c) Leistungsspektrum

Analog lassen sich auch für das linearisierte Selkov-System (4.15) Korrelationsfunktionen und Spektren berechnen. Für $B = 0$ und $A \lesssim 1$ ist der stationäre Punkt $x^{(3)} = y^{(3)} = 1$ ein gedämpfter Strudel, und in linearer Näherung erhält man

$$\begin{aligned} \dot{r} &= -r - 2s + \xi_1(t); \\ \dot{s} &= A(r + s) + \xi_2(t); \\ \langle \xi_i(t) \rangle &= 0, \qquad \langle \xi_i(t)\, \xi_j(t + \tau) \rangle = \varepsilon_i \delta_{ij} \delta(\tau). \end{aligned} \tag{6.25}$$

Mit $r = x - 1$ und $s = y - 1$ bezeichnen wir die Abweichungen vom Fixpunkt, und mit Hilfe der Terme $\xi_i(t)$ werden additive kurzkorrelierte Fluktuationen modelliert. Die lineare Stabilitätstheorie liefert als Dämpfung $\gamma = 1 - A$ und als Eigenfrequenz $\Omega = \sqrt{A - \left(\frac{\gamma}{2}\right)^2}$. Damit erhält man

$$\begin{aligned} C_{ss}(\tau) &= \left[\frac{1}{2\gamma}\left(A\varepsilon_1 + \frac{A+1}{A}\,\varepsilon_2\right)\cos(\Omega\tau) \right. \\ &\quad \left. + \frac{1}{4\Omega}\left(A\varepsilon_1 + \frac{\gamma}{A}\,\varepsilon_2\right)\sin(\Omega\tau)\right] \mathrm{e}^{-\frac{\gamma}{2}\tau}, \\ S_{ss}(\omega) &= \frac{A^2\varepsilon_1 + (1 + \omega^2)\,\varepsilon_2}{\gamma^2\omega^2 + (\omega^2 - A)^2}. \end{aligned} \tag{6.26}$$

Ähnlich wie für das mechanische Beispiel (6.24) oszilliert die Korrelationsfunktion und im Spektrum tritt um $\omega^2 = A$ ein Resonanzpeak auf, dessen Breite wesentlich durch die Dämpfung γ bestimmt wird.

In unmittelbarer Nähe der Hopfbifurkation, wenn die Dämpfung sehr klein wird, verliert die dargestellte lineare Theorie ihre Gültigkeit und nichtlineare Terme müssen berücksichtigt werden. Für entwickelte Oszillationen kann man wiederum in vielen Fällen eine Linearisierung durchführen, wenn man zu Amplitude A und Phase φ übergeht (Stratonovich, 1963):

$$\left.\begin{aligned} \dot{A} &= -\gamma(A - A_0) + \xi_A(t), \\ \dot{\varphi} &= \omega_0 + \xi_\varphi(t), \\ \langle \xi_A(t) \rangle &= \langle \xi_\varphi(t) \rangle = 0, \\ \langle \xi_A(t)\, \xi_A(t + \tau) \rangle &= \varepsilon_A \delta(\tau), \\ \langle \xi_\varphi(t)\, \xi_\varphi(t + \tau) \rangle &= \varepsilon_\varphi \delta(\tau). \end{aligned}\right\} \tag{6.27}$$

In dieser Approximation beschreibt A_0 die Amplitude des Grenzzyklus, γ die Dämpfung von Amplitudenfluktuationen, und die Prozesse ξ_A und ξ_φ lassen sich aus den Fluktuationen der eigentlichen Koordinaten $x = A \cos \varphi$ und $y = A \sin \varphi$ berechnen. Als Autokovarianzfunktion ergibt sich dann (FEISTEL, 1981)

$$\langle x(t)\, x(t+\tau)\rangle = \left(\frac{A_0^2}{2} + \frac{\varepsilon_A}{\gamma}\, e^{-\gamma\tau}\right) e^{-\frac{\varepsilon_\varphi}{2}\tau} \cos(\omega_0 \tau). \quad (6.28)$$

Der schnell abklingende Teil beschreibt die Dämpfung der Amplitudenfluktuationen in einer Zeit $t \sim \frac{1}{\gamma}$. Weiterhin findet entlang des deterministischen Grenzzyklus ein relativ langsamer Prozeß der Phasendiffusion statt, der letztendlich zu einem asymptotischen Abfall der Phasenkorrelationen in einer charakteristischen Zeit $t \sim \frac{1}{\varepsilon_\varphi}$ führt.

Bis vor einigen Jahren wurden Zeitreihen fast ausschließlich mit Methoden der Korrelations- und Spektralanalyse untersucht. Aber auf diesem Wege sind Chaos und stochastische Prozesse kaum unterscheidbar, da in beiden Fällen stetige Spektren auftreten. Durch viele Beispiele ist belegt, daß chaotische Dynamik zu einer großen Vielfalt von Spektren führen kann. So ergibt sich für die logistische Abbildung

$$x_{i+1} = 4x_i(1 - x_i); \qquad x_i \in (0, 1) \quad (6.29)$$

dieselbe Korrelationsfunktion wie für unabhängige Zufallszahlen:

$$\tilde{C}_{(k)} = \delta_{0k}. \quad (6.30)$$

Auch das in vielen Systemen (z. B. in Halbleitern, im Autobahnverkehr usw.) beobachtete und bisher noch unverstandene „$1/f$-Rauschen" (BOCHKOV und KUZOVLEV, 1983; WEISSMANN, 1988) kann durch bestimmte chaotische Prozesse generiert werden (ARECCHI, 1984; GROSSMANN und HORNER, 1985).

Um Chaos von stochastischen Prozessen zu unterscheiden, wurden die im nächsten Abschnitt diskutierten Methoden entwickelt, die direkt an die Eigenschaften von chaotischer Dynamik, wie Existenz fraktaler Attraktoren und exponentielles Auseinanderlaufen benachbarter Bahnkurven, anschließen.

6.3. *Phasenraumporträts von Zeitreihen*

Bekanntlich laufen die Bahnkurven dissipativer dynamischer Systeme nach einer Einschwingphase auf einen Attraktor zu, dessen geometrische Struktur untersucht werden kann. Wird ein stationäres Regime angelaufen, so entspricht das einem Fixpunkt-Attraktor im Phasenraum, während periodische Bewegungen zu einem Grenzzyklus korrespondieren. Den Attraktor quasiperiodischer Bewegungen mit n Frequenzen bezeichnet man als n-Torus. Im Falle zweier Frequenzen kann man sich den Attraktor geometrisch als einen Schwimmreifen vorstellen.

Chaotische Dynamik in dissipativen Systemen führt i. allg. zu sogenannten „seltsamen Attraktoren", die fraktale Gebilde im Phasenraum darstellen. Diese können im Vergleich zu den regulären Attraktoren geometrisch sehr kompliziert aussehen, aber letztendlich stellen sie doch eine Art von Ordnung dar, wenn man sie mit diffusen Wolken vergleicht, wie wir sie für stochastische Prozesse erwarten. Insofern entspricht die Existenz eines niedrigdimensionalen Attraktors Korrelationen im Phasenraum, die sich i. allg. in der Autokorrelationsfunktion nicht widerspiegeln. Damit ist die Suche nach Attraktorstrukturen eine echte Erweiterung des Methodenarsenals der Zeitreihenanalyse. Bisher wurden als Phasenraumkoordinaten Orte und Impulse, chemische Konzentrationen oder andere relevante Größen betrachtet. Oft läßt sich jedoch nur eine einzelne Meßgröße hinreichend genau bestimmen, so daß Untersuchungen im eigentlichen Phasenraum nicht möglich sind.

Als Ausweg hat sich die Einführung von Delay-Koordinaten bewährt:

$$x(t) = \{x(t), x(t + \tau), x(t + 2\tau), \ldots, x(t + (m - 1)\,\tau)\}. \tag{6.31}$$

Auf diese Weise läßt sich die Dynamik in einem Pseudo-Phasenraum der Einbettungsdimension m studieren. Man kann sich beispielsweise vorstellen, daß man in der Meteorologie anstelle von Temperatur, Druck und Feuchte des einen Tages die Temperaturwerte an drei aufeinanderfolgenden Tagen benutzt. In diesem Falle wäre natürlich mit $m = 3$ nur eine sehr grobe Charakterisierung der Wetterlage möglich. Falls man weiß, daß der Attraktor eine Hausdorff-Dimension D_H hat (die Definition der Hausdorff-Dimension findet man z. B. bei Farmer et al., 1983), so ist durch ein wichtiges Theorem garantiert (Takens, 1981), daß für hinreichend großes m ($m > 2D_H + 1$) die Einbettung des Attraktors in den Pseudo-Phasenraum eineindeutig ist.

Am Beispiel eines periodischen Signals soll die Wahl einer günstigen Delay-Zeit τ diskutiert werden. Der Attraktor im ursprünglichen System sei der Einheitskreis:

$$x(t) = \cos t; \qquad y(t) = \sin t. \tag{6.32}$$

Wählt man als neue Koordinaten

$$\begin{aligned} x(t) &= \cos(t), \\ x(t + \tau) &= \cos(\tau) \cos(t) - \sin(\tau) \sin(t), \end{aligned} \tag{6.33}$$

so erhält man für fast alle τ eine Ellipse. Lediglich für ganzzahlige Vielfache von π entarten die Ellipsen. Auch für komplizierte Zeitreihen hat es sich bewährt, als Delay-Zeit einen Bruchteil der kleinsten charakteristischen Periode zu wählen.

Die Anwendung der beschriebenen Pseudo-Phasenraum-Rekonstruktion wird in Abb. 6.4 illustriert. Im vierten Kapitel (Abb. 4.9) war der Attraktor des biochemischen Systems (4.16) in den ursprünglichen Koordinaten dargestellt worden. In Abb. 6.4 ist derselbe Attraktor in Delay-Koordinaten zu sehen. Sehr kleine Delay-Zeiten sind ungünstig, da sich dann die Koordinaten $x(t)$ und $x(t + \tau)$ nur geringfügig unterscheiden und sich damit der Attraktor längs der Diagonalen erstreckt (Abb. 6.4a). Wie man in Abb. 6.4c sieht, erlaubt auch $\tau = 5$ wenig Einblick in die Feinstruktur des Attraktors, da diese Delay-Zeit etwa der halben Periodendauer entspricht.

An dem Beispiel erkennt man, daß der Attraktor zwar i. allg. durch die Einbettung verformt wird; aber wichtige Charakteristika, wie z. B. die Dimension, der Lyapunov-Exponent und die Kolmogorov-Entropie sind unabhängig von der Koordinatenwahl, so daß sie mit den in den nächsten Abschnitten diskutierten Algorithmen im rekonstruierten Phasenraum bestimmt werden können.

Die geschilderte Einbettung kann aber auch genutzt werden, um bereits aus graphischen Darstellungen Rückschlüsse auf den Attraktor zu ziehen. Wählt man z. B. $m = 3$, so läßt sich die Zeitreihe als Trajektorie im dreidimensionalen Pseudo-Phasenraum darstellen, und es sind, falls die Attraktordimension nicht größer als drei ist, oft charakteristische Strukturen sichtbar (siehe z. B. Roux und Simoyi, 1983).

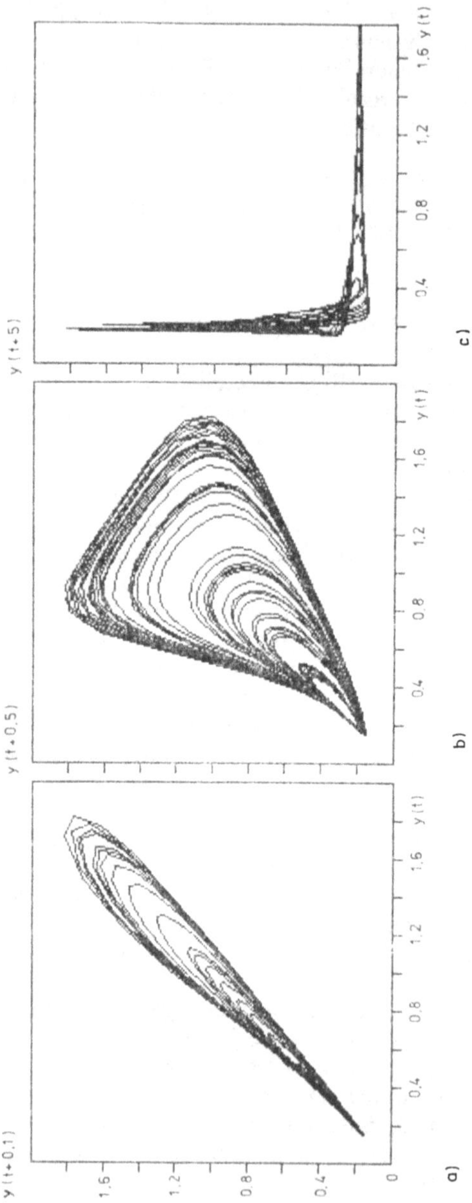

Abb. 6.4. Projektion des seltsamen Attraktors aus Abb. 4.9 auf Delay-Koordinaten für verschiedene Delay-Zeiten: a) $\tau = 0{,}1$, b) $\tau = 0{,}5$, c) $\tau = 5$

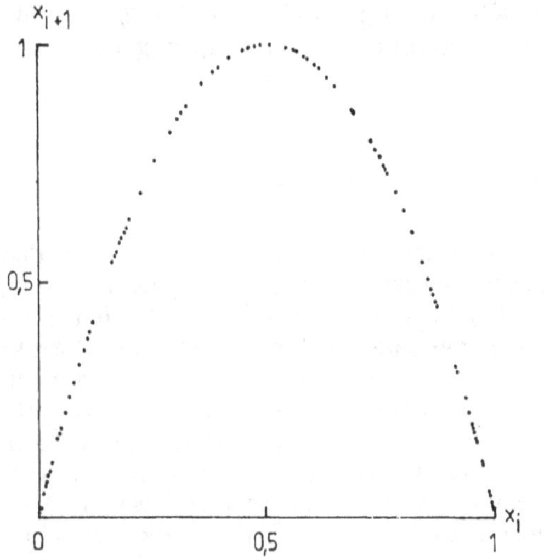

Abb. 6.5. Iterationen der logistischen Abbildung (6.29)

Noch aussagekräftiger sind Poincaré-Schnitte, d. h., man schneidet den Attraktor mit einer Ebene und betrachtet nur noch die Durchstoßpunkte der Trajektorien. Im Falle eines 2er-Torus würde man z. B. eine geschlossene Kurve erhalten, aber auch niedrigdimensionale chaotische Attraktoren führen oft auf nahezu eindimensionale Kurven. Modifikationen von Poincaré-Schnitten sind stroboskopische Abbildungen, die vor allem in fremderregten Systemen mit Gewinn benutzt werden (siehe z. B. LEVEN et al., 1989). Dazu analysiert man zweckmäßigerweise die Folge von Phasenraumpunkten im Abstand einer Erregerperiode.

Besonders einfach gelangt man zu diskreten Abbildungen, indem man aufeinanderfolgende Maxima oder Minima der Zeitreihe betrachtet. Solche sogenannten Lorenzabbildungen x_{n+1} versus x_n, wobei wir mit x_n Maxima bzw. Minima der Zeitreihe bezeichnen, erfordern noch keinerlei Einbettung und können in vielen Fällen den ersten Schritt einer Suche nach Attraktorstrukturen darstellen. Die Leistungsfähigkeit graphischer Methoden wird schon am Beispiel der logistischen Abbildung (6.29) deutlich. Die Korrelationsfunktion bot nach Gleichung (6.30) keine Möglichkeit, die Sequenz $\{x_i\}$ von einer Zufallsfolge zu unterscheiden, aber wenn man x_{i+1} gegen x_i darstellt, erhält man eine Parabel (siehe Abb. 6.5) und hat damit den deterministischen Ursprung der Folge aufgedeckt.

6.4. Bestimmung von Attraktordimensionen

Zur quantitativen Charakterisierung von Attraktoren wurden eine Reihe von Dimensionsbegriffen eingeführt (Mandelbrot, 1983; Farmer, Ott und Yorke, 1983; Grassberger und Procaccia, 1983). Ihnen ist gemeinsam, daß sie für reguläre Attraktoren wie Fixpunkt, Grenzzyklus und n-Torus die zu erwartenden ganzzahligen Werte 0, 1 und n annehmen, während seltsame Attraktoren i. allg. gebrochene Dimensionen besitzen. Darin spiegelt sich die fraktale Struktur solcher Attraktoren wieder, d. h., die Tatsache, daß sie Strukturen auf vielen Längenskalen besitzen. Vergrößert man beispielsweise einen beliebig kleinen Ausschnitt eines seltsamen Attraktors, so wird man immer wieder eine Substruktur ausfindig machen. Dimensionen beschreiben, wie verschiedene statistische Größen von der Längenskala ε abhängen.

Zerlegt man den Phasenraum in m-dimensionale Kuben der Kantenlänge ε, so kann man abzählen, wieviele solcher Boxen notwendig sind, um den Attraktor zu überdecken. Bezeichnet man mit $N(\varepsilon)$ die minimale Zahl der dazu nötigen Boxen, so ergibt sich die fraktale Dimension D_0, die auch Kapazität genannt wird, aus folgender Beziehung:

$$D_0 = \lim_{\varepsilon \to 0} \frac{\log N(\varepsilon)}{|\log \varepsilon|}. \tag{6.34}$$

Das heißt, für hinreichend kleine Skalen ε wächst die Zahl der Boxen nach einem Potenzgesetz

$$N(\varepsilon) \sim \varepsilon^{D_0}. \tag{6.35}$$

Bei der Überdeckung einer Fläche wächst $N(\varepsilon)$ beispielsweise quadratisch, so daß sich in diesem Falle das erwartete Resultat $D_0 = 2$ ergibt. Als Beispiel für eine Menge, deren Dimension gebrochen ist, soll die klassische Cantor-Menge angegeben werden. Sie entsteht, wenn man (wie aus Abb. 6.6 ersichtlich) aus Intervallen jeweils das mittlere Drittel entfernt. Führt man diese Prozedur unendlich oft aus, so erhält man schließlich überabzählbar

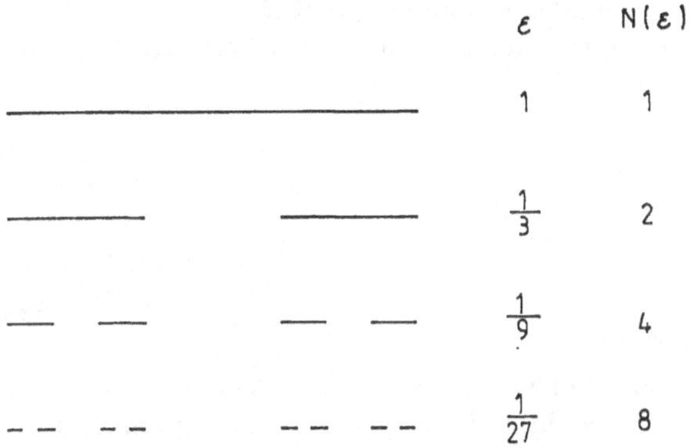

Abb. 6.6. Konstruktion einer Cantor-Menge

unendlich viele Punkte. Die fraktale Dimension dieser Menge ist

$$D_0 = \lim_{n\to\infty} \frac{\log 2^n}{\log 3^n} = \frac{\log 2}{\log 3} = 0{,}631\ldots \tag{6.36}$$

Welche interessanten Anwendungen das Konzept der fraktalen Dimensionen eröffnet, zeigt eine Untersuchung von LOVEJOY, der die Begrenzung von Wolken und Niederschlagsgebieten analysierte (LOVEJOY, 1982). Es ist evident, daß Wolkenränder geometrisch sehr kompliziert sind, und somit ist es verständlich, daß man den Rand als Fraktal charakterisieren kann. Mit Hilfe von Satelliten- und Radaraufnahmen fand LOVEJOY, daß auf Längenskalen von einem bis zu tausend Kilometern eine Skalierung mit $D_0 = 1{,}35$ in guter Näherung die Begrenzungslinien beschreibt. Dieses Beispiel verdeutlicht, daß der Grenzwert $\varepsilon \to 0$ in der Definition der fraktalen Dimension nur in theoretischen Untersuchungen wie bei der Cantor-Menge relevant ist. Bei realen Systemen versteht man unter Fraktalen geometrische Gebilde, die in einem weiten Skalenbereich bestimmte Skalengesetze wie (6.35) erfüllen.

Bei Attraktoren spielt neben der geometrischen Struktur, die durch die Dimension D_0 beschrieben wird, auch die invariante Dichte eine große Rolle, die angibt, mit welcher Häufigkeit verschiedene Punkte des Attraktors von Trajektorien angelaufen werden. Benutzt man wiederum eine Überdeckung des Attraktors mit Boxen, so kann man jeder Box eine Wahrscheinlichkeit p_i

zuordnen, die der mittleren Aufenthaltsdauer einer Trajektorie entspricht. Dann ergibt sich aus der Skalierung der Shannon-Entropie

$$I(\varepsilon) = \sum_{i=1}^{N(\varepsilon)} - p_i \ln p_i \tag{6.37}$$

die Informationsdimension

$$D_1 = \lim_{\varepsilon\to 0} \frac{I(\varepsilon)}{|\ln \varepsilon|}. \tag{6.38}$$

Dieses Skalengesetz kann man z. B. wie folgt interpretieren: Wenn man den dualen Logarithmus wählt und annimmt, daß ε hinreichend klein ist, so daß

$$I(\varepsilon) = D_1 |\log_2 \varepsilon| \tag{6.39}$$

gilt, dann läßt sich die Shannon-Entropie als der mittlere Informationsgewinn bei einer Messung des Zustandes mit einer Genauigkeit ε verstehen. Verdoppelt man die Genauigkeit, so folgt

$$I\left(\frac{\varepsilon}{2}\right) = D_1 \log_2 \left(\frac{2}{\varepsilon}\right) = I(\varepsilon) + D_1. \tag{6.40}$$

Somit ist D_1 gerade der Informationszuwachs in Bit bei einer Halbierung der Boxlänge ε.

Benutzt man einen verallgemeinerten Informationsbegriff I_q (Renyi, 1970), so lassen sich in analoger Weise verallgemeinerte Dimensionen D_q einführen (Grassberger und Procaccia, 1983):

$$\begin{aligned} I_q(\varepsilon) &= \frac{1}{1-q} \log \sum_{i=1}^{N(\varepsilon)} p_i{}^q \qquad (q \neq 1), \\ D_q &= \lim_{\varepsilon\to 0} \frac{I_q(\varepsilon)}{|\log \varepsilon|}. \end{aligned} \tag{6.41}$$

Offensichtlich stellen die vorher definierten Dimensionen Sonderfälle der D_q dar, denn es gilt:

$$D_1 = \lim_{q\to 1} D_q. \tag{6.42}$$

Man kann sich leicht überzeugen, daß im Fall einer Gleichverteilung auf dem Attraktor, d. h. für $p_i = 1/N(\varepsilon)$, alle Dimensionen D_q übereinstimmen.

Allgemein gilt, daß die verallgemeinerten Dimensionen D_q monoton mit q fallen. Aus der Struktur der Formel für die Information $I_q(\varepsilon)$ wird deutlich, daß für wachsende q die relativ großen p_i immer deutlicher an Gewicht gewinnen. Somit beschreibt D_q für große q gerade besonders diejenigen Teile des Attraktors, in denen die invariante Dichte besonders konzentriert ist.

Für die Bestimmung von Dimensionen aus Zeitreihen hat sich ein etwas anderer Zugang als die Schätzung der p_i als praktikabler erwiesen. Dazu analysiert man die relative Zahl von Nachbarn, die von einem Attraktorpunkt $\boldsymbol{x}_i$ jeweils Abstände kleiner als ε haben:

$$n_i(\varepsilon) = \frac{1}{N} \sum_{j=1}^{N} \Theta(\varepsilon - \|\boldsymbol{x}_j - \boldsymbol{x}_i\|),$$
$$\Theta(s) = \begin{cases} 0 \text{ für } s \leqq 0 \\ 1 \text{ für } s > 0 . \end{cases} \tag{6.43}$$

Potenzförmiges Wachstum der lokalen Dichten $n_i(\varepsilon)$ definiert die sog. punktweise Dimension, die für fast alle Attraktorpunkte mit der Informationsdimension zusammenfällt (Eckmann und Ruelle, 1985). Es ist evident, daß für reguläre Attraktoren diese punktweise Dimension mit der vertrauten, der topologischen Dimension, zusammenfällt. So wächst z. B. die Zahl der Nachbarn für eine Fläche quadratisch, d. h., in allen Punkten ist die Dimension zwei.

Um Dimensionen aus nur einer einzelnen lokalen Dichte $n_i(\varepsilon)$ zu bestimmen, wäre eine astronomische Zahl von Daten erforderlich, so daß man über verschiedene Referenzpunkte $\boldsymbol{x}_i$ mitteln wird. Wird diese Mittelung über sämtliche zur Verfügung stehenden Daten ausgeführt, so erhält man das Korrelationsintegral $C(\varepsilon)$

$$C(\varepsilon) = \frac{1}{N} \sum_{i=1}^{N} n_i(\varepsilon) = \frac{1}{N^2} \sum_{i,j=1}^{N} \Theta(\varepsilon - \|\boldsymbol{x}_i - \boldsymbol{x}_j\|). \tag{6.44}$$

Diese Funktion ist proportional der relativen Zahl von Abständen zwischen Attraktorpunkten, die kleiner als die Schranke ε sind. Wegen der Symmetrie der Norm kann man sich bei praktischen Rechnungen natürlich auf die Paare mit $i < j$ beschränken.

Wenn man weiterhin nur statistisch unabhängige Paare $\boldsymbol{x}_i$ und $\boldsymbol{x}_j$ zuläßt, d. h. $|t_i - t_j|$ größer als die Korrelationszeit der Reihe wählt, läßt sich zeigen (Grassberger und Procaccia, 1983), daß man aus dem Korrelationsintegral $C(\varepsilon)$ den Korrelationsexponenten D_2 bestimmen kann:

$$D_2 = \lim_{\varepsilon \to 0} \frac{\log C(\varepsilon)}{\log \varepsilon}. \tag{6.45}$$

Da die verallgemeinerten Dimensionen monoton mit q fallen, läßt sich somit relativ einfach eine untere Schranke für D_0 und D_1 angeben. Bemerkenswert ist, daß man aus den lokalen Dichten durch verallgemeinerte Mittelungen im Prinzip sämtliche D_q finden kann (GRASSBERGER, 1986; HERZEL, 1986). So führt das geometrische Mittel zur Informationsdimension D_1 und das harmonische zur fraktalen Dimension D_0 (KURTHS und HERZEL, 1987).

Allgemein gilt für hinreichend kleine ε:

$$\left(\frac{1}{M} \sum_{i=1}^{M} n_i^{q-1}(\varepsilon)\right)^{1/q-1} \sim \varepsilon^{D_q} \qquad (q \neq 1). \tag{6.46}$$

Hierbei gibt M die Zahl der Referenzpunkte an, über deren lokale Dichten gemittelt wird.

Die verschiedenen Mittelungen fallen zusammen, falls alle lokalen Dichten identisch sind. Dementsprechend enthalten die Differenzen verschiedener Mittelungen Information über die Streuung des Ensembles, und die Unterschiede der verschiedenen Dimensionen stellen ein Maß für die Inhomogenität des Attraktors dar. An Beispielen wurde demonstriert (HERZEL, EBELING und SCHULMEISTER, 1987), daß gerade chemische Systeme sehr inhomogene Attraktoren besitzen, was genaue Dimensionsbestimmungen erschwert. Auf dieses Problem wird im Abschnitt 7.3. genauer eingegangen.

Zur Schätzung des Korrelationsexponenten stellt man zweckmäßigerweise $\ln C(\varepsilon)$ gegen $\ln \varepsilon$ graphisch dar und ermittelt D_2 aus dem Anstieg der Kurve. Der Grenzwert $\varepsilon \to 0$ in den Definitionen der verschiedenen Dimensionen läßt sich jedoch mit endlichen Zeitreihen nicht analysieren. Somit muß man hoffen, auf mittleren Skalen (d. h. $\ln C(\varepsilon)$ groß genug für eine gewisse statistische Sicherheit und ε kleiner als die Attraktorgröße) eine akzeptable Approximation für D_2 zu erhalten. Da man nicht a priori weiß, welche Einbettungsdimension m notwendig ist, gilt es bei der Dimensionsbestimmung weiterhin, die Abhängigkeit des Anstieges für wachsende m zu betrachten. Für stochastische Prozesse sollte der Anstieg in der doppellogarithmischen Darstellung monoton wachsen, während eine Sättigung auf eine endliche Attraktordimension hindeutet.

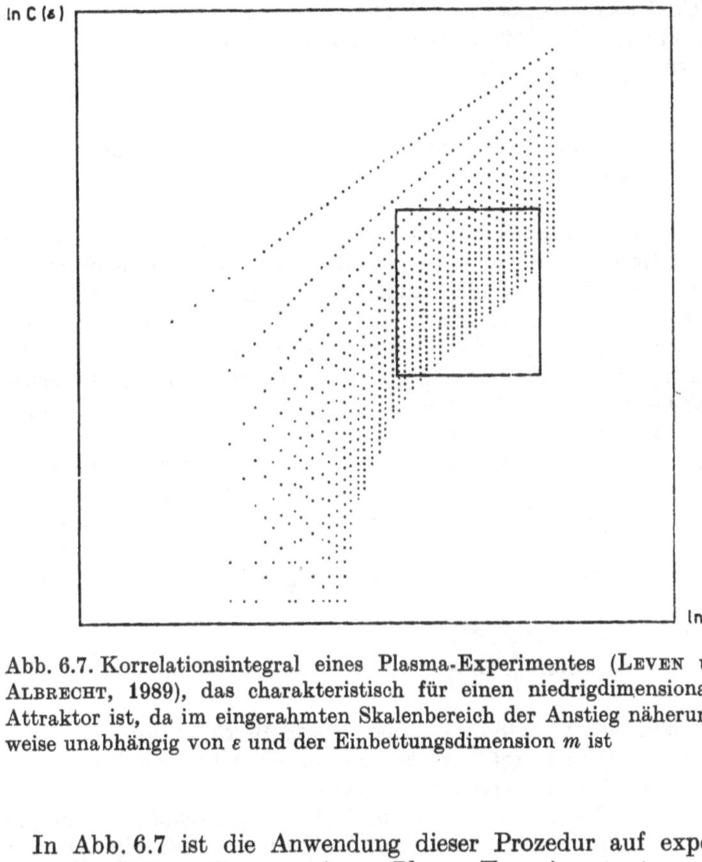

Abb. 6.7. Korrelationsintegral eines Plasma-Experimentes (LEVEN und ALBRECHT, 1989), das charakteristisch für einen niedrigdimensionalen Attraktor ist, da im eingerahmten Skalenbereich der Anstieg näherungsweise unabhängig von ε und der Einbettungsdimension m ist

In Abb. 6.7 ist die Anwendung dieser Prozedur auf experimentelle Daten, die aus einem Plasma-Experiment stammen, demonstriert (LEVEN und ALBRECHT, 1989). Aus etwa zehntausend Werten wurde für Einbettungsdimensionen von $m = 2$ bis $m = 24$ das Korrelationsintegral $C(\varepsilon)$ berechnet und doppellogarithmisch dargestellt. Man erkennt, daß für kleine ε der Anstieg mit der Einbettungsdimension wächst. Das deutet auf den Einfluß von Rauschen auf diesen Skalen hin. Dagegen ist deutlich sichtbar, daß auf mittleren Skalen der Anstieg nahezu konstant ist. Damit ist gezeigt, daß dem experimentell untersuchten System ein niedrigdimensionaler Attraktor zugrunde liegt (LEVEN und ALBRECHT, 1989).

Im nächsten Abschnitt wird die Anwendung der skizzierten

Methoden an weiteren konkreten Beispielen demonstriert und insbesondere die Wahl der geeigneten Skalenbereiche und der notwendige Datenumfang diskutiert.

6.5. *Separation benachbarter Trajektorien und Lyapunov-Exponent*

Bei realen Prozessen wird die Anfangsbedingung nie hundertprozentig genau bekannt sein, so daß sich die zentrale Frage ergibt, wie sich eine kleine Änderung der Trajektorie auf die zukünftige Dynamik auswirkt. Stört man einen stabilen Fixpunkt, so wird die Abweichung i. allg. exponentiell abfallen, und die Abklingzeit ergibt sich nach der linearen Stabilitätstheorie (Andronov et al., 1965) aus dem größten Realteil der Eigenwerte der Jacobi-Matrix im Fixpunkt.

Wie in Kapitel 2 dargelegt wurde, führt eine Verallgemeinerung für periodische und chaotische Dynamik zum Begriff des maximalen Lyapunov-Exponenten λ_1. Bezeichnet man mit $d(t)$ die Norm einer infinitesimalen Störung, so ist λ_1 der entsprechende Exponent, der für fast alle Abweichungen das Langzeitverhalten beschreibt

$$\lambda_1 = \lim_{T\to\infty} \frac{1}{T} \ln \frac{d(T)}{d(0)}. \tag{6.47}$$

Ein positiver Lyapunov-Exponent kann als Definition von Chaos dienen und bedeutet entsprechend (6.47), daß eine kleine Störung im Mittel exponentiell wächst (siehe Abb. 6.8). Diese Instabilität bezüglich der Anfangsbedingungen schränkt natürlich die Vorhersagbarkeit chaotischer Systeme stark ein und ist die Ursache dafür, daß Chaos ähnlich wie stochastische Prozesse am besten durch seine statistischen Eigenschaften charakterisiert wird, denn eine einzelne Trajektorie hat nur bedingte Aussagekraft, da sie sich bei den geringsten Störungen (Rauschen oder Diskretisierungsfehler) nicht mehr über längere Zeiten reproduzieren läßt.

Neben Dimensionen und der Kolmogorov-Entropie (siehe z. B. Eckmann und Ruelle, 1985) gehört gerade auch der Lyapunov-Exponent zu den zentralen statistischen Größen, die sich aus Zeitreihen schätzen lassen, da sie nicht vom gewählten Koordinatensystem abhängen und somit im relativ willkürlich gewählten Pseudo-Phasenraum bestimmbar sind.

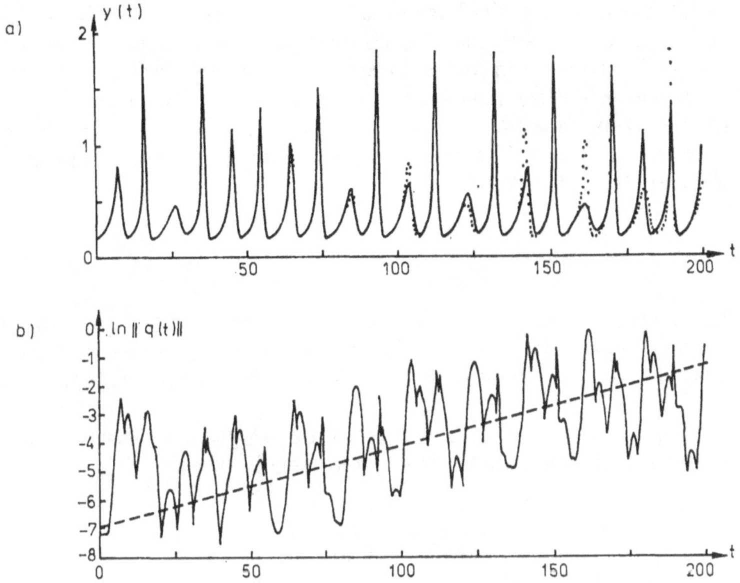

Abb. 6.8. a) Chaotische Oszillationen des Systems (4.16). Die gepunktete Lösung resultiert aus einer um 0,0001 veränderten Anfangsbedingung; b) Wachstum einer kleinen Störung (siehe Gl. (2.32)). Die gestrichelte Linie entspricht dem mittleren exponentiellen Wachstum

Anstelle von infinitesimalen Störungen untersucht man bei der Analyse experimenteller Daten das Auseinanderlaufen anfänglich dicht benachbarter Realisierungen. Dabei ist zu beachten, daß der Abstand $d(T)$ klein sein muß, damit die lineare Stabilitätstheorie anwendbar ist, und weiterhin sollte der Abstandsvektor $\boldsymbol{x}(t_i) - \boldsymbol{x}(t_j)$ möglichst in die Richtung zeigen, in der $d(T)$ im Langzeitmittel am stärksten wächst.

Beide Forderungen werden durch den Algorithmus von Wolf (Wolf et al., 1985) berücksichtigt. Die Idee ist naheliegend: Man sucht sich als erstes im Phasenraum dicht benachbarte Attraktorpunkte. Dann analysiert man, wie der Abstand dieser beiden benachbarten Trajektorien mit der Zeit wächst:

$$d(T) = \|\boldsymbol{x}(t_i + T) - \boldsymbol{x}(t_j + T)\|. \tag{6.48}$$

Nach einer „Evolutionszeit“ T normiert man, indem aus der

Zeitreihe ein neuer Nachbar zu $\boldsymbol{x}(t_i + T)$ gesucht wird, der möglichst dicht liegt und gleichzeitig etwa in derselben Richtung wie $\boldsymbol{x}(t_j + T)$. Durch die letzte Forderung wird im Verlauf der Zeit „automatisch" die instabilste Richtung gefunden. Erhält man im Mittel exponentielles Wachstum des Abstandes $d(T)$, so kann man die mittlere Wachstumsrate als Schätzung des Lyapunov-Exponenten betrachten:

$$\lambda_1 = \left\langle \frac{1}{T} \ln \frac{d(T)}{d(0)} \right\rangle. \tag{6.49}$$

Im Zusammenhang mit den Beispielen im folgenden Kapitel wird auf spezielle Probleme bei der Anwendung dieser Methode eingegangen, die insbesondere aus dem Einfluß von Fluktuationen resultieren.

Nach (6.49) erhält man den maximalen Lyapunov-Exponenten als mittleren Logarithmus von Streckungsfaktoren:

$$\Lambda_i(T) = \frac{\|\boldsymbol{x}(t_i + T) - \boldsymbol{x}(t_j + T)\|}{\|\boldsymbol{x}(t_i) - \boldsymbol{x}(t_j)\|}. \tag{6.50}$$

Für viele Fragestellungen ist es von Interesse, nicht nur die mittlere Instabilität, sondern auch die Variabilität der Stabilitätseigenschaften zu untersuchen. Es geht also um die Frage, wie stark „lokale Lyapunov-Exponenten" streuen (Herzel et al., 1987; Herzel und Pompe, 1987). Dazu läßt sich analog zu den verallgemeinerten Dimensionen das Konzept verschiedener Mittelungen verwenden. In diesem Sinne läßt sich (6.49) als geometrisches Mittel schreiben:

$$\lambda_1 = \frac{1}{T} \ln \left(\prod_{i=1}^{M} \Lambda_i \right)^{\frac{1}{M}}. \tag{6.51}$$

Verallgemeinerte Lyapunov-Exponenten $\lambda^{(q)}$ erhält man aus (Fujisaka, 1984):

$$\lambda^{(q)} = \frac{1}{T} \ln \left(\sum_{i=1}^{M} \Lambda_i^{\,q} \right)^{\frac{1}{q}} \qquad (q \neq 0). \tag{6.52}$$

Der eigentliche Lyapunov-Exponent ergibt sich im Grenzfall $q \to 0$. Für kleine q läßt sich die Funktion $\lambda^{(q)}$ entwickeln:

$$\lambda^{(q)} = \lambda_1 + Dq + O(q^2). \tag{6.53}$$

Hierbei stellt D ein wichtiges Maß für die Streuung der lokalen Lyapunov-Exponenten dar, denn für hinreichend große T beschreibt D gerade das Wachstum der Varianz:

$$\langle (\ln \Lambda_i - \langle \ln \Lambda_i \rangle)^2 \rangle \sim 2DT \,. \tag{6.54}$$

Somit stehen mit verallgemeinerten Dimensionen und Lyapunov-Exponenten wichtige Maße zur Verfügung, um nicht nur mittlere statistische Charakteristika wie die Korrelationsdimension D_2 und den Lyapunov-Exponenten λ_1 zu berechnen, sondern auch die gesamten Ensembles von lokalen Dichten oder lokalen Streckungsraten zu beschreiben. Inzwischen wurde dieses Konzept bereits erfolgreich auf experimentelle Daten abgewandt (Kurths und Herzel, 1987; Glazier et al., 1988; Stoop und Meier, 1988).

Ein zu Gleichung (6.49) alternativer Algorithmus zur Bestimmung von Lyapunov-Exponenten beruht auf der lokalen Schätzung von Jacobi-Matrizen, indem die Dynamik einer ganzen Reihe von Nachbarn betrachtet wird (Eckmann und Ruelle, 1985; Sano und Sawada, 1985). Die Anwendbarkeit beider Methoden wurde für hydrodynamische und chemische Daten demonstriert.

Auch wenn in vielen Fällen die richtige Interpretation der in diesem Kapitel beschriebenen Algorithmen nicht unproblematisch ist, so liefern sowohl das Korrelationsintegral $C(\varepsilon)$ als auch die „Separationsfunktion" $d(T)$ oft wichtige Informationen, die aus einer klassischen Korrelationsanalyse nicht zu erhalten sind. Beispielsweise studierte Lorenz das Fehlerwachstum bei numerischen Wettervorhersagen (Lorenz, 1985) und konnte Fehlerverdopplungszeiten von knapp zwei Tagen abschätzen.

7. Beispiele komplexen Zeitverhaltens

7.1. Dynamik des Sonnensystems

Über Jahrhunderte waren die Bahnen der Planeten nahezu ein Inbegriff für Regularität. So inspirierten sie Kepler und Newton zur Aufstellung ihrer fundamentalen Gesetze. Bis vor etwa hundert Jahren schien es nur noch eine Frage des mathematischen Geschicks zu sein, die Lösung des Keplerproblems auf das gesamte Sonnensystem zu verallgemeinern. Am Ende des vorigen

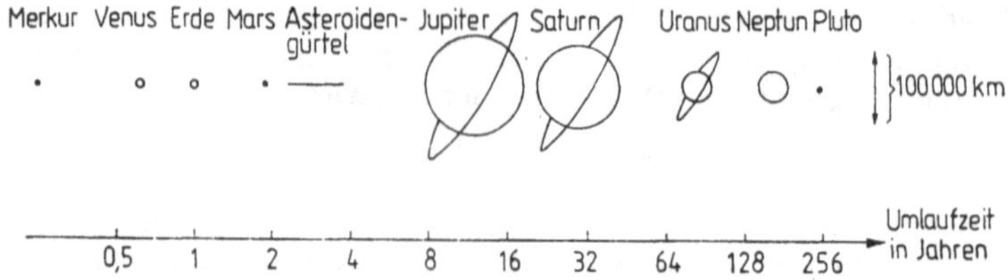

Abb. 7.1. Sonnensystem

Jahrhundert gelang es jedoch POINCARÉ zu zeigen, daß Mehrkörperprobleme im allgemeinen nicht integrabel sind (POINCARÉ, 1892), und somit war die Regularität und Stabilität des Sonnensystems durch die Theorie ernsthaft in Frage gestellt. Heute nehmen verschiedene Forscher an, daß zumindest für Asteroiden und Monde chaotisches Verhalten auftreten kann (WISDOM, 1987).

Bevor wir diese konkreten Fälle diskutieren, soll der mathematische Hintergrund kurz angedeutet werden. Das Sonnensystem kann näherungsweise als ein konservatives System betrachtet werden, auch wenn für bestimmte Synchronisationseffekte dissipative Wechselwirkungen (z. B. Gezeiten) eine wichtige Rolle spielen. Der Einfachheit halber sei im folgenden nur ein Hamiltonsches System mit zwei Freiheitsgraden betrachtet. Ist solch ein System integrabel, so kann man die ursprünglichen Koordinaten auf Winkel- und Wirkungsvariablen transformieren, das heißt, man hat zwei globale Bewegungsintegrale gefunden, die die Dynamik im ursprünglichen vierdimensionalen Phasenraum auf einen zweidimensionalen Torus beschränken. Die Bewegung auf diesem Torus kann durch zwei Frequenzen ω_1 und ω_2 charakterisiert werden.

POINCARÉ fand nun, daß auch kleine Störungen eines solchen integrablen Systems zu dramatischen Änderungen, zu Chaos, führen können. Dann ist nur noch die Energie eine globale Erhaltungsgröße, und benachbarte Trajektorien laufen im Mittel exponentiell auseinander.

Wie empfindlich das ursprünglich integrable System auf Störungen reagiert, hängt stark vom Frequenzverhältnis ω_1/ω_2 ab. In der Nähe starker Resonanzen (z. B. $\omega_1/\omega_2 = 2/1$ oder $3/1$) zerfällt der Torus sehr schnell in stabile Inseln und chaotische Zonen (Poincaré-Birkhoff-Theorem), d. h., je nach Anfangsbedingungen findet man reguläres oder chaotisches Verhalten. Besonders robust ist dagegen ein integrables System, wenn das Frequenzverhältnis eine „gute" irrationale Zahl ist. „Gut" heißt in diesem Fall, daß eine rationale Approximation p/q mit wachsendem Nenner q nur langsam gegen ω_1/ω_2 konvergiert. Das Kolmogorov-Arnold-Moser-Theorem (KAM-Theorem) besagt, daß für

$$\left|\frac{\omega_1}{\omega_2} - \frac{p}{q}\right| \geqq \frac{c}{q^{2+\delta}} \qquad (c, \delta > 0) \tag{7.1}$$

die Tori durch hinreichend kleine Störungen nur verformt werden, also kein Chaos auftritt. Als besonders gute irreationale Zahl erweist sich der „Goldene Schnitt"

$$\frac{\omega_1}{\omega_2} = \frac{\sqrt{5} - 1}{2}, \tag{7.2}$$

bei dessen rationaler Approximation p und q gerade die Folge von Fibonacci-Zahlen durchlaufen. Somit gibt es interessante Berührungspunkte zwischen Mechanik und Zahlentheorie.

In Abb. 7.2 ist schematisch dargestellt, wie sich ein integrables System unter dem Einfluß einer Störung typischerweise verhält. Für das integrable Zwei-Körper-Problem würde z. B. die Gravitationswechselwirkung mit weiteren Körpern eine solche Störung darstellen. Wie bereits diskutiert, bewegen sich die Trajektorien integrabler Systeme auf Toris. Betrachtet man lediglich die Durchstoßpunkte eines solchen Torus durch eine Poincaré-Ebene, so ergibt sich eine geschlossene Kurve. Somit erhält man im Poincaré-Schnitt für ein integrables System eine Schar kon-

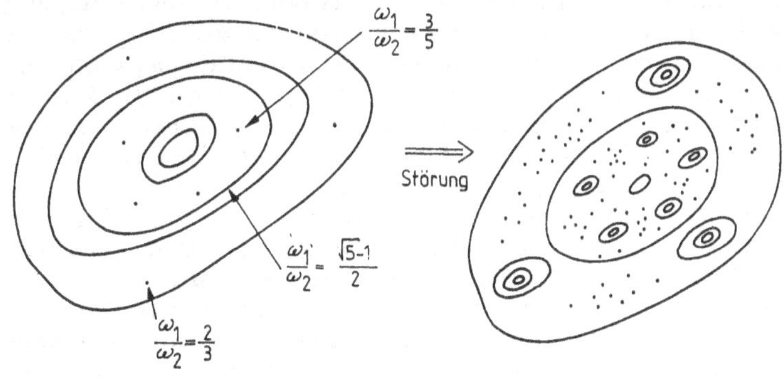

Abb. 7.2. Zerfall resonanter Tori bei Störung eines integrablen Hamiltonschen Systems (schematisch)

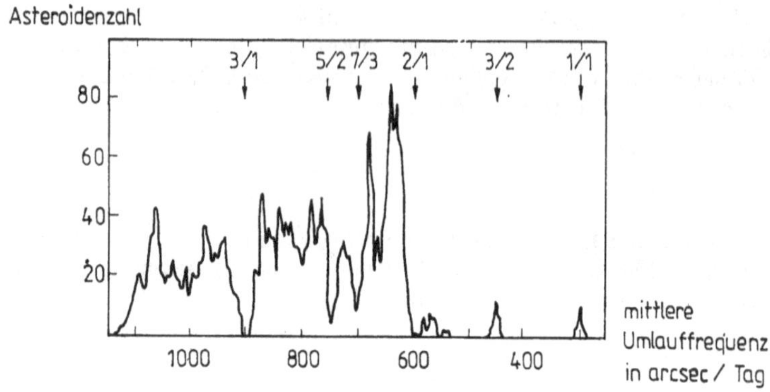

Abb. 7.3. Häufigkeitsverteilung der Asteroiden über ihrer Umlauffrequenz

zentrischer Kurven wie links in Abb. 7.2. Dabei entspricht jeder Kurve ein bestimmtes Frequenzverhältnis. Im Resonanzfall $\omega_1/\omega_2 = p/q$ erhält man für eine Trajektorie gerade q Durchstoßpunkte. Abbildung 7.2 verdeutlicht, wie durch eine Störung entsprechend dem KAM-Theorem Tori mit irrationalem ω_1/ω_2 nur verformt werden, während um Resonanzen stabile Inseln und chaotische Zonen entstehen.

Auch im Sonnensystem sind seit langem Resonanzphänomene bekannt, die nun nach der Entdeckung von Chaos in neuem Licht erscheinen. Ein markantes Beispiel dafür ist der Asteroidengürtel zwischen den Umlaufbahnen von Mars und Jupiter. Vor über hundert Jahren entdeckte KIRKWOOD, daß die Verteilung der Asteroiden eine ausgeprägte Struktur besitzt. Trägt man die Häufigkeit der Asteroiden über ihrer Umlauffrequenz um die Sonne auf (Abb. 7.3), so sieht man, daß gerade bei 3/1, 5/2, 7/3 und 2/1 der Umlauffrequenz des Jupiters charakteristische Lücken auftreten. Andererseits findet man bei anderen Resonanzen (3/2 und 1/1) eine Häufung von Asteroiden.

Die Frage, ob chaotische Zonen für die Asteroidenlücken verantwortlich sind, kann im Prinzip durch Lösen der entsprechenden Newtonschen Gleichungen beantwortet werden. Die numerische Integration muß sich jedoch über Zeiträume erstrecken, die mit dem Alter des Sonnensystems von einigen Milliarden Jahren vergleichbar sind. Das gelang erst vor wenigen Jahren dank leistungsfähiger Computer und unter Benutzung einer von CHIRIKOV entwickelten Approximationstechnik (CHIRIKOV, 1979; WIS-

DOM, 1987). Diese Methode, die auf einer näherungsweisen Berechnung stroboskopischer Abbildungen beruht, wurde interessanterweise für ein völlig anderes Problem entwickelt, nämlich zur Bestimmung von Teilchenbahnen in magnetisch eingeschlossenen Fusionsplasmen. Das verdeutlicht eine gewisse universelle Bedeutung der Methoden und Phänomene.

Um den Entstehungsmechanismus der 3/1-Kirkwood-Lücke aufzuklären, simulierte WISDOM dreihundert Asteroiden, deren Anfangsbedingungen innerhalb der Resonanzzone gewählt wurden. Es zeigte sich, daß die Bahnen über Hunderte von Millionen Jahren eine niedrige Exzentrizität aufweisen, bis dann in unregelmäßigen Abständen Ausbrüche sehr großer Exzentrizität auftreten. Dadurch können die Asteroiden die Umlaufbahn des Mars und der Erde kreuzen und aus ihrer Bahn gelenkt werden. Dieses Phänomen führte im Verlaufe geologischer Zeiträume zu einer „Entvölkerung" der Resonanzzone. WISDOMS numerische Simulationen stimmen sogar quantitativ mit der beobachteten Kirkwood-Lücke überein. Damit wurde nicht nur die Häufigkeitsverteilung der Asteroiden verständlich, sondern auch für ein anderes vieldiskutiertes Problem, die Herkunft der Meteoriten, wurde ein dynamischer Mechanismus als Erklärung gefunden. Auch in diesem Fall bestätigen die Beobachtungsdaten die Hypothese, daß chaotische Dynamik eine Ursache für den Transport von Asteroidenmaterial zur Erde darstellt.

WISDOM entdeckte noch ein weiteres Beispiel für deterministisches Chaos im Sonnensystem, das mit der Rotation von Monden auf ihrer Bahn verknüpft ist. Bekanntlich zeigt uns unser Mond immer dieselbe Seite, da seine Eigenrotation und sein Umlauf durch Gezeitenwechselwirkungen in Resonanz stehen. Das gilt auch für die meisten anderen Trabanten im Sonnensystem. Eine Ausnahme bildet Hyperion, ein sehr asphärischer Saturnmond (ca. 400 km lang und 200 km breit). Schon lange sind irreguläre Helligkeitsschwankungen dieses Mondes bekannt (KSANFOMALITI, 1985). Numerische Simulationen von WISDOM deuten darauf hin, daß das Verhältnis von Umlaufzeit und Rotation chaotisch schwankt, also Hyperion irregulär um den Saturn trudelt.

Von besonderem Interesse ist natürlich das dynamische Verhalten der Planeten. Extensive numerische Simulationen (WISDOM, 1987) verdeutlichen zwar, daß die Bewegung keineswegs rein periodisch ist, denn durch die Wechselwirkungen der Planeten treten verschiedene Modulationen auf, aber bisher gibt es keine Anzeichen chaotischen Verhaltens.

Die diskutierten Beispiele belegen, daß auch solche klassischen Probleme wie die Newtonsche Mechanik des Sonnensystems noch heute eine Vielzahl von Entdeckungen versprechen. Die mathematische Theorie und numerische Simulationen können zwar nach wie vor die Stabilität des Sonnensystems nicht beweisen, aber zumindest die Planetenbahnen scheinen regulär zu sein, während kleinere Himmelskörper durchaus chaotische Dynamik aufweisen können.

7.2. *Hydrodynamische Turbulenz und Klimazeitreihen*

Eines der kompliziertesten Probleme der Physik ist nach wie vor die hydrodynamische Turbulenz (Frost und Moulden, 1977; Ebeling und Klimontovich, 1984). Mit Hilfe der im vorigen Kapitel dargestellten modernen Methoden der Zeitreihenanalyse ist es inzwischen gelungen, zumindest für Laborexperimente den Einsatz der Turbulenz als niedrigdimensionales Chaos zu charakterisieren (Brandstater et al., 1983; Abraham et al., 1984).

Eine durch Doppler-Geschwindigkeitsmessungen experimentell sehr gut bestimmbare Meßgröße stellen lokale Geschwindigkeiten $u(t)$ von Flüssigkeiten dar. Für eine laminare Strömung ist die Geschwindigkeit konstant, und somit ist der Attraktor im rekonstruierten Phasenraum ein Fixpunkt. Nach Einsatz einer Instabilität, wenn z. B. Rollzellen auftreten, wird $u(t)$ periodisch, was einem Grenzzyklus entspricht. Mit dem Auftreten turbulenter Strömungen mißt man ein nichtperiodisches Signal und erhält dementsprechend ein breites Frequenzspektrum.

Welche Fülle an Informationen man aus einem einzelnen Signal $u(t)$ erhalten kann, zeigen in eindrucksvoller Art und Weise Experimente zur Couette-Taylor-Instabilität, d. h. zum Einsatz der Turbulenz in einer Flüssigkeitsschicht zwischen zwei rotierenden Zylindern (Brandstater et al., 1983). In diesem System setzt turbulente Bewegung etwa bei einer relativen Reynoldszahl von $\mathrm{Re}_c = 11{,}7 + 0{,}2$ ein. Um den Übergang zur Turbulenz zu studieren, wurden verschiedene Datensätze von je 32768 Punkten im Bereich $10 \leq \mathrm{Re} \leq 20$ untersucht. Phasenporträts und Poincaré-Schnitte im Pseudo-Phasenraum veranschaulichen, wie bei Re_c ein 2er-Torus in einen seltsamen Attraktor übergeht. Dimensionsschätzungen ergeben, daß die Attraktordimension von zwei auf Werte knapp unter fünf für $\mathrm{Re} = 20$ ansteigt (siehe Abb. 7.4). Weiterhin wurde gefunden, daß der

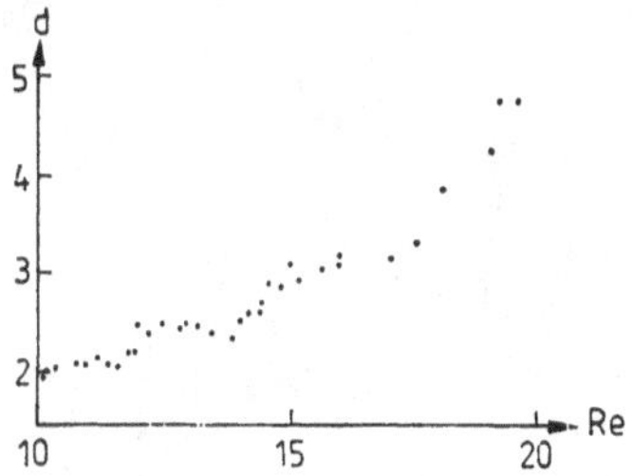

Abb. 7.4.

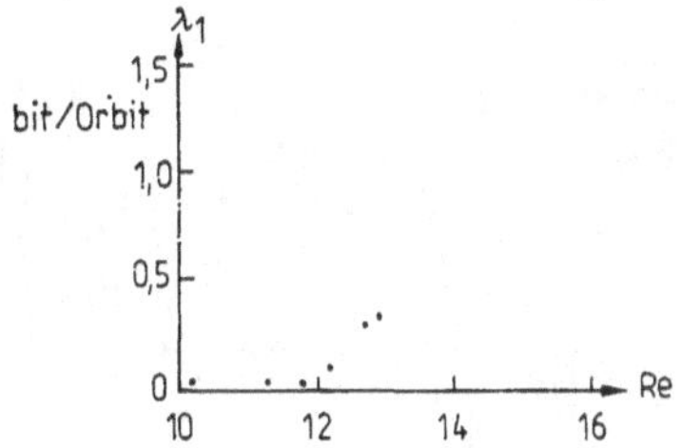

Abb. 7.5.

Abb. 7.4. Abhängigkeit der Attraktordimension von der Reynoldszahl (nach Brandstater und Swinney, 1987)

Abb. 7.5. Wachstum des Lyapunov-Exponenten mit der Reynoldszahl (nach Brandstater et al., 1983)

Lyapunov-Exponent und die Kolmogorov-Entropie von Null im quasiperiodischen Regime auf Werte von etwa 1 Bit pro Sekunde anwachsen (Abb. 7.5). Diese bemerkenswerten Untersuchungen zeigen einerseits, daß das Chaos-Konzept für das Verständnis schwacher Turbulenz wichtig ist, und andererseits, daß die neuen Methoden der Zeitreihenanalyse auf reale Daten anwendbar sind.

Für entwickelte Turbulenz läßt sich zwar die Attraktordimension noch abschätzen (Eckmann und Ruelle, 1985; Foias et al., 1987), aber die Anwendung der obigen Algorithmen erscheint nahezu hoffnungslos, da die Dimension sehr groß wird. Als wichtige Beispiele turbulenter Prozesse wurden auch meteorologische und klimatische Zeitreihen bezüglich ihrer Attraktordimension studiert (Fraedrich, 1986; Grassberger, 1986). Hier soll als ein interessantes Beispiel die Analyse von Daten vorgestellt werden, die das sogenannte „El Niño-Southern Oscillation"-Phänomen (ENSO) beschreiben. Dabei handelt es sich um Druck und Feuchteanomalien im südlichen Pazifik, die in unregelmäßigen Abständen auftreten und dann über ein bis zwei Jahre andauern können. Auf Grund der weitreichenden Konsequenzen dieser Anomalien (z. B. für den Fischfang vor der südamerikanischen Küste und Dürren in Australien) ist ein Verständnis dieses Effektes von großem Interesse (Wyrtki, 1975; Rasmusson und Wallace, 1983; Graf, 1986). In der Literatur werden sowohl stochastische Modelle (Lau, 1985) als auch niedrigdimensionales Chaos (Vallis, 1986; Hense, 1987) als mögliche Quellen diskutiert.

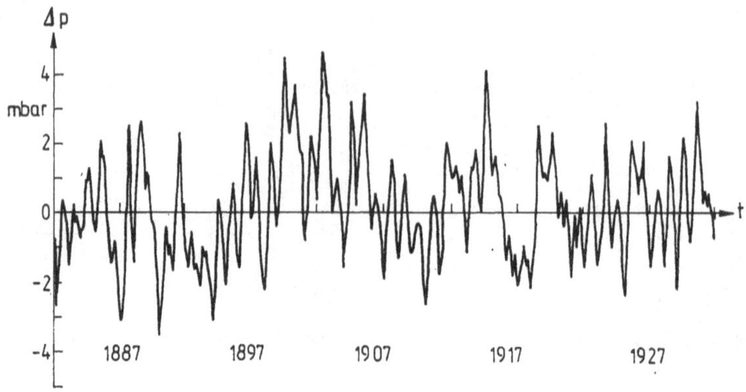

Abb. 7.6. Monatliche Luftdruckdifferenzen zwischen Santiago und Darwin (geglättet)

Um die Frage nach der angepaßten Modellklasse zu beantworten, wurde die Reihe der monatlichen Druckdifferenzen zwischen Santiago und Darwin analysiert (Graf und Herzel, 1989), die ein anerkanntermaßen guter Indikator des ENSO-Phänomens ist. In Abb. 7.6 sind die geglätteten monatlichen Druckdifferenzen für 50 Jahre dargestellt. Solche Zeitfunktionen können sowohl Resultat eines entsprechenden stochastischen Prozesses (man vergleiche z. B. mit Abb. 6.3) als auch Manifestation von deterministischem Chaos sein. Erst eine gründliche statistische Analyse vermag eine dieser beiden denkbaren Erklärungen zu favorisieren.

Als erstes haben wir in Abb. 7.7 eine Häufigkeitsverteilung der Druckdifferenzen dargestellt. Offensichtlich approximiert die gepunktet eingezeichnete Gaußsche Näherung das Histogramm recht gut, wie man es für stochastische Prozesse auf Grund des zentralen Grenzwertsatzes erwarten würde.

Stellt man aufeinanderfolgende Maxima dar (Abb. 7.8), so erhält man eine unstrukturierte Punktwolke, die keinerlei Hinweis auf einen niedrigdimensionalen Attraktor gibt.

Entsprechend Abschnitt 6.4. wurde des weiteren das Korrelationsintegral $C(\varepsilon)$ bestimmt und in Abb. 7.9 für verschiedene Einbettungsdimensionen m dargestellt. Offensichtlich wächst der Anstieg, der ja eine Schätzung der Attraktordimension ermöglichen soll, monoton mit der Einbettungsdimension. Somit ist auch durch diese Methode kein niedrigdimensionaler Attraktor nachweisbar.

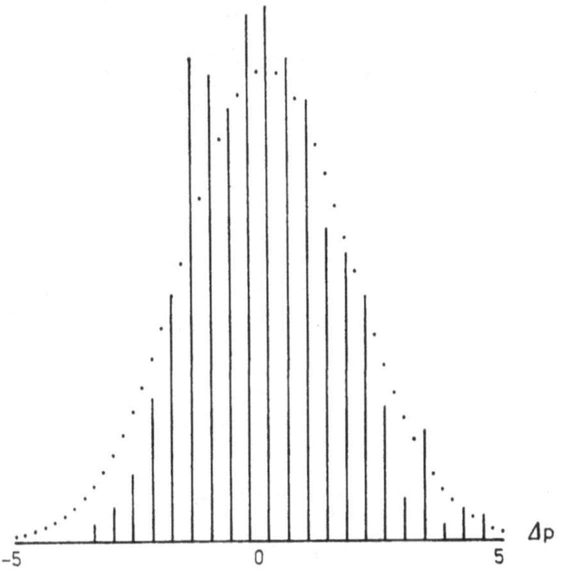

Abb. 7.7. Histogramm der Druckdifferenzen und Approximation durch eine Gauß-Glocke (gepunktet)

Nach dem im vorigen Kapitel beschriebenen Algorithmus von Wolf wurde auch die mittlere Wachstumsrate

$$L(T) = \left\langle \frac{1}{T} \ln \frac{d(T)}{d(0)} \right\rangle \tag{7.3}$$

bestimmt, die angibt, mit welchem Exponenten benachbarte Zustände auseinanderlaufen. Es sei daran erinnert, daß eine über einen gewissen Bereich konstante Wachstumsrate als Schätzung des maximalen Lyapunov-Exponenten betrachtet werden kann. Man ersieht jedoch aus Abb. 7.10, daß $L(T)$ mit wachsendem T abfällt. Solch ein Verhalten ist aber gerade für stochastische Prozesse zu erwarten, denn für diffusive Separation folgt z. B. aus

$$d(T) \sim \sqrt{T}, \tag{7.4}$$

daß $L(T)$ monoton etwa wie

$$L(t) \sim \frac{\ln T}{T} \tag{7.5}$$

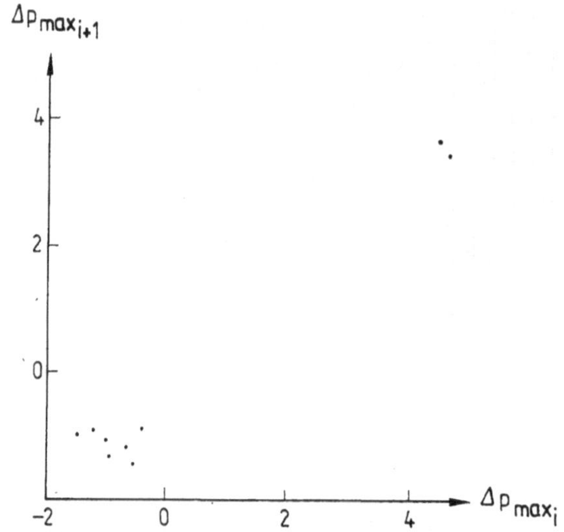

Abb. 7.8. Darstellung aufeinanderfolgender Maxima der Zeitreihe aus Abb. 7.6

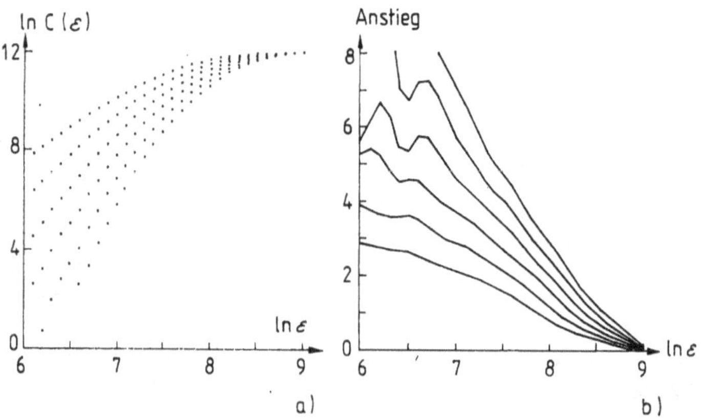

Abb. 7.9. a) Doppellogarithmische Darstellung des Korrelationsintegrals (6.44) gegen die Skala ε; b) entsprechende Anstiege (Delay $\tau = 3$ Monate, Einbettungsdimension $m = 3, 4, \ldots, 8$)

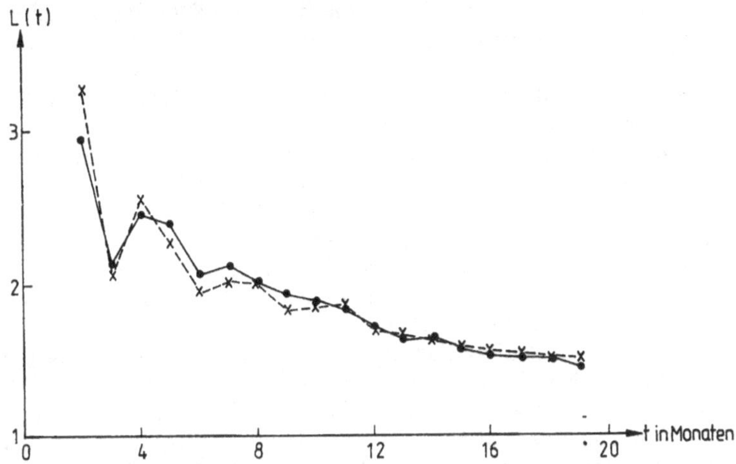

Abb. 7.10. Wachstumsrate des Abstandes benachbarter Trajektorien als Funktion der Evolutionszeit (siehe Gl. (6.49)); durchgehend: für die Zeitreihe aus Abb. 7.6, gestrichelt: chaotischer Prozeß nach LAU (1985)

fällt. Für Chaos sollte man dagegen in der Darstellung von $L(T)$ gegen Evolutionszeit T ein Plateau finden, das einem exponentiellen Wachstum des Abstandes $d(T)$ über einen gewissen Skalenbereich entspricht. Die gestrichelte Linie in Abb. 7.10 wurde aus einer Realisierung eines stochastischen Prozesses nach LAU (1985) erhalten. Die Ähnlichkeit der beiden Kurven bekräftigt unsere Vermutung, daß zumindest die bisherigen Untersuchungen der Druckdifferenzen nicht auf niedrigdimensionales Chaos schließen lassen.

7.3. *Dynamik chemischer Reaktionssysteme*

Im Abschnitt 4.2. wurde bereits diskutiert, daß nichtlineare Reaktionsmechanismen, insbesondere autokatalytische Schritte, zu einer Vielfalt von räumlichen und zeitlichen Strukturen führen können. Neben chemischen Oszillationen und Autowellen beobachtet man auch nichtperiodische Vorgänge.

Als charakteristisches Beispiel wird die Belousov-Zhabotinsky-Reaktion im Rührreaktor betrachtet. Durch ständiges Rühren mit hohen Drehzahlen wird eine relative räumliche Homogenität erreicht, so daß man die zeitliche Dynamik in den Vordergrund stellen kann.

Dabei wurde in verschiedenen Laboratorien gefunden, daß in Abhängigkeit von der Durchflußrate des Reaktors eine Folge von verschiedenen periodischen Regimen durchlaufen wird (Hudson et al., 1979; Hudson, 1989; Arneodo et al., 1987). Für schmale Parameterbereiche zwischen den periodischen Gebieten tritt reproduzierbar nichtperiodisches Verhalten auf. Auf den ersten Blick ist man geneigt, diese kleinen Parameterintervalle als Übergangszonen zu interpretieren, in denen Fluktuationen zu einer „Mischung" der verschiedenen Perioden führen. Aber eine sorgfältige Zeitreihenanalyse hat ergeben, daß die Irregularität durch deterministisches Chaos hervorgerufen wird. Dazu haben Roux, Simoyi und Swinney (1983) die Konzentration von Bromidionen gemessen und aus Datensätzen von jeweils 32768 Punkten den entsprechenden Attraktor mit Delay-Koordinaten rekonstruiert. Die im Abschnitt 6.3 erläuterten graphischen Methoden (Phasenraumporträts und Poincaré-Schnitte) demonstrieren sehr anschaulich, daß es sich um einen seltsamen Attraktor handelt. Insbesondere ist es auch gelungen, die Positivität des maximalen Lyapunov-Exponenten zu zeigen (Wolf et al., 1985). Somit gilt es für dieses System als erwiesen, daß trotz eines ursprünglichen Phasenraumes von mehr als 30 Reaktanden die Dynamik im wesentlichen auf Attraktoren beschränkt ist, deren Dimension kleiner als drei ist.

Auch Zeitreihen, die bei der heterogenen Katalyse gemessen wurden, deuten auf niedrigdimensionale Attraktoren hin (Jaeger et al., 1986; Plath et al., 1988). Als ein Beispiel sollen Zeitreihen der Methanoloxidation an Palladium auf Aluminiumoxid detaillierter diskutiert werden (Plath, 1989). In den Abbildungen 7.11 und 7.12 sind zwei charakteristische Datensätze als Zeitfunktion und Phasenporträt dargestellt. Der erste Datensatz entspricht offensichtlich einem periodischen Prozeß mit einer gewissen Drift. Im Phasenporträt äußert sich das darin, daß sich der näherungsweise geschlossene Orbit langsam verschiebt. Damit wird in diesem Fall ein zweidimensionaler Attraktor vorgetäuscht. Dieses Beispiel macht deutlich, wie wesentlich die Forderung nach Stationarität ist. Bereits Ruelle hat darauf hingewiesen, daß durch driftende Parameter höhere Attraktordimensionen vorgetäuscht werden können (Ruelle, 1987), was im obigen Beispiel verifiziert wurde.

Die Darstellungen der nichtperiodischen Zeitreihe in Abb. 7.11

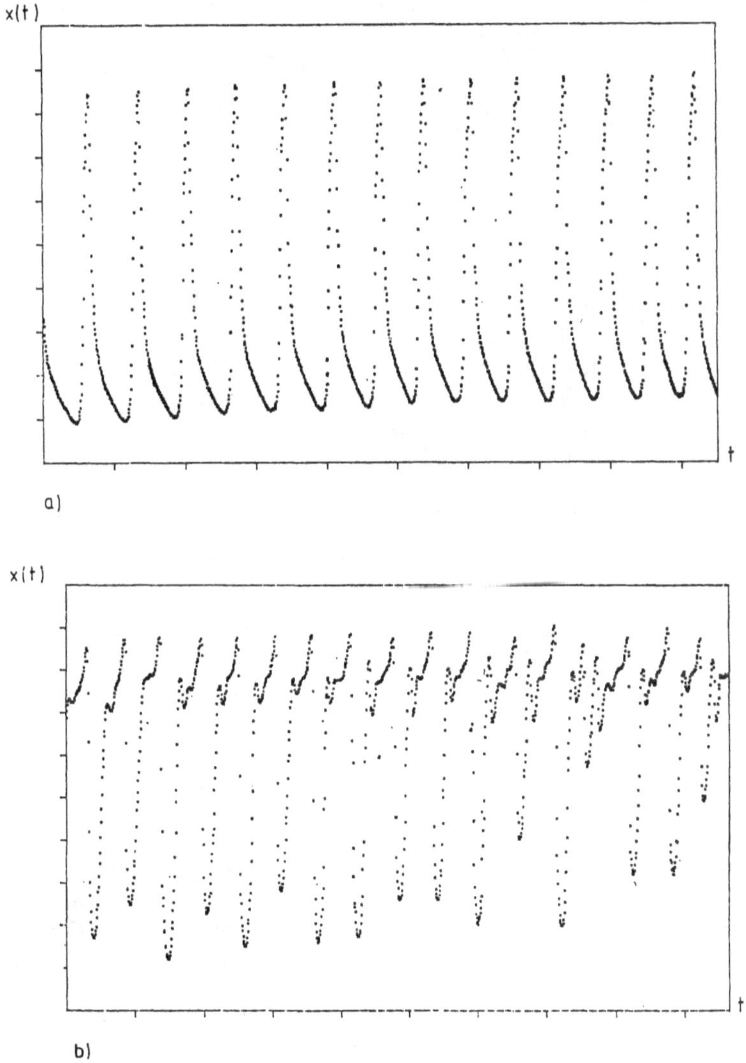

Abb. 7.11. Chemische Oszillationen bei der Methanoloxidation (PLATH, 1989). a) periodisches Regime mit Drift, b) chaotische Oszillationen

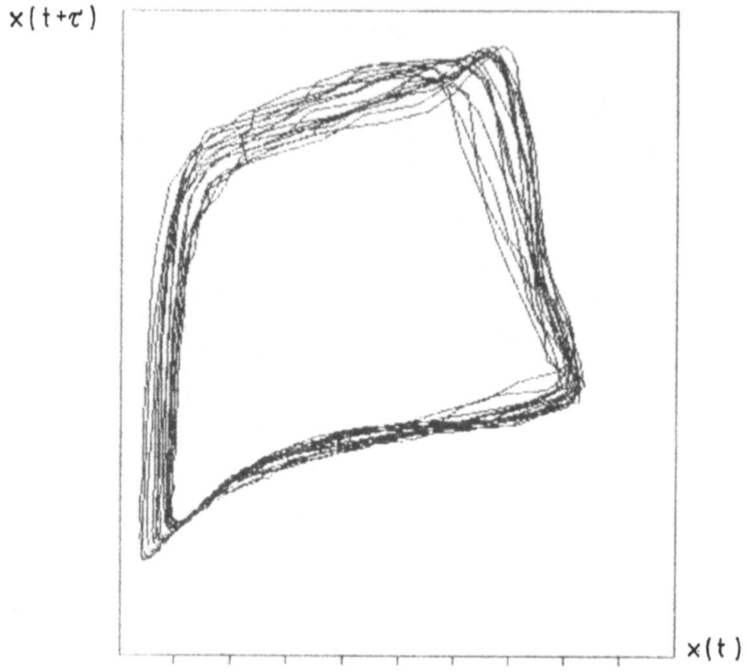

a)

Abb. 7.12. a), b) Entsprechende Phasenporträts zu den Daten in Abb. 7.11 a), b)

und 7.12 tragen Züge von deterministischem Chaos. Um diese Hypothese zu testen, wurde zunächst eine Poincaré-Abbildung konstruiert. Die resultierende, näherungsweise eindimensionale Kurve in Abb. 7.13 ist ein Indiz, daß die Nichtperiodizität der Zeitreihe durch Chaos hervorgerufen wird.

Als nächstes soll versucht werden, die Attraktordimension zu bestimmen. Entsprechend dem in Abschnitt 6.4. skizzierten Vorgehen sind in Abb. 7.14 lokale Dichten doppellogarithmisch gegen die Skala ε aufgetragen. In dieser Darstellung sind zwar kürzere lineare Abschnitte zu erkennen, deren Anstieg unter Umständen als punktweise Dimension interpretiert werden könnte, aber vor allem tritt ein Problem zutage, das charakteri-

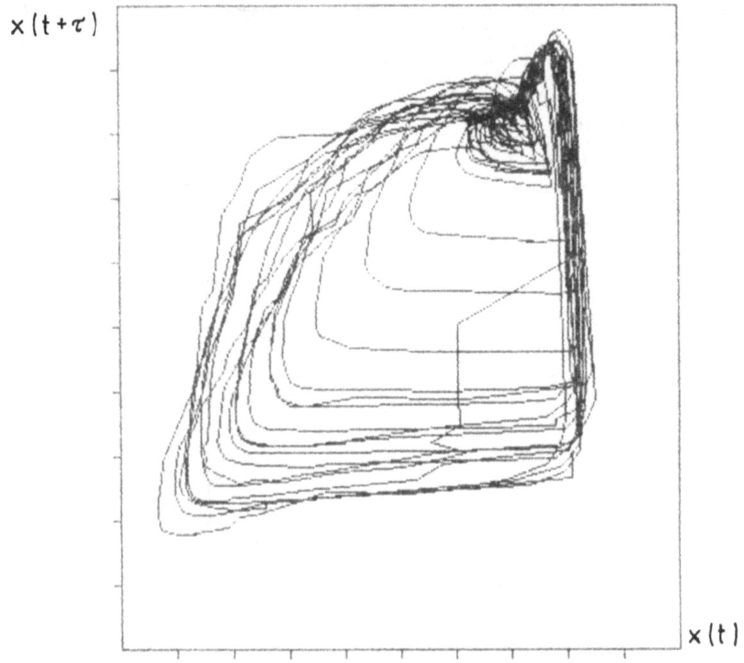

Abb. 7.12. b)

stisch für chemische Reaktionssysteme ist. Die lokalen Dichten verhalten sich sehr unterschiedlich (s. Abb. 7.14), was als Inhomogenität des Attraktors bezeichnet werden kann (Ebeling, Herzel und Schimansky-Geier, 1988). Letztendlich folgt diese Inhomogenität aus dem Wechsel schneller und langsamer Reaktionen, wie es auch schon in der eigentlichen Zeitreihe zu erkennen ist. Da sich im allgemeinen Reaktionsraten um Größenordnungen unterscheiden können, ist solch ein Verhalten sicherlich typisch für (bio)chemische Reaktionssysteme. Da die verschiedenen Dimensionsschätzungen auf Mittelungen der lokalen Dichten in einem geeigneten ε-Intervall beruhen, läßt die Inhomogenität keine präzisen Schätzungen zu. Führt man die Mittelungen aus, so sieht man, daß sich die verschiedenen Mittelwerte signifikant unterscheiden, was die Inhomogenität bestätigt. Es läßt sich aber kein Skalenbereich finden, in dem Potenzgesetze wie in Gleichung (6.46) erfüllt sind.

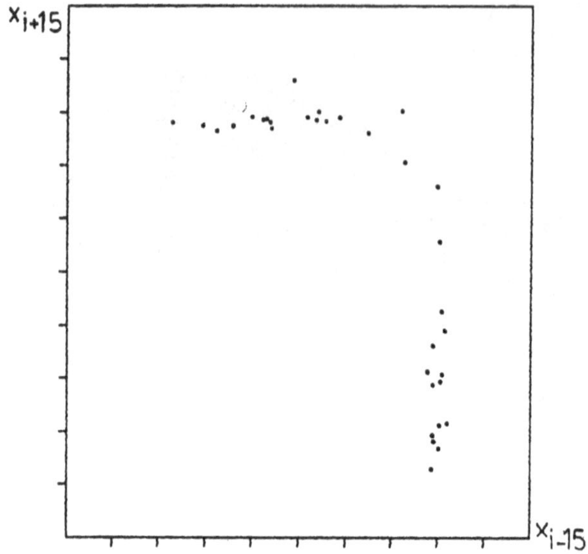

Abb. 7.13. Poincaré-Abbildung zu der Zeitreihe in Abb. 7.11. b)

Dieses Beispiel verdeutlicht auch die Grenzen von Dimensionsschätzungen aus experimentellen Daten, insbesondere wenn die Attraktoren inhomogen sind. Die erfolgreichen Analysen von Standardmodellen wie dem Lorenzattraktor, bei dem die verschiedenen Dimensionen fast zusammenfallen (charakteristisch für homogene Attraktoren), sollten deshalb nicht zu Euphorie verleiten, denn begrenzte Stationarität, Rauschen und Inhomogenität können die Anwendbarkeit der Algorithmen bei experimentellen Untersuchungen stark einschränken.

Im folgenden soll noch eine andere Möglichkeit diskutiert werden, um aus der Analyse experimenteller Daten Rückschlüsse auf das zugrunde liegende dynamische System zu ziehen. Bisher mußten die äußeren Parameter während der Messung möglichst konstant gehalten werden. Andererseits kann auch die gezielte Änderung der Reaktionsbedingungen (Variation der Eduktkonzentrationen, Durchflußraten usw.) zur Aufklärung der dynamischen Eigenschaften einer katalytischen Reaktion beitragen. Abb. 7.15 zeigt die Abhängigkeit der Temperatur über der Katalysatorschüttung bei der Oxidation von Äthanol in Abhängigkeit

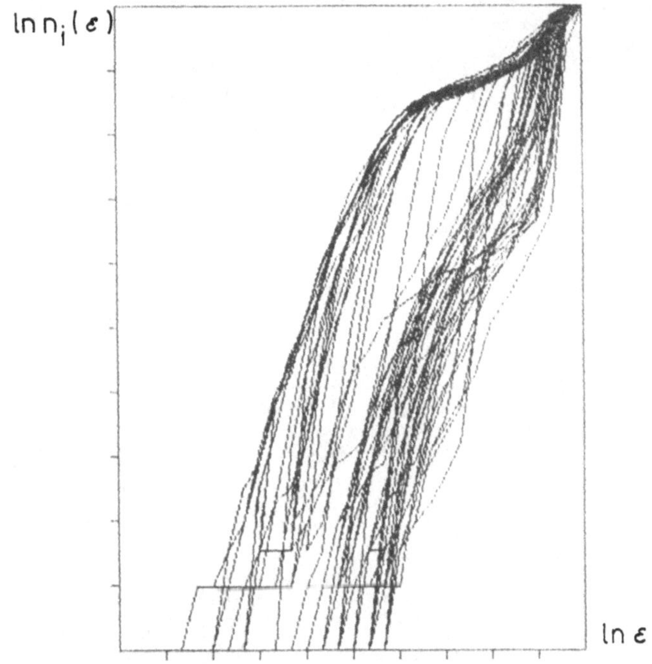

Abb. 7.14. Doppellogarithmische Darstellung lokaler Dichten (siehe Gl. (6.43)). Die breite Streuung der Anstiege verdeutlicht die Inhomogenität des Attraktors

von der Konzentration des Äthanols im Zufluß. Als Katalysator wird Palladium auf einem amorphen Träger (Al_2O_3) verwendet. Das nichtlineare Verhalten ist durch thermische Rückkopplung bedingt. Die Katalysatorschüttung befindet sich dabei auf einem Silberteller, so daß aufgrund der sehr guten Wärmeleitfähigkeit eine experimentelle Situation realisiert wird, die der Zwangshomogenisierung in einem Rührreaktor vergleichbar ist (JAEGER et al., 1986, 1990; OTTENSMEYER, 1987). In Abb. 7.15 sind Bereiche mit unterschiedlicher Dynamik dargestellt, wie sie durch sorgfältige Parametervariation in dem beschriebenen experimentellen System identifiziert werden konnten: Monostabiles und bistabiles Verhalten, selbsterregte Schwingungen, Koexistenz zwischen stationären und oszillatorischen Zuständen einschließlich der entsprechenden Hysterese. Die einzelnen Bereiche sind durch In-

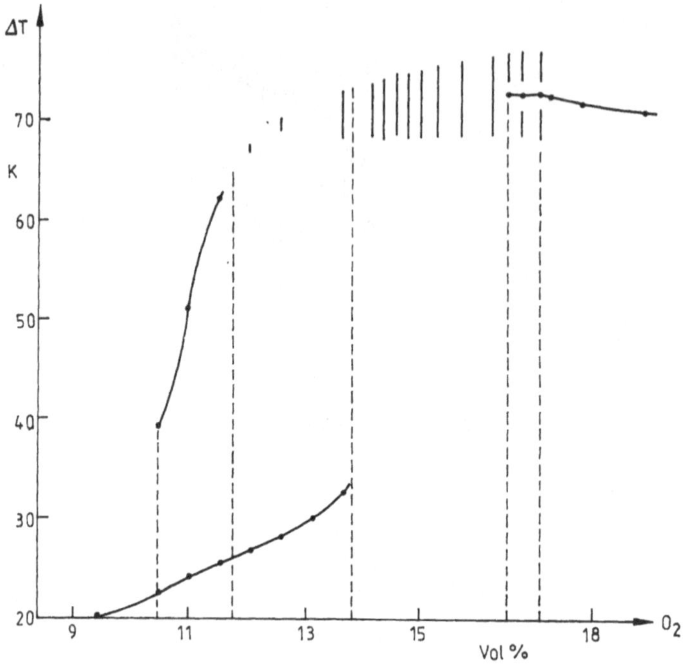

Abb. 7.15. Nichtlineares Verhalten bei der katalytischen Oxidation von Äthanol an Palladium. Dargestellt ist die Temperatur über der Katalysatorschüttung in Abhängigkeit von der Sauerstoffkonzentration im Zufluß. Durchgezogene Linien bedeuten stationäre Zustände, die senkrechten Geraden geben die Amplituden selbsterregter Schwingungen an (Parameter: Reaktortemperatur 146 °C; 27,6 g Pd/Al_2O_3; 4,01 Vol.-% Äthanol im Zufluß; vgl. Ottensmeyer, 1987)

stabilitäten im dynamischen Verhalten voneinander getrennt. Bei der Modellierung der Reaktion werden die gefundenen Instabilitäten als Bifurkation eines dynamischen Systems interpretiert. Mit Methoden der Bifurkationstheorie wird dann ein dynamisches „Minimalmodell" konstruiert, dessen Bifurkationsverhalten alle Instabilitäten in der beobachteten Reihenfolge beschreibt (Engel-Herbert et al., 1989). Solche qualitativen dynamischen Modelle sind ein guter Ausgangspunkt für die Entwicklung quantitativer, chemisch begründeter Modelle der Reaktionen (Sheintuch et al., 1985, 1987a, b).

7.4. Analyse von Säuglingsschreien

Es ist inzwischen allgemein anerkannt, daß die Analyse von Säuglingsschreien wertvolle Diagnosemöglichkeiten für bestimmte Funktionsstörungen des zentralen Nervensystem bietet (LIND, 1965; MICHELSSON und WASZ-HÖCKERT, 1980; WERMKE et al., 1987; WERMKE und GRAUEL, 1988). Für die ausgezeichnete Eignung der Sprach- und der vorsprachlichen Lautproduktion im allgemeinen und des Säuglingsschreies im besonderen gibt es eine Vielzahl von Argumenten (WERMKE, 1987); z. B. handelt es sich bei dem auditiv-vokalen System um das zum Zeitpunkt der Geburt reifste neuromuskuläre Funktionssystem des Menschen.

Vom physikalischen Standpunkt aus stellt die Lautbildung eine interessante Kopplung von mechanischen und aerodynamischen Vorgängen dar. Die Stimmlippen entsprechen einem nichtlinearen Oszillator, der durch den Luftstrom angeregt wird. Das entstehende Signal ist bemerkenswert reich an Oberwellen (Harmonischen) und wird durch die Resonanzeigenschaften des Vokaltraktes modifiziert (Formantausprägung). Die Formanten entsprechen breitbandigen Resonanzen, die sich gewöhnlich über mehrere Oberwellen erstrecken.

In den 50er Jahren begannen eine Reihe von Wissenschaftlern mit Analogfiltertechniken (Sonagraphen) Sprachsignale zu untersuchen. Durch die Aneinanderreihung von Kurzzeitspektren gewinnt man die sogenannten Sonagramme. Dabei wird die Frequenz gegen die Zeit aufgetragen und die spektrale Intensität in Form von Graustufen dargestellt. Mit Hilfe der graphischen Möglichkeiten moderner Computer kann man diese Darstellungsform mit noch größerer Auflösung gestalten (z. B. durch die Verwendung von Farbskalen). Auf diese Weise lassen sich zeitliche Änderungen des Spektrums, wie sie für Sprachsignale charakteristisch sind, kontrastreich darstellen.

Solche Computer-Sonagramme von Säuglingsschreien sind in den Abbildungen 7.16 und 7.17 dargestellt. In den Anfangsbereichen sieht man die für die Mehrzahl der Schreie typische „Balkenstruktur", die durch die Harmonischen der Grundfrequenz (hier um 500 Hz) gekennzeichnet ist. Bei Schreien begegnet man dabei häufig dem Phänomen, daß die Oberwellen intensiver als die Grundfrequenz sind.

Bereits in den Anfangsphasen ist deutlich sichtbar, daß das Signal instationär ist, was sich im Anwachsen der Grundfrequenz

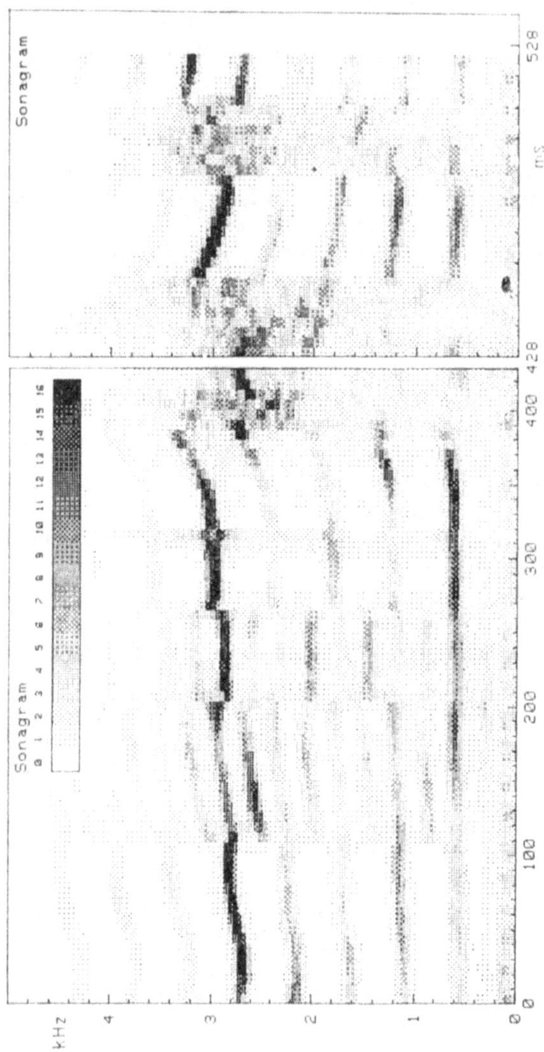

Abb. 7.16. Sonagramm eines Säuglingsschreies mit ausgeprägten Subharmonischen und chaotischen Abschnitten

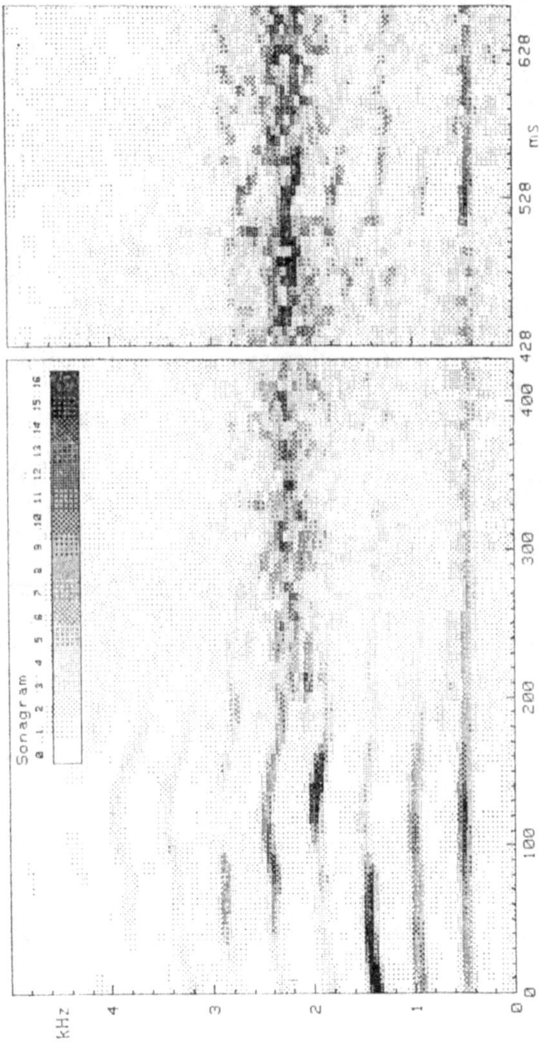

Abb. 7.17. Sonagramm mit breitem chaotischem Gebiet, unterbrochen von einem periodischen „Fenster“ (etwa bei 530 ms)

und in der Verschiebung der Intensitäten innerhalb der Harmonischen äußert. Solche Instationaritäten erschweren einerseits statistische Untersuchungen, aber andererseits werden durch die langsame Drift von Parametern eine Vielzahl von qualitativen Änderungen des Signales sichtbar, die sich als Bifurkationen des zugrunde liegenden dynamischen Systems verstehen lassen.

Ein Charakteristikum vieler Schreie ist das Auftreten von Subharmonischen, wie sie insbesondere in Abb. 7.16 ab 100 ms mehrfach zu finden sind. Spektralpeaks bei der halben Grundfrequenz entsprechen dabei Periodenverdoppelungen im Zeitbereich, die oft als Vorstadien von deterministischem Chaos beobachtet werden. In Säuglingsschreien wurden bis zu drei aufeinanderfolgende subharmonische Bifurkationen gefunden, die dann in rauschartige Abschnitte übergingen (Wermke, 1987). Solche reichhaltigen Bifurkationsszenarien legen den Gedanken nahe, daß es sich bei den benachbarten Bereichen mit breitbandigem Spektrum (z. B. ab 400 ms in Abb. 7.16) um niedrigdimensionales Chaos handelt (Mende, Herzel und Wermke, 1990).

Eine detaillierte Zeitreihenanalyse zum Nachweis von Chaos wird durch die Instationarität wesentlich erschwert. Lediglich für Abschnitte von etwa 500 Datenpunkten (20 ms) kann man die Signale unter Umständen als näherungsweise stationär betrachten. Der Schrei in Abb. 7.17, von dem Abb. 7.18 Ausschnitte der entsprechenden Zeitreihe zeigt, war für die Suche nach Attraktorstrukturen besonders gut geeignet, da das Signal relativ stationär ist und in weiten Bereichen nichtperiodisches Verhalten zeigt.

Die näherungsweise eindimensionalen Strukturen in den diskreten Abbildungen 7.19 geben einen ersten Hinweis darauf, daß ein niedrigdimensionaler Attraktor existiert. Zur quantitativen Charakterisierung des Attraktors soll des weiteren die Dimension abgeschätzt werden. Dazu wurde aus den ersten 16 ms der Abbildung 7.18 das Korrelationsintegral $C(\varepsilon)$ für die Einbettungsdimensionen $m = 3, 4, \ldots, 8$ berechnet und in Abb. 7.20 doppellogarithmisch aufgetragen. Insbesondere aus den rechts dargestellten Anstiegen, die eine direkte Schätzung des Korrelationsexponenten erlauben, erkennt man eine gewisse Sättigung mit wachsender Einbettungsdimension. Somit deuten diese Resultate auf einen niedrigdimensionalen Attraktor hin. Wenn auch eine präzise Schätzung der Dimension auf Grund der geringen Datenzahl nicht möglich ist, so ist doch der qualitative Unterschied zu dem Korrelationsintegral aus Klimadaten in Abb. 7.9 evident.

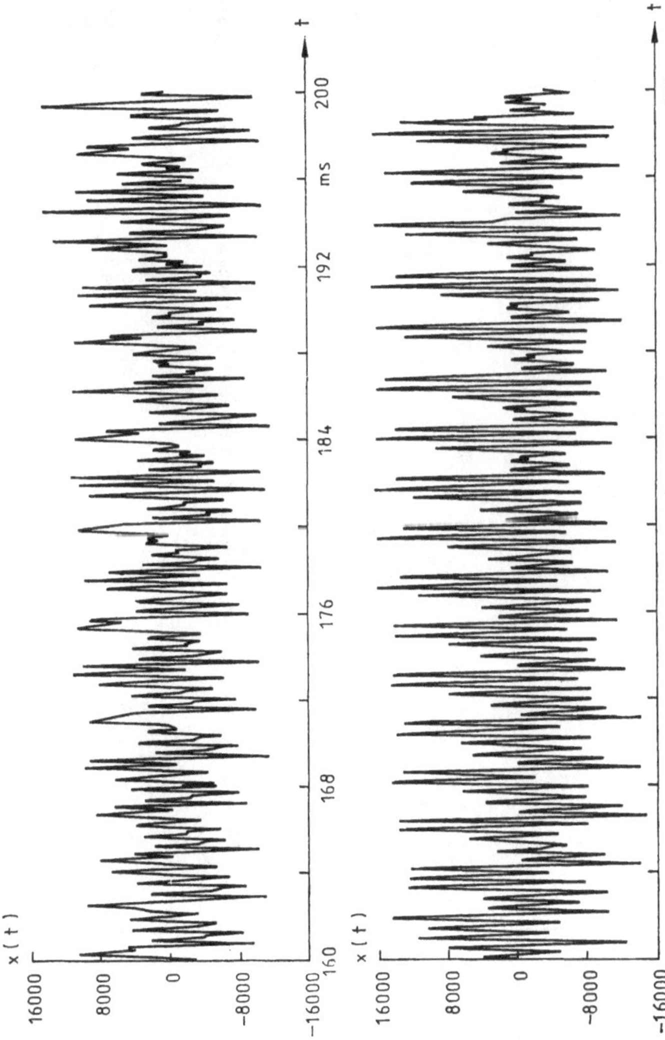

Abb. 7.18. Charakteristische Abschnitte der Zeitreihe aus Abb. 7.17. Unten ist der Übergang vom „Fenster“ zum nichtperiodischen Verhalten dargestellt

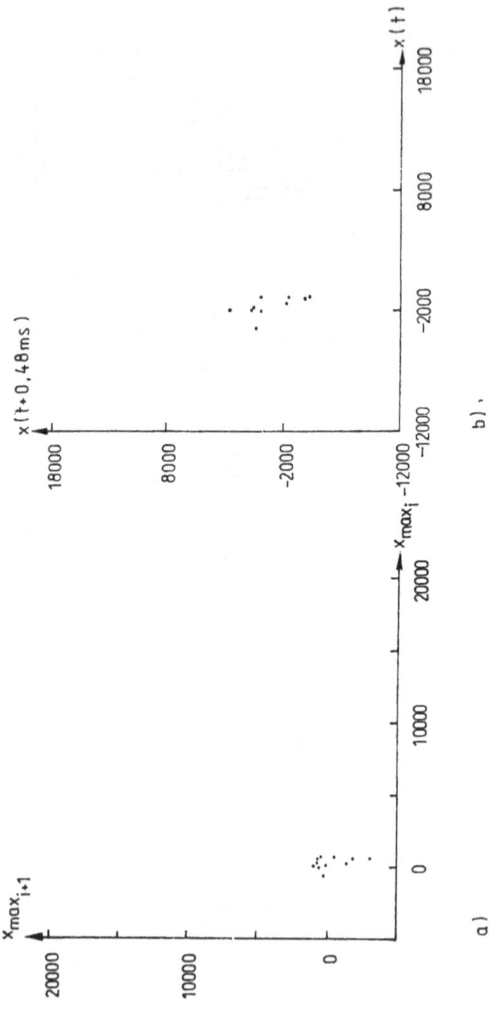

Abb. 7.19. a) Darstellung aufeinanderfolgender Maxima und b) Poincaré-Abbildung des Signals aus Abb. 7.18

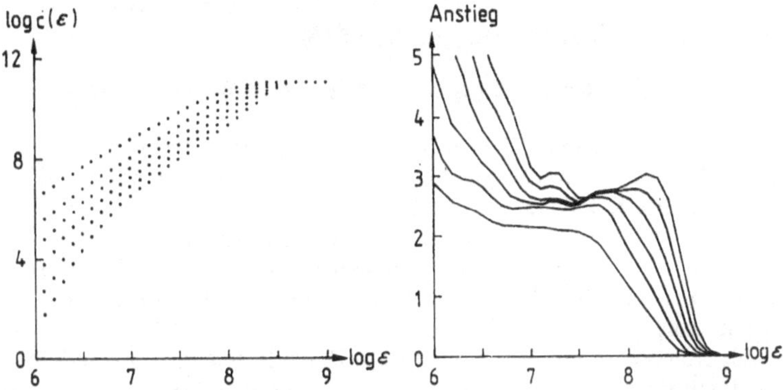

Abb. 7.20. a) Korrelationsintegral zu den ersten 16 ms des Signals aus Abb. 7.18; b) Darstellung der entsprechenden Anstiege zur Dimensionsschätzung (Delay $\tau = 0{,}12$ ms; Einbettungsdimension $m = 3, 4, \ldots, 8$)

Für die klimatische Zeitreihe war bekanntlich kein niedrigdimensionales Chaos nachweisbar.

Somit sind die Resultate der Zeitreihenanalyse mit der Vermutung konsistent, daß die reichhaltige Dynamik, die in den Sonagrammen sichtbar ist, auf eine relativ niedrigdimensionale Dynamik zurückzuführen ist. Deshalb kann man hoffen, mit relativ einfachen Modellen wichtige Charakteristika der Lautbildung zu erfassen.

Die bei Säuglingsschreien gefundene Bifurkationsvielfalt kommt bereits in Systemen gekoppelter Oszillatoren vor (siehe Abschnitt 2.3). Dementsprechend lassen sich die in den Sonagrammen gefundenen Phänomene als ein Driften der Parameter durch Resonanzzonen, Periodenvervielfachungen und chaotische Bereiche interpretieren. Die Analyse von Säuglingsschreien verdeutlicht, wie Datenanalyse helfen kann, dynamische Mechanismen zu verstehen und Hinweise für die Modellierung zu geben. Das ist insbesondere deshalb von Bedeutung, weil es berechtigte Hinweise auf eine eventuelle medizin-diagnostische Aussagekraft des Auftretens von Subharmonischen und stimmlosen Bereichen gibt (Kelman et al., 1981).

8. Die Zeitstruktur der Evolution

8.1. Evolution als Kette von Zyklen der Selbstorganisation

Im Rahmen dieses Buches wurde eine ganze Reihe komplexer zeitlicher Prozesse untersucht. Dabei haben wir besonderen Wert auf die Ausarbeitung methodischer Grundlagen für die Untersuchung solcher Vorgänge gelegt. Werfen wir ganz am Schluß einen Blick auf die Evolution unserer Welt, d. h. auf den zeitlichen Prozeß, der alle realen Prozesse einschließt und damit auch die höchste Komplexität besitzt.

Evolution ist ein Rahmenprozeß, der alle Strukturen und Prozesse umfaßt, die uns umgeben. Aus physikalischer Sicht verstehen wir unter Evolution eine Kette von Zyklen der Selbstorganisation (Ebeling und Feistel, 1982, 1986). Im Sinne des Bildes, das der große Berliner Philosoph Hegel entworfen hat, hat die Evolution die Form eine Spirale, die auf immer „höhere“ Ebenen führt (Abb. 8.1). Aus physikalischer Sicht trifft das Hegelsche Bild der Evolutionsspirale den Kern des Prozesses, wenn man die einzelnen „Gänge“ der Spirale mit Zyklen der

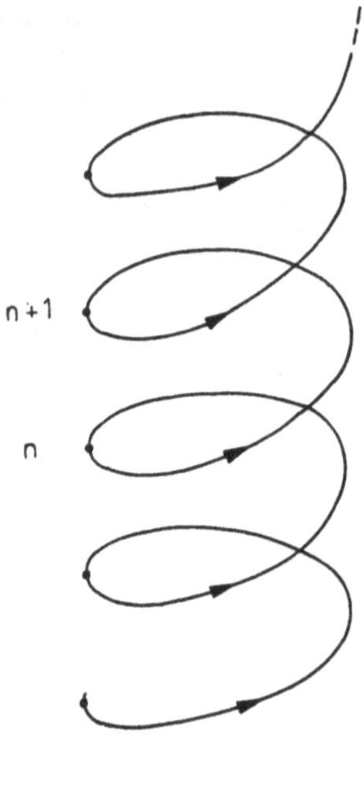

Abb. 8.1. Schema einer Evolutionsspirale

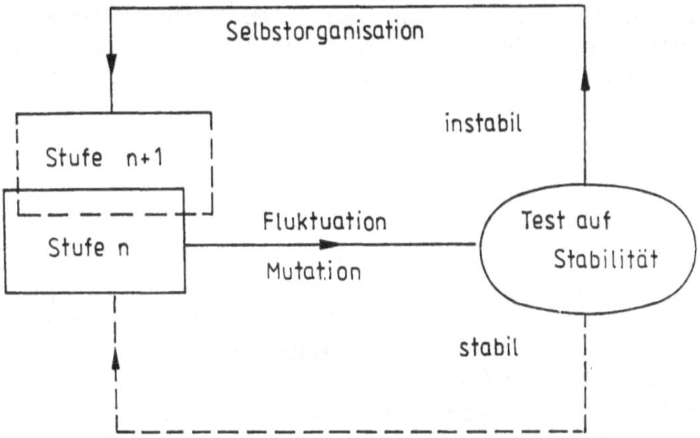

Abb. 8.2. Struktur eines einzelnen Ganges einer Evolutionsspirale

Selbstorganisation identifiziert. Jeder einzelne Selbstorganisationszyklus (Spiralgang) besteht dabei aus folgenden Grundprozessen (Abb. 8.2):

1. Ein relativer Gleichgewichtszustand des Systems wird unter veränderten Bedingungen oder durch das Auftreten qualitativ neuer Bewegungsformen auf Stabilität getestet. Als neue Bewegungsformen können dabei sowohl mechanische, elektrische oder hydrodynamische Bewegungen, neue chemische Sorten, Mutanten biologischer Spezies als auch neue wissenschaftliche Ideen bzw. neue technische Lösungen auftreten.
2. Systeme, die gegenüber Modifikationen stabil sind, kehren in den Ausgangszustand zurück. Erweist sich das System als instabil gegenüber den Veränderungen, so kommt es zur Amplifikation. Die neue Bewegungsform wird verstärkt und verdrängt in einem Selektionsprozeß frühere strukturelle oder dynamische Elemente.
3. Im Wechselspiel von Verstärkung und Selektion wird eine neue Systemebene erreicht. Auf der neuen Ebene stellt sich ein relatives Gleichgewicht ein, das wieder zum Ausgangspunkt eines Selbstorganisationszyklus werden kann.
4. Der sequentielle Charakter des Evolutionsprozesses bedingt seine Historizität. Ein bestimmter Ist-Zustand zu irgendeinem Zeitpunkt kann nur noch als Resultat seiner Vorgeschichte kausal verstanden werden.

Damit ist die zeitliche Grundstruktur der Evolution als Kette von Zyklen der Selbstorganisation bestimmt. Wir beschränken uns im folgenden auf eine grobe Skizze des zeitlichen Ablaufs der realen Evolution unserer Welt.

8.2. Zeitlicher Ablauf und Mechanismen der Evolution

Die frühesten Kenntnisse, die wir über die Evolution der Metagalaxis haben, beziehen sich auf den Beginn der Expansionsphase. Dieses Ereignis, das man heißen Urknall nennt, hat vor etwa 17–20 Milliarden Jahren stattgefunden. Nach neueren Auffassungen der Quantenfeldtheoretiker (Fritsch, 1983; Linde, 1984; Hawking, 1988; Lanius, 1988) lag die Wurzel für die Geburt unserer Metagalaxis in einer Fluktuation des physikalischen Vakuums. Solche Fluktuationen des Vakuums sind immer und überall möglich. Eine spezielle Quantenfluktuation könnte, wie die Quantenfeldtheoretiker meinen, zur Entstehung der ersten Phase unserer Metagalaxis, die drei Raum- und eine Zeit-Dimension hat, geführt haben. Nach einer raschen (inflationären) Expansionsphase, über die wir fast nichts wissen, entstand im Verlauf der ersten Sekunde die primäre Struktur des Universums: das extrem heiße, adiabatisch expandierende Plasma. Die Metagalaxis war damals dichter als Atomkerne und heißer als das Innere von Sternen.

Die ersten Evolutionszyklen betrafen die Bildung der Elementarteilchen und der Atomkerne von Wasserstoff und Helium. In der frühesten Epoche der Expansion bestand die „Urmaterie“ aus Quarks, Antiquarks, Elektronen, Positronen, Neutrinos, Antineutrinos und Photonen. Die Protonen und Neutronen entstanden durch Vereinigung von Quarks und Antiquarks in der Zeit zwischen einer Mikrosekunde und einer Millisekunde nach Expansionsbeginn (Urknall). Die ersten zusammengesetzten Kerne (Helium) entstanden im Verlaufe der folgenden 2–3 Minuten durch Verschmelzung von Protonen und Neutronen. Die Kerne der übrigen schwereren Elemente sind nach heutiger Auffassung erst später bei Sternexplosionen (Supernovae) entstanden. So wurde die Häufigkeitsverteilung

Wasserstoff: 77%; Helium 22%; Sauerstoff: 0,8%;
Eisen: 0,1%; übrige Elemente: 0,1%

fixiert. Die Atome der Elemente Wasserstoff und Helium entstanden in der Periode 100000—1000000 Jahre nach Expansionsbeginn, indem die Kerne Elektronen einfingen.

Danach trennten sich die Evolutionswege von Stoff und Strahlung. Das sich immer weiter abkühlende Photonengas blieb homogen und erfüllt heute den Kosmos mit einer Dichte von 500 Photonen pro cm^3, die ein Temperaturäquivalent von etwa 3 K besitzen. Das stoffliche Gas klumpte sich infolge von Gravitationsinstabilitäten später zusammen und bildete als neue Qualitäten Sterne und Planeten.

Vor 4—5 Milliarden Jahren entstand unsere Erde, auf der vor 3—4 Milliarden Jahren die biologische Evolution begann. Am Anfang standen sich selbst reproduzierende Kettenmoleküle, die Polynukleotide, die mit katalytischer Unterstützung von Vorstufen der Proteine schließlich Prozesse der Replikation, Mutation und Selektion in Gang brachten (Eigen, 1971; Eigen und Schuster, 1977/1978; Ebeling und Feistel, 1982; Schuster, 1986, 1987). Details der Evolution der anorganischen und organischen Komponenten unserer Welt können hier nicht dargestellt werden. Wichtig ist, daß die Evolution im wesentlichen eine Folge der Bildung neuer Qualitäten darstellt. Die Zeiten der Genesis der neuen Qualitäten können wir in vielen Fällen schon recht genau angeben.

Was sind die wichtigsten Mechanismen der anorganischen und der organischen Evolution?

Aus der Betrachtung der kosmischen (anorganischen) Evolution leiten wir folgende Grundzüge ab:

1) Im Vordergrund stehen mechanische, chemische und thermodynamische Prozesse.
2) Es besteht die Tendenz zur Optimierung bestimmter thermodynamischer Funktionen.
3) Spontane Schwankungen auf der molekularen und der himmelsmechanischen Skala spielen eine wichtige Rolle.
4) Die Temperatur fällt monoton ab und damit auch die globale Intensität der thermischen Fluktuationen.

Die biologische (organische) Evolution weist andererseits folgende Grundzüge auf (Lumsden und Wilson, 1981; Conrad, 1983; Hessin, 1985; Greenwood et al., 1986; Casti und Karlsquist, 1986; Wolkenstein, 1988, 1989):

1) Die zentralen Prozesse sind mit Selbstreproduktion (Replikation, Vermehrung) verknüpft. Die primäre Rolle spielt da-

bei die Replikation von Polynukleotiden (DNA, RNA), die das Erbmaterial (Genotyp) ausmachen.

2) Der Phänotyp der durch Selbstreproduktion hervorgebrachten Nachkommen ist dem Phänotyp der Vorfahren (Eltern) ähnlich. Diese Eigenschaft, die von zentraler Bedeutung für die Darwinsche Lehre ist, wird als Vererbung bezeichnet.
3) Der Phänotyp einer Spezies ist seiner anorganischen und organischen Umwelt mehr oder weniger gut angepaßt (Fitness). Spezies, deren Fitness den Populationsdurchschnitt übersteigt, werden mit höherer Rate reproduziert.
4) Spontane Fehler beim Replikationsprozeß verursachen Mutationen des Genotyps und damit auch des Phänotyps (Variation). Viele genotypische Änderungen wirken sich allerdings gar nicht auf den Phänotyp aus; man spricht in diesem Zusammenhang von nichtdarwinscher Evolution.
5) Die Genauigkeit der Replikation ist im Laufe der Evolution stark angestiegen. Bei Säugetieren wird eine genaue Replikation von DNA-Ketten erreicht, die mehr als eine Milliarde Elemente enthalten.
6) Im Genotyp wird Information gespeichert und im Laufe der Evolution akkumuliert.
7) Die Zelle als Einheit (Atom) wird ausgebildet und immer weiter vervollkommnet. Mit dem Übergang zu Zellaggregaten entstehen durch Arbeitsteilung zwischen Zellen vielzellige Organismen mit hierarchischer Strukturierung.
8) Spezielle Zellen, die Neuronen, bilden ein Netzwerk aus, das die Funktion eines eigenen Informationssystems, des Nervensystems übernimmt.
9) Die Individualentwicklung und Belehrung wird ausgeprägt und spielt eine zunehmend größere Rolle.
10) Die Vielfalt der Arten und ihrer Wechselbeziehungen wird ausgebildet.
11) Die Evolutionsgeschwindigkeit steigt immer weiter an.

Es sei auf die Analogie zwischen den ersten vier Grundzügen der anorganischen (kosmischen) und der organischen (biologischen) Evolution hingewiesen.

Die Besonderheit und das Kernstück der biologischen Evolution besteht zweifellos in der Ausbildung des biotischen Informationssystems. Informationsverarbeitung kann als eine besonders hohe Form der Selbstorganisation interpretiert werden (Ebeling, 1989). Eigen (1971) hat ein Modell für die Entstehung des genetischen Informationssystems durch fehlerbehaftete Replikation von Polynukleotiden entwickelt, das in einer Reihe von Untersuchungen ausgebaut wurde (Eigen und Schuster, 1977/1978; Ebeling und Feistel, 1982; Küppers, 1983, 1986). Im genetischen Informationsspeicher sind alle Schlüsselinformationen für den Aufbau und die Funktionsweise von Lebewesen fixiert. Vielzellige Lebewesen haben neben einem chemischen (hormonalen) noch ein spezifisches und sehr leistungsfähiges Informationssystem, das Nervensystem, entwickelt (Maturana und Varela, 1987). Dieses Informationssystem besitzt die Eigenschaften der Plastizität und Lernfähigkeit.

Jeder Vergleich eines biotischen Informationssystems mit Computern, den intelligenten Maschinen (Roth, 1988), die eine so große Rolle im modernen Leben spielen, muß natürlich hinken. Wir wollen trotzdem eine solche Betrachtung anstellen, um die durchaus vorhandenen Gemeinsamkeiten und die wesentlichen Unterschiede herauszuarbeiten. Zwei wesentliche Bestandteile eines Computers sind der Lesespeicher (ROM), auch Festwertspeicher genannt, und der Schreib-Lese-Speicher (RAM). Im ROM werden gewöhnlich die für das Funktionieren des Systems entscheidenden Informationen, wie das Betriebssystem festgeschrieben, während der Speicherinhalt des RAM ohne großen Aufwand während des Betriebes verändert werden kann. Im Sinne des angestrebten Vergleiches entspricht der genetische Speicher (DNA) dem ROM, hier sind die lebenswichtigen Informationen (das ,,Betriebssystem“) des Lebewesens festgeschrieben, die nur langsam in den für die Evolution charakteristischen Zeiten veränderbar sind. Demgegenüber ist der dem RAM entsprechende nervale Speicher plastisch und kurzfristig ansprechbar. Der entscheidende Unterschied zwischen den ,,intelligenten Maschinen“ und den Lebewesen besteht u. E. in qualitativer Hinsicht darin, daß letztere von allein enstanden sind, während erstere die Produkte höher organisierter Systeme darstellen. Die biotischen Informationssysteme sind das Produkt von Prozessen der Selbstorganisation und Evolution. Die chilenischen Neurobiologen Maturana und Varela (1987) bezeichnen die das Leben kennzeichnende Organisationsform als Autopoiese oder autopoietische Organisation (griech. *autos* = selbst; *poiein* = machen).

Die verschiedenen Mechanismen und Strategien der Evolution konnten hier nur andeutungsweise diskutiert werden (Schwefel, 1977; Tembrock, 1989; Ebeling, 1990). Es sei noch angemerkt, daß es heute zunehmend gelingt, Evolutionsstrategien für die Lösung schwieriger mathematischer, technischer und ökonomischer Probleme zu nutzen (RECHENBERG, 1973; SCHWEFEL, 1977; BOSENIUK et al., 1987).

Wir zeigen das am Beispiel typischer Probleme der komplexen Optimierung. Ohne Zweifel ist Optimierung eine der Hauptaufgaben der modernen Ökonomie und Technologie. Die Gesellschaft braucht Lösungen, die einfach, zuverlässig und preiswert sind. Eine spezielle Klasse von schwierigen Optimierungsaufgaben, deren Repräsentanten in ganz verschiedenen Gebieten der Wirtschaft und Technik angesiedelt sind, soll im folgenden skizziert werden:

Beispiel 1. Beim Schaltkreisentwurf in der Mikroelektronik ist die Aufgabe gestellt, eine gegebene relativ große Menge von Bauelementen $n = 10^2 - 10^8$ nach einem vorgegebenen Schaltschema durch Leiterbahnen zu verbinden. Wie ordnet man die Elemente am günstigsten auf dem Chip an, damit die Leiterbahnen eine möglichst kleine Gesamtlänge haben? Dabei sind in der Praxis natürlich noch viele Nebenbedingungen, wie z. B. Vermeidung von Kreuzungen usw., zu beachten.

Beispiel 2. Ein wichtiges Problem in der modernen Verfahrenstechnik besteht darin, optimale Düsenprofile für Mehrphasenströmungen bzw. für reaktive Strömungen zu konstruieren. Eine vollständige theoretische Berechnung der dabei ablaufenden komplizierten Prozesse ist zur Zeit noch nicht möglich. RECHENBERG und SCHWEFEL haben gezeigt, wie man mit Hilfe von Evolutionsstrategien günstige Lösungen finden kann (RECHENBERG, 1973). Die spezielle Aufgabe bestand darin, mit einem heißen Gemisch aus dampfförmigem und tröpfchenförmigem Kalium maximalen Schub zu erzeugen. Für die experimentelle adaptive Optimierung des Düsenprofils wurden bis zu 330 konisch durchbohrte Segmente zu den verschiedensten Profilen zusammengesetzt. Im Ergebnis einer adaptiven Zufallssuche wurde eine optimale Form gefunden.

Beispiel 3. Handels- und Transportprobleme erfordern es, eine Reihenfolge der Empfänger zu finden, die den kürzesten Weg oder die geringsten Kosten garantiert. Dieses Problem des „reisenden Handelsmannes“ ist schon von vielen Forschern intensiv bearbeitet worden (BOSENIUK et al., 1987).

Der Grund für die Schwierigkeiten bei der Lösung von Aufgaben aus der oben skizzierten Klasse besteht darin, daß der Aufwand exponentiell mit der Anzahl der Elemente steigt (NP-Vollständigkeit). Das führt zu enormen Rechenzeiten und einem

Versagen der klassischen Standardmethoden der Optimierung. Die Mathematiker bezeichnen die Klasse dieser Probleme als NP-vollständig und haben nachgewiesen, daß der Schwierigkeitsgrad für die verschiedenen Elemente der Klasse von der gleichen Größenordnung ist. Jüngste Untersuchungen haben gezeigt, daß sowohl Boltzmann-Strategien als auch Darwin-Strategien geeignet sind, um die Klasse der oben geschilderten schwierigen Aufgaben erfolgreich anzugreifen. Zu diesem Problemkreis wird international sehr intensiv gearbeitet.

Ebenso wie die biologische Evolution auf der kosmischen Vorstufe fußt, so basiert die gesellschaftliche Evolution auf der biologischen Vorstufe. Wie sich die Evolution von den vormenschlichen Hominiden zum Menschen vollzogen hat, ist im Einzelnen noch nicht geklärt. Auf der Basis von Funden und theoretischen Überlegungen ergibt sich jedoch bereits ein grobes Bild der wesentlichen Evolutionsschritte (Herrmann, 1986). Man spricht von einer subhumanen Phase der Evolution, die durch das Auftreten der Hominiden (Affenmenschen) vor 5–10 Millionen Jahren eingeleitet wurde. Wie Funde zeigen, waren die Savannen- und Steppengebiete des ostafrikanischen Grabenbruchs vor 2–3 Millionen Jahren von Australopithecinen bevölkert, aus denen sich vor 1,8–2,5 Millionen Jahren die besondere Art Homo habilis (Affenmenschen) ausgliederte. Man spricht in diesem Zusammenhang auch von der Homo-Deviation bzw. vom Tier-Mensch-Übergangsfeld. In der Übergangsepoche löste sich der Mensch durch Entwicklung einer neuen Beziehung zur Natur – der Arbeit – vom Tierreich. Gleichzeitig und in engem dialektischen Zusammenhang damit entwickelte sich eine neue Form der sozialen Beziehungen – die Sprache (Klix, 1985). Die ältesten bekannten Werkzeuge wurden aus Steinen durch mehr oder weniger gezielte Schläge hergestellt. So schlug man Schaber, Kratzer und Klingen zu. Die ältesten Funde von Werkzeugen stammen aus dem Omotal aus einer Zeit vor ca. 2,5 Millionen Jahren. Ab dieser Entwicklungsstufe nehmen die Hominiden die Züge von Menschen an (Homo-Deviation). Der Affenmensch (Homo habilis) war entstanden und gleichzeitig mit ihm die Vorstufe der Technik.

Die technische Evolution beginnt eigentlich schon in der vormenschlichen Evolutionsphase mit der Benutzung von primitiven Werkzeugen. Die Schimpansenforscher, besonders Jane Goddall, haben in letzter Zeit nachgewiesen, daß Menschenaffen durchaus den Gebrauch von Werkzeugen, z. B. von Schwämmen und Röhrchen zur Wasseraufnahme, beherrschen. Spezifisch für den Homo habilis ist die Werkzeugherstellung, die vor ca. 2,5 Millionen Jahren auftauchte. Der Gebrauch des Feuers, von Holz- und Steinwerkzeugen wie Hammer, Messer und Beil, des Hakenpfluges und der Anspannung von Tieren kennzeichnen wichtige Stadien der Evolution der Technik. Ein großer Teil dieser Werkzeuge ist noch heute in Verwendung, was auf ihren eher konservativen Charakter hinweist. Übrigens gibt es auch in der biologischen Evolution solche konservativen Elemente, wie die entwicklungsgeschichtlich sehr alten Bakterien und Fische. Die Betrachtung der frühen technischen Innovationen gestattet uns bereits, einige besondere Aspekte herauszuarbeiten. Technische Innovationen sind das Ergebnis einer zufälligen oder gezielten Suche nach neuen Methoden zur besseren Befriedigung der elementaren Bedürfnisse der Menschen und zur Erhöhung der Lebensqualität. Schaber, Kratzer und Klingen sowie der Gebrauch des Feuers waren für die Mitglieder der jagenden und sammelnden Urgemeinschaft wertvolle Mittel für die bessere Befriedigung der Bedürfnisse nach Nahrung und nach Behausung, d. h. Schutz vor Unbilden der Witterung. Die neuen Werkzeuge (Schaber, Kratzer, Klingen usw.) bzw. neuen Verfahren (Gebrauch des Feuers) sind wahrscheinlich zunächst punktuell durch einzelne Mitglieder der Gemeinschaft eingeführt worden. Dabei mögen die spielerischen Elemente des Ausprobierens verschiedener Möglichkeiten und der Zufall eine entscheidende Rolle gespielt haben. Ein weiteres wichtiges Element ist der bewußte Vergleich des Neuen mit dem Alten – die Erkenntnis von Vor- und Nachteilen sowie die Entscheidung für das Neue, soweit es sich im Vergleich als besser erweist. Die Besonderheiten der technologischen Evolution gegenüber den vorhergehenden Stufen liegen in der Funktion des Bewußtseins und des Lernens. Einzelne Mitglieder der Gesellschaft erweisen sich als besonders kreativ bei der Suche nach neuen technologischen Lösungen, das „Schöpfertum" kommt ins Spiel (Hörz, 1988; Fleischer und Banse, 1988). Ein weiteres wichtiges Element ist das Nachahmen, die Imitation bereits eingeführter guter Lösungen. Imitation ist ein zentraler Prozeß beim Durchsetzen technischer Innovationen (Jimenez-Montano und Ebeling, 1980). Im Prozeß des Durchsetzens neuer technologischer Lösungen werden Innovationen zu gesamtgesellschaftlichen Vorgängen, die nicht auf die rein technologische Veränderung reduziert werden dürfen. Innovationen erweisen sich somit als dynamische Umgestaltung der Produktivkräfte (Parthey, 1989). Bei den frühen Innovationen zeigen sich die dargestellten Elemente noch in rudimentärer

Form. Sie prägen sich mit dem Fortschreiten der technologischen Evolution mehr und mehr aus. Maschinen gibt es seit 4000 bis 6000 Jahren, wobei Bewässerungssysteme, Transport- und Waffensysteme den Anfang machten. Komplexe Maschinen mit einem Steuerzentrum entwickelte man vor etwa 300 Jahren, und wir betrachten als ihre Prototypen die großen Domorgeln in Freiberg (1714), Straßburg (1720) und Dresden (1736). Die Einführung von Steuerzentralen, wie sie hier vollzogen wurde, ist zweifellos eine bedeutende Innovation gewesen. Andererseits würden wir die noch etwas früheren Erfindungen von LEONARDO DA VINCI gemäß unserer Begriffsbildung nicht als Innovationen betrachten, da sie nicht zum Zweck gesellschaftlicher Nutzung realisiert wurden. Als erster industrieller Innovator kann JAMES WATT angesehen werden, der der Dampfmaschine zum Durchbruch verhalf.

Die Geschichte der Einführung von Dampfmaschinen in die Technik macht die seither immer enger werdende Verflechtung der Evolution von Technik und Wissenschaft deutlich. Die 1824 erschienene Schrift von SADI CARNOT „Réflexions sur la Puissance Motrice du Feu et sur les Machines propres à développer cette Puissance" kann als die Geburtsstunde der modernen Thermodynamik betrachtet werden, und ähnliches kann von FARADAYS Schriften im Hinblick auf den Zusammenhang von Elektrodynamik und Elektrotechnik gesagt werden (ROMPE et al., 1987). Daß man auch die Entstehung und Entwicklung von Wissenschaftsdisziplinen als einen Prozeß der Selbstorganisation betrachten kann, ist in einer Reihe von neueren Untersuchungen nachgewiesen worden (EBELING und SCHARNHORST, 1986; HÖRZ, 1988; KROHN und KÜPPERS, 1988; BRUCKNER et al., 1990*a*, *b*).

8.3. Synopsis der Evolution

Im Vergleich zur kosmischen und biologischen Evolutionsgeschichte ist die Geschichte der Menschheit und der Entwicklung von Wissenschaft und Technik nur eine kurze Episode. Um den Gesamtablauf der Evolution übersichtlich darzustellen und Denkmöglichkeiten für die zukünftige Entwicklung abzuleiten, wollen wir einen Zeitrafferversuch anstellen. Das wird uns in die Lage versetzen, einige qualitative Aspekte und insbesondere die enorme Beschleunigung der Evolution in der jüngsten Phase der Evolution zu beleuchten. Im Sinne eines Gedankenexperimentes wollen wir den Ablauf der Prozesse im Kosmos um den Faktor 1 Milliarde verkürzen.

Ein solcher Zeitraffer drängt 20 Milliarden Jahre auf 20 Jahre zusammen. Wir beginnen unser Gedankenexperiment etwa im Jahre 1970. Das Versuchsprotokoll würde ungefähr folgendermaßen aussehen:

Zunächst wurde ein heißes expandierendes Gas beobachtet, das nach einigen Jahren zusammenklumpte und vor etwa 15–20 Jahren unsere Galaxis sowie vor etwa 5 Jahren unsere Erde bildete. Etwa vor 3–4 Jahren tauchten die ersten Lebensformen auf der Erde auf, die ersten Wirbeltiere beobachteten wir erst vor einem knappen Jahr und die ersten Hominiden erst vor einer Woche. Die Menschwerdung liegt nur einen Tag zurück, der Gebrauch des Feuers nur 2 Stunden, die Einführung von Pflug und Anspannung und die Gründung der ersten Städte nur 5 Minuten, die Einführung von Bewässerungs-, Transport- und Waffensystemen nur 3–4 Minuten, die Begründung der modernen Physik durch Galilei, der Bau von Orgeln und die Erfindung des Schießpulvers nur eine Minute, die Einführung der Dampfmaschine nur 5 Sekunden, des Elektromotors nur 3 Sekunden, des Radios nur 2 Sekunden und des Computers nur 1 Sekunde zurück.

Unser hypothetischer Zeitrafferversuch kann ebensowenig die zukünftige Entwicklung vorhersagen wie wir. Das Gedankenexperiment mag aber demonstriert haben, daß unsere Epoche einen Wendepunkt in der Weltgeschichte darstellt, an dem schwerwiegende Entscheidungen fallen, die den zukünftigen Gang der Evolution betreffen.

Nur unter der Bedingung, daß der Krieg als Mittel zur Lösung der unvermeidlichen Widersprüche und Konflikte ausgeschaltet wird, kann eine Fortsetzung der Evolution des Lebens auf diesem Planeten über die nächsten Sekunden, Tage oder Wochen der Modellzeit hinweg angenommen werden. Auf lange Sicht bietet nur das friedliche Zusammenleben der Menschen, welcher Nation sie auch angehören mögen und welche Gesellschaftsordnung und Kultur sie bevorzugen mögen, eine stabile Perspektive. Dann wäre es möglich, allen Mitgliedern der auf unserem Planeten lebenden Gesellschaft in gleicher Weise ein notwendiges Minimum verfügbarer freier Energie, Nahrung, Kleidung und Wohnung zu garantieren. Vor dem Hintergrund der materiellen Sicherstellung bezüglich lebensnotwendiger Bedürfnisse könnte sich eine reiche und vielseitige Lebensweise und Kultur herausbilden, in der sich jede Nation und Gruppe ihren Traditionen, Interessen und Neigungen entsprechend frei entfalten könnte. Eine solche Entwicklung, die andererseits auch die Erhaltung der natürlichen Umwelt und aller Formen und Arten des Lebens einschließt, wäre zweifellos eine akzeptable, stabile Perspektive für den Fortgang der Evolution. Biologische *und* kulturelle Vielfalt auf der Grundlage harmonischer Beziehungen – das wäre in unserem vereinfachten Bild eine Hauptstrategie für die nächsten Sekunden, Wochen und vielleicht Monate (?) der Modellzeit. Natürlich müßten bis zur Realisierung einer solchen „gerechten Ordnung" auf unserem Planeten noch enorme Probleme gelöst und Schwierigkeiten überwunden werden. Vielleicht ist dieses Bild nur eine Utopie – die Zukunft der Natur und Gesellschaft auf unserem Planeten ist offen, und keine Theorie kann mehr als Denkmöglichkeiten entwickeln.

Auch wie es im kosmischen Maßstab weitergehen wird, d. h., wie die Metagalaxis sich entwickeln wird, wissen wir nicht. Das liegt unter anderem an den vielen offenen physikalischen Problemen, die noch ihrer Lösung harren. Dazu gehört die Frage nach der Existenz einer endlichen Ruhemasse von Neutrinos ebenso wie die nach der Reichweite des II. Hauptsatzes der Thermodynamik. Die Zukunft des Kosmos ist in dieser Hinsicht offen: Auch ein periodischer Verlauf der weiteren kosmischen Evolution, in der sich Expansion und Kontraktion regelmäßig ablösen, kann nicht ausgeschlossen werden (HAWKING, 1988). In Kontraktionsphasen würde sich die Metagalaxis wieder aufheizen und könnte eventuell wieder in eine heiße und dichte Phase eintreten; Ordnung würde sich wieder in Chaos verwandeln. Auf weite Sicht wäre ein periodischer Wechsel von Expansion und Kontraktion denkbar. Bei uneingeschränkter Reichweite des II. Hauptsatzes der Thermodynamik wäre eine Art des von HELMHOLTZ und CLAUSIUS postulierten „Wärmetodes" nicht auszuschließen. Wir neigen dazu, dem II. Hauptsatz der Thermodynamik nur für Expansionsphasen Gültigkeit zuzumessen. Die in solchen Phasen gültigen Anfangs- und Randbedingungen favorisieren retardierte Prozesse (wie z. B. auslaufende Kugelwellen) vor avancierten Prozessen (z. B. einlaufenden Kugelwellen). In Kontraktionsphasen der Metagalaxis könnte das ganz anders sein, wir besitzen ja noch keinerlei experimentelles Material über solche Phasen. Immerhin scheint es denkbar, daß in Kontraktionsphasen die avancierten Lösungen und „antientropische" Prozesse favorisiert werden. Wir können nicht mit einer schnellen Klärung der offenen Fragen rechnen. Aber es ist zumindest ein vorstellbares Szenario, daß ungedämpfte Oszillationen der Metagalaxis stattfinden.

Ordnung und Chaos würden periodisch aufeinander folgen, wobei die konkreten Formen der Ordnungszustände in jeder Periode verschieden sein könnten. Die Metagalaxis wäre ein Laboratorium der Selbstorganisation, in dem immer neue Strukturen erzeugt werden.

All diese Fragen sind Gegenstand einer intensiven Diskussion zwischen Naturwissenschaftlern und Philosophen. Eine zentrale Frage ist dabei die Relation verschiedener Zeitpfeile. Diskutiert wird u. a.

- der psychologische Zeitpfeil, der durch das subjektive Empfinden von Vergangenheit und Zukunft definiert ist;
- der Zeitpfeil der Kausalbeziehungen, der durch die Reihenfolge von Ursache und Wirkung definiert ist;
- der thermodynamische Zeitpfeil, den wir in Kapitel 3 ausführlich behandelt haben;
- der kosmologische Zeitpfeil, der durch die Richtung der Expansion gegeben ist.

Offensichtlich stimmt die Richtung dieser Pfeile in der Welt, in der wir leben, überein. Warum ist das so? Muß das grundsätzlich für alle Welten zutreffen? Wir sind von einem vollen Verständnis dieser Fragen noch weit entfernt. Moderne Auffassungen dazu entwickelt z. B. Hawking (1988), der auch interessante Positionen zum sogenannten anthropischen Prinzip, von dem verschiedene „schwache“ und „starke“ Fassungen existieren, vertritt. Unter anderem versucht er die Frage zu beantworten, warum die Elementarkonstanten des Kosmos gerade solche Werte haben, die Selbstorganisation und Menschwerdung erlauben (Hawking, 1988). Zum gegenwärtigen Zeitpunkt reichen die Kenntnisse der Naturwissenschaften nicht aus, um alle diese Fragen zu beantworten und um sichere Aussagen über die weitere Evolution des Kosmos zu machen, ebenso wie die Gesellschaftswissenschaften noch keine sicheren Aussagen über unsere unmittelbare Zukunft ableiten können.

Das intensive Studium von komplexen Prozessen könnte sicher dazu beitragen, nicht nur zu fundierten Aussagen in bezug auf Vergangenheit und Gegenwart von Natur, Technik und Gesellschaft zu gelangen, sondern in beschränktem Maße auch Prognosen für zukünftige Entwicklungen zu gewinnen. Von besonderem Interesse sind natürlich Aussagen über den möglichen zeitlichen Gang der Evolution in der näheren Zukunft, d. h. im nächsten halben Jahrhundert der Realzeit bzw. in der nächsten Sekunde der Modellzeit. Wie das Modell deutlich gemacht hat, trägt diese Sekunde besonderen Charakter, und sie stellt besondere Anforderungen an die handelnde Menschheit.

Insbesondere müssen Wege gefunden werden, wie die globalen Widersprüche gelöst werden können, die infolge der Unterschiede in den Zeitskalen der biologischen und der technischen Evolution aufbrechen. Im Zusammenhang damit erhält auch die Untersuchung der zeitlichen Struktur von Evolutionsprozessen eine zunehmende Bedeutung. Eine besonders wichtige Aufgabe besteht darin, den Einfluß von Entscheidungen und Maßnahmen auf den zukünftigen Gang der Evolution zu erforschen. Dabei stoßen wir auf viele ungelöste Fragen. Ist die „dynamische Trajektorie“ unseres Planeten instabil im Sinne der Ausführungen in den Kapiteln 2, 6 und 7? Führen etwa kleine Veränderungen der Bedingungen oder scheinbar unerhebliche Entscheidungen zu unkontrollierbaren globalen Auswirkungen; oder gelingt es, den Prozeß steuerbar zu machen?

Die Beantwortung dieser offenen Fragen erfordert ein breites interdisziplinäres Herangehen. Viele Argumente sprechen dafür, daß dazu auch die Wissenschaft von Prozessen der Selbstorganisation und besonders der Gesetzmäßigkeiten ihres zeitlichen Verlaufs, einen wichtigen methodischen und inhaltlichen Beitrag leisten kann.

Literatur

ABRAHAM, N. B., GOLLUB, J. P., SWINNEY, H. L.: Testing Nonlinear Dynamics. Physica **11D** (1984) 252

AHMED, N., RAO, K. R.: Orthogonal Transforms for Digital Signal Processing. Springer-Verlag, Berlin 1975

ALBRING, W.: Elementarvorgänge fluider Wirbelbewegungen. Akademie-Verlag, Berlin 1981

ALTARES, V., NICOLIS, G.: A new Method of Analysis of the Effect of Weak Colored Noise in Nonlinear Dynamical Systems. J. Stat. Phys. **46** (1987) 191

ANDRONOV, A. A.: Les cycles limites de Poincaré et la theorie des oscillations autoentretenues. C. R. Acad. Sci. Paris **18a** (1929) 559

ANDRONOV, A. A., LEONTOVICH, E. A., GORDON, J. J., MAIER, A. G.: Qualitative Theorie dynamischer Systeme zweiter Ordnung (*russ.*). Nauka, Moskau 1966

ANDRONOV, A. A., LEONTOVICH, E. A., GORDON, J. J., MAIER, A. G.: Bifurkationstheorie ebener dynamischer Systeme (*russ.*). Nauka, Moskau 1967

ANDRONOV, A. A., PONTRYAGIN, L. S.: Grobe Systeme (*russ.*). Dokl. Akad. Nauk SSSR **14** (1937) 5

ANDRONOV, A. A., WITT, A. A., CHAIKIN, S. E.: Theorie der Schwingungen. Akademie-Verlag, Berlin 1965, 1969

ANISHCHENKO, V. S.: Dynamical Chaos — Basic Concepts. Teubner-Verlag, Leipzig 1987

ARECCHI, F. T., LISI, F.: Hopping Mechanism Generating Noise in Nonlinear Systems. Phys. Rev. Lett. **49** (1982) 94

ARNEODO, A., ARGOUL, F., RICHETTI, R., ROUX, J. C.: The Belousov-Zhabotinsky Reaction: A Paradigm for Theoretical Studies of Dynamical Systems. *In:* Dynamical Systems and Environmental Models (Hrsg.: H.-G. Bothe, W. Ebeling, A. B. Kurzhanski, M. Peschel). Akademie-Verlag, Berlin 1987

ARNOLD, V., AVEZ, A.: Ergodic Problems of Classical Mechanics. Benjamin, New York 1968

ARNOLD, V. I.: Geometrische Methoden in der Theorie gewöhnlicher Differentialgleichungen. Dt. Verlag d. Wiss., Berlin 1987

BARAS, F., MALEK-MANSOUR, M., VAN DEN BROECK, C.: Asymptotic Properties of Coupled Nonlinear Langevin Equations in the Limit of Weak Noise. II. Transitions to a Limit Cycle. J. Stat. Phys. **28** (1987) 577

BAUTIN, N. N., LEONTOVICH, E. A.: Methoden und Verfahren der qualitativen Untersuchung ebener dynamischer Systeme (*russ.*). Nauka, Moskau 1976

BENETTIN, G., GALGANI, L., STRELCYN, J.-M.: Kolmogorov Entropy and Numerical Experiments. Phys. Rev. **A 14** (1976) 2338

BERGÉ, P., POMEAU, Y., VIDAL, CH.: Order within Chaos. Hermann, Paris 1984; Wiley, New York 1986

BOCHKOV, G. N., KUZOVLEV, YU. E.: New Aspects in $1/f$ Noise Studies. Usp. Fiz. Nauk **141** (1983) 151

BOGOLJUBOV, N. N., MITROPOLSKI, I. V.: Asymptotische Methoden in der Theorie nichtlinearer Schwingungen. Akademie-Verlag, Berlin 1965

BOSENIUK, T., EBELING, W., ENGEL, A.: Boltzmann and Darwin Strategies in Complex Optimization. Phys. Lett. **125 A** (1987) 307

BOX, G. E. P., MÜLLER, M. E.: A Note on the Generation of Random Normal Deviates. Ann. Math. Stat. **29** (1958) 610

BOX, G. E. P., JENKINS, G. M.: Time Series Analysis. Holden-Day, San Francisco, 1970

BRAND, H. K., KAI, S., WAKABAYASHI, S.: Phys. Rev. Lett. **54** (1985) 555

BRANDSTATER, A., SWIFT, J., SWINNEY, H. L., WOLF, A., FARMER, J. D., JEN, E., CRUTCHFIELD, J. P.: Low-Dimensional Chaos in a Hydrodynamic System. Phys. Rev. Lett. **51** (1983) 1442

BRANDSTATER, A., SWINNEY, H. L.: Strange Attractors in Weakly Turbulent Couette-Taylor Flow. Phys. Rev. **A 35** (1987) 2207

BRAY, W. C.: A Periodic Reaction in Homogeneous Solution and its Relation to Catalysis. J. Amer. Chem. Soc. **43** (1921) 1262

BRÖCKER, TH., LANDER, L.: Differentiable Germs and Catastrophes. Univ. Press, Cambridge 1975

BRUCKNER, E., EBELING, W., SCHARNHORST, A.: The Application of Evolutionary Models in Scientometrics. Scientometrics **18** (1990*a*) 21

BRUCKNER, E., EBELING, W., SCHARNHORST, A.: Stochastic Dynamics of Instabilities in Evolutionary Systems. Systems Dynamics Review im Druck (1990*b*)

BULSARA, A. R., SCHIEVE, W. C., GRAGG, R. F.: Phase Transitions Induced by White Noise in Bistable Optical Systems. Phys. Lett. **68 A** (1978) 294

BUTENIN, N. W., NEIJMARK JU. I., FUFAEV, N. A.: Einführung in die Theorie nichtlinearer Schwingungen (*russ.*). Nauka, Moskau 1976

CASTI, J. L., KARLQUIST, A.: Complexity, Language and Life: Mathematical Approaches. Springer-Verlag, Berlin 1986

CHAITIN, G.: Randomness and Mathematical Proof. Sci. Amer. (1975) June, 47

CHANDRASEKHAR, S.: Stochastic Problems in Physics and Astronomy. Rev. Mod. Phys. **15** (1943) 1

CHIRIKOV, B. V.: A Universal Instability of Many Dimensional Oscillator Systems. Phys. Rep. **52** (1979) 263

COMPTE-BELLOT, G.: Écoulement turbulent entre deux parois parallèles. Paris 1965

CONRAD, M.: Adaptability. Plenum Press, New York 1983

CRELL, B., DEPALY, T., UHLMANN, A.: *H*-Theoreme für die Fokker-Planck-Gleichung. Wiss. Z. KMU Leipzig MNR **27** (1978) 229

DECROLY, O., GOLDBETER, A.: Birhythmicity, Chaos, and Other Patterns of Temporal Selforganization. Proc. Natl. Acad. Sci. **79** (1982) 6917

DE KEPPER, P., HORSTHEMKE, W.: Etude d' une Reaction Chimique Periodique. Influence de la Lumiere. C. R. Acad. Sci. Ser. C **287** (1978) 251

DIEM, C. B., HUDSON, J. L.: Chaos During the Electrodissolution of Iron. AIChE Journal **33** (1987) 218

DUFFING, G.: Schwingungen bei veränderlicher Eigenfrequenz. Vieweg, Braunschweig 1918

EBELING, W.: Statistisch-mechanische Ableitung verallgemeinerter Diffusionsgleichungen. Ann. Physik **16** (1965) 147

EBELING, W.: Nonequilibrium Transitions and Stationary Probability Distributions of Stochastic Processes. Phys. Lett. **A 68** (1978) 430

EBELING, W.: Strukturbildung bei irreversiblen Prozessen. Teubner-Verlag, Leipzig 1976. Erw. russ. Ausgabe: Verlag Mir, Moskau 1979

EBELING, W.: Structural Stability of Stochastic Systems. *In:* Chaos and Order in Nature (Hrsg.: H. Haken). Springer-Verlag, Berlin 1981, 188

EBELING, W.: Chaos, Ordnung und Information. Urania-Verlag, Leipzig 1989*a*

EBELING, W.: On the Entropy of Dissipative and Turbulent Structures. Physica Scripta **25** (1989*b*) 238

EBELING, W.: Applications of Evolutionary Strategies. Syst. Anal. Model. Simul., erscheint 1990

EBELING, W., ENGEL-HERBERT, H.: Strukturelle Instabilitäten nichtlinearer irreversibler Prozesse. Rostocker Physik. Mskr. **2** (1977) 23

EBELING, W., ENGEL-HERBERT, H.: Extremal Principles and Catastrophe Theory for Stochastic Models of Nonlinear Irreversible Processes. *In:* Thermodynamics and Kinetics of Biological Processes (Hrsg.: A. I. Zotin). Nauka, Moskau 1980*a*, 153

EBELING, W., ENGEL-HERBERT, H.: The Influence of External Fluctuations on Self-Sustained Temporal Oscillations. Physica **A104** (1980*b*) 378

EBELING, W., ENGEL-HERBERT, H.: Stochastic Theory of Kinetic Transitions in Nonlinear Mechanical Systems. Adv. Mech. **5** (1982) 41

EBELING, W., ENGEL-HERBERT, H., HERZEL, H.: On the Entropy of Dissipative and Turbulent Structures. Ann. Physik (Leipzig) **43** (1986) 187

EBELING, W., FEISTEL, R.: Physik der Selbstorganisation und Evolution. Akademie-Verlag, Berlin 1982 und 1986

EBELING, W., HERZEL, H., RICHERT, W., SCHIMANSKY-GEIER, L.: Influence of Noise on Duffing-van der Pol-Oscillators. ZAMM **66** (1986) 141

EBELING, W., HERZEL, H., SCHIMANSKY-GEIER, L.: Stochastic and Chaotic Processes in Biochemical Systems. *In:* From Chemical to Biological Organization (Hrsg.: M. Markus, S. C. Müller, G. Nicolis). Springer, Berlin 1988, 166

EBELING, W., KLIMONTOVICH, YU. L.: Selforganization and Turbulence in Liquids. Teubner-Verlag, Leipzig 1984

EBELING, W., KREMP, D., PARTHEY, H., ULBRICHT, H.: Reversibilität und Irreversibilität als physikalisches Problem in philosophischer Sicht. Wiss. Z. Univ. Rostock GWR **19** (1970) 127

EBELING, W., PESCHEL, M. (Hrsg.): Cooperation and Competition in Dynamical Systems. Akademie-Verlag, Berlin 1985

EBELING, W., SCHARNHORST, A.: Selforganization Model for Field Mobility of Physicists. Czech. J. Phys. **B31** (1986) 43

EBELING, W., ULBRICHT, H. (Hrsg.): Selforganization by Nonlinear Irreversible Processes. Springer-Verlag, Berlin 1986

ECKMANN, J.-P., RUELLE, D.: Ergodic Theory of Chaos and Strange Attractors. Rev. Mod. Phys. **57** (1985) 617

EIGEN, M.: The Selforganization of Matter and the Evolution of Biological Macromolecules. Naturwiss. **58** (1971) 465

EIGEN, M., SCHUSTER, P.: The Hypercycle. Naturwiss. **64** (1977) 541–551; **65** (1978) 1

ENGEL-HERBERT, H.: Der Einfluß von Fluktuationen auf das Bifurkationsverhalten dynamischer Systeme. Diss. A, Berlin 1981

Engel-Herbert, H.: Das Entropieverhalten bei einem Phasenübergang fern vom thermodynamischen Gleichgewicht. Wiss. Zeitschr. der Humb.-Univ. zu Berlin, Math.-Nat. R. **35** (1986) 428

Engel-Herbert, H., Ebeling, W., Herzel, H.: The Influence of Fluctuations on Sustained Oscillations. Springer Series on Synergetics **29** (1985) 144

Engel-Herbert, H., Schumann, M.: Entropy Decrease During Excitation of Oscillations. Ann. Phys. (Leipzig) **44** (1987) 393

Engel-Herbert, H., Ebeling, W.: The Behaviour of the Entropy During Transitions Far From Thermodynamic Equilibrium. Sustained Oscillations. Physica **149 A** (1988*a*) 182

Engel-Herbert, H., Ebeling, W.: The Behaviour of the Entropy During Transitions Far From Thermodynamic Equilibrium. Hydrodynamic Flows. Physica **149 A** (1988*b*) 195

Engel-Herbert, H., Plath, P. J., Ottensmeyer, R., Schnelle, Th., Kaldasch, J.: Dynamics of the Heterogeneous Catalytic Oxidation of Ethanol — II. Qualitative Modelling of Dynamic Features. Chem. Engng. Sci. **45** (1990) 955

Epstein, I. R.: Oscillations and Chaos in Chemical Systems. Physica **7 D** (1983) 47

Fant, G.: Acoustic Theory of Speech Production. s'Gravenhage 1960

Farmer, J. D., Ott, E., Yorke, J. A.: The Dimension of Chaotic Attractors. Physica **7 D** (1983) 153

Farmer, J. D., Sidorovich, J. J.: Predicting Chaotic Time Series. Phys. Rev. Lett. **59** (1987) 845

Feigenbaum, M.: The Universal Metric Properties of Nonlinear Transformations. J. Stat. Phys. **21** (1980) 669

Feistel, R.: Selektion und nichtlineare Oszillationen in chemischen Modellreaktionen. Diss. B, Rostock 1979

Feistel, R.: Selbsterregte Schwingungen. Vortrag auf der 4. Tagung „Probleme der Theoretischen Physik". Leipzig 1981

Feistel, R., Ebeling, W.: Deterministic and Stochastic Theory of Sustained Oscillations in Autocatalytic Reaction Systems. Physica **93 A** (1978) 114

Feistel, R., Ebeling, W.: Evolution of Complex Systems. Selforganization, Entropy and Development. Dt. Verlag d. Wiss., Berlin und Kluwer Academic Publishers, Amsterdam 1989

Fleischer, L.-G., Banse, G. (Hrsg.): Wissenschaft im Dialog. Urania-Verlag, Leipzig 1988

Foias, C., Manley, O. P., Temam, R.: An Estimate of the Hausdorff Dimension of the Attractor for Homogeneous Decaying Turbulence. Phys. Lett. **122 A** (1987) 140

Fox, S. W., Dose, K.: Molecular Evolution and Origin of Life. W. H. Freeman & Co., San Francisco 1972

Fraedrich, K.: Estimating the Dimension of Whether and Climate Attractors. J. Atmosph. Sci. **43** (1986) 419

FRITSCH, H.: Vom Urknall zum Zerfall. Piper-Verlag, München 1983

FRONZONI, L., MANELLA, R., MCCLINTOCK, P. V. E., MOSS, F.: Postponement of Hopf-Bifurcations by Multiplicative Coloured Noise. Phys. Rev. **36 A** (1987) 834

FROST, W., MOULDEN, T. H.: Handbook of Turbulence. Plenum Press, New York 1977

FUJISAKA, H.: Theory of Diffusion and Intermittency in Chaotic Systems. Progr. Theor. Phys. **71** (1984) 513

GIBBS, J. W.: Elementary Principles in Statistical Mechanics. Collected Works, Vol. 2. Dover Publications, New York 1960

GICHMAN, J. J., SKOROCHOD, A. W.: Stochastische Differentialgleichungen. Akademie-Verlag, Berlin 1971

GLANSDORFF, P., PRIGOGINE, I.: Thermodynamic Theorie Structure, Stability and Fluctuations. Wiley, London 1971

GLAZIER, J. A., GUNARATUE, G., LIBCHABER, A.: $f(\alpha)$ Curves: Experimental Results. Phys. Rev. **37 A** (1988) 523

GOLDSTIK, M. A., STERN, V. N.: Hydrodynamische Stabilität und Turbulenz (*russ.*) Nauka, Novosibirsk 1977

GOODRICH, R. K., GUSTAFSON, K., MISRA, B.: On K-Flows and Irreversibility. J. Stat. Phys. **46** (1986) 317

GRAF, H. F.: Abkühlung der Nordhemisphäre — ein möglicher Trigger für El Nino/Southern Oscillation Episoden. Naturwiss. **73** (1986) 258

GRAF, H. F., HERZEL, H.: in Vorbereitung

GRAHAM, R.: Statistical Theory of Instabilities in Stationary Nonequilibrium Systems With Applications to Lasers and Nonlinear Optics. Springer Tracts in Modern Physics **66** (1973) 1

GRAHAM, R.: Hydrodynamic Fluctuations Near the Convection Instability. Phys. Rev. **A 10** (1974) 1762

GRAHAM, R.: Models of Stochastic Behaviour in Non-Equilibrium Steady States. *In:* Scattering Techniques Applied to Supramolecular and Non-Equilibrium Systems (Hrsg.: S. H. Chen, B. Chu und R. Nossal). Plenum Press, New York 1981, 559

GRAHAM, R.: Hopf-Bifurcation With Fluctuating Control Parameter. Phys. Rev. **A 25** (1982) 3234

GRAHAM, R., DOMARADZKI, J. A.: Local Amplitude Equation of Taylor Vortices and its Boundary Condition. Phys. Rev. **26 A** (1982) 1572

GRAHAM, R., TEL, T.: Nonequilibrium Potentials for Local Codimension-2 Bifurcations of Dissipative Flows. Phys. Rev. **35 A** (1987) 1328

GRASSBERGER, P.: Estimating the Fractal Dimensions and Entropies of Strange Attractors. *In:* Chaos (Hrsg.: A. V. Holden). University Press, Manchester 1986*a*

GRASSBERGER, P.: Do Climatic Attractors Exist? Nature **323** (1986*b*) 609

GRASSBERGER, P., PROCACCIA, I.: Measuring the Strangeness of Strange Attractors. Physica **9 D** (1983) 189

GRASSBERGER, P., PROCACCIA, I.: Dimensions and Entropies of Strange

Attractors From a Fluctuating Dynamics Approach. Physica **13D** (1984) 34

GRASSMANN, P.: Läßt sich die technische Entwicklung mit der biologischen Evolution vergleichen? Naturwissenschaften **72** (1985) 567

GRECHOVA, M. T. (Hrsg.): Autowellenprozesse in Systemen mit Diffusion. (*russ.*) Akad. d. Wiss., Gorki 1981

GREEN, M. S.: Markov Random Processes and the Statistical Mechanics of Time-Dependent Phenomena. J. Chem. Phys. **20** (1952) 1281

GREENWOOD, P. J., HARVEY, P. H., SLATKIN, M. (Hrsg.): Evolution. Cambridge University Press, Cambridge 1986

GROSSMANN, S.: Fully Developed Turbulence as a Complex Structure in Nonlinear Dynamics. *In:* Complex Systems-Operational Approaches (Hrsg.: H. Haken). Springer-Verlag, Berlin 1985

GROSSMANN, S., HORNER, H.: Long Time Tail Correlations in Discrete Chaotic Dynamics. Z. Phys. **B59** (1985) 1

GROSSMANN, S., THOMAE, S.: Invariant Distributions and Stationary Correlation Functions of One-Dimensional Discrete Processes. Z. Naturforsch. **32a** (1977) 1353

GUCKENHEIMER, J., HOLMES, PH.: Nonlinear Oscillations, Dynamical Systems, and Bifurkations of Vector Fields. Springer-Verlag, New York 1983

GUEVARA, M. R., GLASS, L., SHRIER, A.: Phase Locking, Period Doubling Bifurcations and Irregular Dynamics in Periodically Stimulated Cardiac Cells. Science **214** (1981) 1350

HÄNGGI, P.: Escape From a Metastable State J. Stat. Phys. **42** (1986) 105

HAKEN, H.: Cooperative Phenomena in Systems Far From Thermal Equilibrium and in Nonphysical Systems. Rev. Mod. Phys. **47** (1975) 67

HAKEN, H.: Synergetics — An Introduction. Springer-Verlag, Berlin 1978; Verlag Mir, Moskau 1980

HAKEN, H.: Erfolgsgeheimnisse der Natur. DVA, Stuttgart 1981

HAKEN, H.: Information, Information Gain, and Efficiency of Self-Organizing Systems Close to Instability Points. Z. Physik **B 61** (1985) 329

HAKEN, H.: Application of the Maximum Information Entropy Principle to Self-Organizing Systems. Z. Physik **B61** (1985*a*) 335

HAKEN, H. (Hrsg.): Complex Systems — Operational Approaches in Neurobiology, Physics, and Computers. Springer-Verlag, Berlin 1985*b*

HAKEN, H.: Information and Information Gain Close to Non-Equilibrium Phase Transitions. Numerical Results. Z. Physik **B62** (1986) 255

HAKEN, H.: The Maximum Entropy Principle For Non-Equilibrium Phase Transitions: Determination of Order Parameters, Slaved Modes, and Emerging Patterns. Z. Physik **B63** (1986) 487

HAWKING, S. W.: Eine kurze Geschichte der Zeit. Die Suche nach der Urkraft des Universums. Rowohlt-Verlag, Hamburg 1988

HAYKIN, S. (Hrsg.): Nonlinear Methods of Spectral Analysis. Springer-Verlag, Berlin 1979

HENSE, A.: On the Possible Existence of a Strange Attractor for the Southern Oscillation. Beiträge zur Physik der Atmosphäre **1** (1987) 34

HERRMANN, J.: Woher kommt der Mensch? *In:* Wissenschaft im Dialog (Hrsg.: L.-G. Fleischer, G. Banse). Urania-Verlag, Leipzig 1988

HERZEL, H.: Chaotische Dynamik und Fluktuationen in Biochemischen Systemen. Diss. A, Berlin 1986

HERZEL, H.: Beschreibung von deterministischem Chaos mit informationstheoretischen Methoden. Wiss. Zeitschr. der Humb.-Univ. Berlin, Math.-Nat. R. **35** (1986) 440

HERZEL, H., EBELING, W.: The Decay of Correlations in Chaotic Maps. Phys. Lett. **111 A** (1985) 1

HERZEL, H., EBELING, W., SCHULMEISTER, TH.: Nonuniform Chaotic Dynamics and Effects of Noise in Biochemical Systems. Zeitschr. Naturforsch. **42a** (1987) 136

HERZEL, H., POMPE, B.: Effects of Noise on a Nonuniform Chaotic Map. Phys. Lett. **122 A**, 2 (1987) 121

HESSIN, R. B.: Die Nichtkonstanz des Genoms (*russ.*). Nauka, Moskau 1985

HÖRZ, H.: Wissenschaft als Prozeß. Akademie-Verlag, Berlin 1988

HOLDEN, A. V. (Hrsg.): Chaos. Manchester University Press, Manchester 1986

HOLMES, P. J., MOON, F. C.: Strange Attractors and Chaos in Nonlinear Mechanics. J. Appl. Mech. **50** (1983) 1021

HONGLER, M. O., RYTER, D. M.: Hard Mode Stationary States Generated by Fluctuations. Z. Physik **B 31** (1978) 333

HOOVER, W. G.: Reversible Mechanics and Time's Arrow. Phys. Rev. **37 A** (1988) 252

HOOVER, W. G., POSCH, H. A., BESTIALE, S.: Dense-fluid Lyapunov Spectra via Constrained Molecular Dynamics. J. Chem. Phys. 87 (1987) 6665

HORSTHEMKE, W., LEFEVER, R.: Noise Induced Transitions: Theory and Applications in Physics, Chemistry and Biology. Springer-Verlag, Berlin 1984

HUDSON, J. L.: Chaos in Chemical Systems. Zeitschr. Phys. Chem. **270** (1989) 497

HUDSON, J. L., HART, M., MARINKO, D.: An Experimental Study of Multiple Peak Periodic and Nonperiodic Oscillations in the Belousov-Zhabotinsky Reaction. J. Chem. Phys. 71 (1979) 1601

JAEGER, N. I., MÖLLER, K., PLATH, P. J.: Cooperative Effects in Heterogeneous Catalysis (Part I). J. Chem. Soc., Faraday Trans. **82** (1986*a*) 3315

JAEGER, N. I., OTTENSMEYER, R., PLATH, P. J.: Oscillations and Coupling Phenomena Between Different Areas of the Catalyst During the Heterogeneous Oxidation of Ethanol. Ber. Bunsenges. Phys. Chemie **90** (1986*b*) 1040

JAEGER, N. I., OTTENSMEYER, R., PLATH, P. J., ENGEL-HERBERT, H.: Dynamics of the Heterogeneous Catalytic Oxidation of Ethanol — I.

Analysis of Experimental Bifurcation Diagrams. Chem. Engng. Sci. **45** (1990) 947.

JAGLOM, A. M., JAGLOM, I. M.: Wahrscheinlichkeit und Information. Dt. Verlag der Wiss., Berlin 1984

JAYNES, E. T.: Papers on Probability, Statistics and Statistical Physics. (Hrsg.: R. D. Rosenkrantz) Reidel Publishing Co., Dordrecht 1983; *vgl.* Phys. Rev. **108** (1957) 171 and Amer. J. Physics **33** (1965) 391

JIMENEZ-MONTAÑO, M. A., EBELING, W.: A Stochastic Evolutionary Model of Technological Change. Collective Phenomena **3** (1980) 107

KABASHIMA, S., KAWAKUBO, T.: Observation of Noise-Induced Phase Transition in a Parametric Oscillator. Phys. Lett. **70 A** (1979) 375

KAKLYUGIN, A. S., NORMAN, G. E.: Connection between the Irreversibility of the Measuring Process and the Increase of Entropy. *In:* LOPUSHANSKAYA (1987)

VAN KAMPEN, N. G.: Stochastic Processes in Physics. Lecture Notes, Utrecht 1970

KAPLAN, R. W.: Der Ursprung des Lebens. Georg-Thieme-Verlag, Stuttgart 1978

v. KARMAN, TH.: Mechanische Ähnlichkeit und Turbulenz. Göttinger Nachrichten, Math. Phys. Klasse (1930) 58

KAUDERER, H.: Nichtlineare Mechanik. Springer-Verlag, Berlin 1958

KELMAN, A. W., GORDON, M. T., MORTON, F. M., SIMPSON, T. C.: Comparison of Methods for Assessing Vocal Function. Folia Phonat. **33** (1981) 51

KLIMONTOVICH, YU. L.: Statistical Physics. Nauka, Moskau 1982; Gordon and Breach, Harwood Academic Publishers, New York 1985

KLIMONTOVICH, YU. L.: Entropieerniedrigung bei Selbstorganisation und das *S*-Theorem (*russ.*). Pis'ma Zh. Tekh. Fiz. **9** (1983) 1412

KLIMONTOVICH, YU. L.: Entropie und Entropieproduktion laminarer und turbulenter Strömungen (*russ.*). Pis'ma v Zh. Tekh. Fiz. **10** (1984) 80

KLIMONTOVICH, YU. L.: Turbulent Motion. The Structure of Chaos. Preprint Moscow State University 1987*a*

KLIMONTOVICH, YU. L.: Entropy Evolution in Self-Organization Processes. *H*-Theorem and *S*-Theorem. Physica **142 A** (1987*b*) 390

KLIMONTOVICH, YU. L.: *S*-Theorem. Z. Physik **B 66** (1987*c*) 125

KLIMONTOVICH, YU. L.: Probleme der Statistischen Theorie offener Systeme. Kriterien für relative Ordnungsmaße. Usp. Fiz. Nauk **158** (1989) 59

KLIMONTOVICH, YU. L., BONITZ, M.: Definition of the Degree of Order in Selforganization Processes. Ann. Physik (Leipzig) **45** (1988) 340

KLIMONTOVICH, YU. L., ENGEL-HERBERT, H.: Gemittelte stationäre Couette- und Poiseuille-Strömungen einer inkompressiblen Flüssigkeit (*russ.*). Zh. Tekh. Fiz. **54** (1984) 440

KLIX, F.: Erwachendes Denken. Eine Entwicklungsgeschichte der menschlichen Intelligenz. Dt. Verlag d. Wiss., Berlin 1985

KOLMOGOROV, A. N.: Über die analytischen Methoden in der Wahrscheinlichkeitsrechnung. Math. Ann. **104** (1931) 454

KOLMOGOROV, A. N.: Die lokale Struktur der Turbulenz in einer inkompressiblen zähen Flüssigkeit bei sehr großen Reynoldszahlen (*russ.*). Dokl. Akad. Nauk SSSR **30** (1941) 299

KRAMERS, H. A.: Brownian Motion in a Field of Force and the Diffusion Model of Chemical Reactions. Physica **7** (1940) 284

KRINSKY, V. I. (Hrsg.): Self-Organization. Autowaves and Structures far From Equilibrium. Springer Series in Synergetics, **28** (1984)

KROHN, W., KÜPPERS, G.: Die Selbstorganisation der Wissenschaft. Preprint, Universität Bielefeld 1988

KRYLOV, N. S.: Works on the Foundation of Statistical Physics. Nauka, Moskau 1950; Princeton University Press, Princeton 1979

KSANFOMALITI, L.: Planeten. Urania-Verlag, Leipzig 1985

KÜPPERS, B. O.: Molecular Theory of Evolution. Springer-Verlag, Berlin 1983

KÜPPERS, B. O.: Der Ursprung biologischer Information. Piper-Verlag, München 1986

KURTHS, J., HERZEL, H.: An Attractor in a Solar Time Series. Physica **D 25** (1987) 165

LANIUS, K.: Mikrokosmos-Makrokosmos. Urania-Verlag, Leipzig 1988

LAU, K.-M.: Elements of a Stochastic Dynamical Model of the Long-Term Variability of the El Niño/Southern Oscillation. Journal of Atmospheric Science **42** (1985) 1889

LAUTERBORN, W.: Acoustic Turbulence. *In*: Frontiers in Physical Acoustics. Soc. Italiana di Fisica, Bologna 1986

LEBOWITZ, J. L., BERGMANN, P. G.: Irreversible Gibbsian Ensembles. Ann. Phys. **1** (1957) 1

LEFEVER, R., NICOLIS, G.: Chemical Instabilities and Sustained Oscillations. J. Theor. Biol. **30** (1971) 267

LEKKAS, K.: Nichtlineare Oszillatoren unter dem Einfluß von Fluktuationen. Diplomarbeit, Berlin 1987

LEKKAS, K., SCHIMANSKY-GEIER, L., ENGEL-HERBERT, H.: Stochastic Oscillations Induced by Coloured Noise. Z. Physik **B 70** (1988) 517

LEVEN, R., POMPE, B., WILKE, C., KOCH, B.-P.: Experiments on Periodic and Chaotic Motions of a Parametrically Forced Pendulum. Physica **16 D** (1985) 371

LEVEN, R., KOCH, B.-P., POMPE, B.: Chaos in dissipativen Systemen. Akademie-Verlag, WTB-Reihe, Berlin 1989

LEVEN, R., ALBRECHT, B.: in Vorbereitung

LI, K.-H.: Physics of Open Systems. Physics Reports **134** (1986) 1

LICHTENBERG, A. J., LIEBERMAN, M. A.: Regular and Stochastic Motion. Springer-Verlag, Berlin 1983

LIN, J., KAHN, P. B.: Limit Cycles in Random Environments. Siam J. Appl. Math. **32** (1977) 260

LIND, J.: Newborn Infant Cry. Almquist und Wiksells Boktrycheri, AB, Uppsala 1965

LINDE, A. D.: Elementary Particles and Cosmology. Rep. Progr. Phys. **47** (1984) No 8; Proc. XXII Int. Conf. High Energy Physics. Vol. II. p. 125, Leipzig 1984

LJAPUNOV, A. M.: Gesammelte Werke in 2 Bänden (*russ.*). Verl. d. Akad. d. Wiss. d. UdSSR, Moskau 1954

LOPUSHANSKAYA, A. I. (Hrsg.): Thermodynamics of Irreversible Processes. Nauka, Moskau 1987

LORENZ, E. N.: Deterministic Nonperiodic Flow. J. Atmos. Sci. **20** (1963) 130

LORENZ, E. N.: The Growth of Errors in Prediction. *In*: Turbulence and Predictability in Geophysical Fluid Dynamics and Climate Dynamics. Bologna 1985

LOTKA, A.: Zur Theorie der periodischen Reaktionen. Z. phys. Chemie **72** (1910) 508

LOVEJOY, S.: Area-Perimeter Relation for Rain and Cloud Areas. Science **216** (1982) 185

LÜCKE, M.: Strömung zwischen konzentrischen koaxialen Zylindern. *In*: Nichtlineare Dynamik in kondensierter Materie. KFA, Jülich 1983

LUMSDEN, C. J., WILSON, E. O.: Genes, Mind and Culture. Harvard University Press, Cambridge (Mass.) 1981

MA, S.: Calculation of Entropy from Data of Motion. J. Stat. Phys. **26** (1981) 221

MALCHOW, H., SCHIMANSKY-GEIER, L.: Noise and Diffusion in Bistable Nonequilibrium Systems. Teubner-Texte zur Physik, Bd. 5, Leipzig 1985

MANDELBROT, B. B.: The Fractal Geometry of Nature. Freemann, New York 1983; Dt. Ausgabe: Akademie-Verlag, Berlin und Birkhäuser, Basel 1988

MARECHAL, M., KESTEMONT, E.: J. Stat. Phys. **48** (1987) 1187

MARKUS, M., MÜLLER, S. C., HESS, B.: Observation of Entraintment, Quasiperiodicity and Chaos in Glycolyzing Yeast Extracts under Periodic Glucose Input. Ber. Bunsenges. Phys. Chem. **89** (1985) 651

MARTIN, A., ENGLAND, A.: Mathematical Theory of Entropy. Addison-Wesley Publ. Co., London 1981

MATKOWSKY, B. J., SCHUSS, Z.: The Exit Problem for Randomly Perturbed Dynamical Systems. Siam J. Appl. Math. **33** (1977) 365

MATURANA, H. R., VARELA, F. J.: Der Baum der Erkenntnis. Scherz-Verlag, Bern 1987

MAY, R. M.: Simple Mathematical Models With Very Complicated Dynamics. Nature **261** (1976) 459

MENDE, W., HERZEL, H., WERMKE, K.: Bifurcations and Chaos in Newborn Infant Cries. Phys. Lett. **145 A** (1990) 418

MICHELSSON, K., WASZ-HOECKERT, O.: The Value of Cry Analysis in Neonatology and Early Infancy. *In*: Infant Communication. Cry and

Early Speech (Hrsg.: T. Murray, J. Murray). College Hill Press, Houston 1980

MISRA, B.: Fields as Kolmogorov Flows. J. Stat. Phys. **48** (1987) 1295

MISRA, B., PRIGOGINE, I.: Lett. Math. Phys. **7** (1983) 421

MONIN, A. S., JAGLOM, A. M.: Statistische Hydrodynamik (*russ.*). 2 Bände, Nauka, Moskau 1965, 1967

MOON, F. C.: Experiments on Chaotic Motions of a Forced Nonlinear Oscillator. J. Appl. Mech. **47** (1980) 638

MOSS, F.: private communication, 1988

NEIMARK, JU. I., LANDA, P. S.: Stochastische und chaotische Schwingungen (*russ.*). Nauka, Moskau 1987

NICOLIS, J. S.: Chaotic Dynamics Applied to Biological Information Processing. Akademie-Verlag, Berlin 1987

NICOLIS, G., PRIGOGINE, I.: Selforganization in Non-Equilibrium Systems. Wiley, New York 1977

NICOLIS, G., PRIGOGINE, I.: Exploring Complexity. Piper-Verlag, München 1987

NIKURADSE, I.: Gesetzmäßigkeiten der turbulenten Strömung in glatten Rohren. Forschg. Arb. Ing. Wes. **356** (1932); Probleme der Turbulenz (*russ.*). ONTI, Moskau 1936

OLSEN, L. F.: The Enzym and the Strange Attractor — Comparisons of Experimental and Numerical Data for an Enzyme Reaction with Chaotic Motion. *In*: Stochastic Phenomena and Chaotic Behavior in Complex Systems (Hrsg.: P. Schuster). Springer Series in Synergetics **21** (1984) 116

ORBAN, J., BELLEMANS, A.: Velocity-Inversion and Irreversibility in a Dilute Gas of Hard Disks. Phys. Lett. **24 A** (1967) 620

OSELEDEC, V. J.: A Multiplicative Ergodic Theorem. Lyapunov Characteristic Numbers for Dynamical Systems. Trudy Mosk. Mat. Obsc. **19** (1968) 179

OTTENSMEYER, R.: Dynamik der heterogen katalysierten Oxidation von Äthanol. Diss. A, Bremen 1987

PARTHEY, H. (Hrsg.): Das Neue. Seine Entstehung und Aufnahme in Wissenschaft und Technik. Akademie-Verlag, Berlin 1989

PAWULA, R. F.: Generalizations and Extensions of the Fokker-Planck-Kolmogorov Equations. IEEE Trans. Inform. Theory **13** (1967) 33 vgl. Phys. Rev. **162** (1967) 186

PESCHEL, M., MENDE, W.: The Predator-Prey Model: Do we live in a Volterra World? Akademie-Verlag, Berlin 1986

PETROSKY, T. Y., PRIGOGINE, I.: A New Level of Irreversibility. Origin of Black-Body Radiation? Proc. Int. Symp. "Fluctuation and Relaxation in Condensed Phase", Kyoto 1988; Poincaré's Theorem and Unitary Transformations for Classical and Quantum Systems. Physica **147 A** (1988) 439

PLANCK, M.: Die Einheit des physikalischen Weltbildes. Phys. Zeitschr.

10 (1909) 62; Physikalische Abhandlungen und Vorträge Bd. III. Vieweg, Braunschweig 1958, 6

Plath, P. J.: unveröffentlicht

Plath, P. J., Möller, K., Jaeger, N. I.: Cooperative Effects in Heterogeneous Catalysis (Part II). J. Chem. Soc., Faraday Trans. **84** (1988) 1751

Poincaré, H.: Les Méthodes Nouvelles de la Mécanique Celeste (Bd. 1–3). Gauthier-Villars, Paris 1892, 1893, 1899

Poston, T., Stewart, J.: Catastrophe Theory and its Applications. Pitman, London 1978

Prigogine, I.: Theoretical Physics and Biology. (Hrsg. M. Marois) Amsterdam 1969

Prigogine, I.: Vom Sein zum Werden. Zeit und Komplexität in den Naturwissenschaften. Piper-Verlag, München 1979

Prigogine, I.: The Microscopic Meaning of Irreversible Processes. Vortrag auf der Hauptjahrestagung der Chem. Ges. d. DDR, Leipzig 1987. Z. physik. Chem. **270** (1989) 477

Prigogine, I., Stengers, I.: Dialog mit der Natur. Piper-Verlag, München 1981

Prigogine, I., Stengers, I.: Entre le Temps et l'Eternite. Fayard, Paris 1988

Rasmusson, E., Wallace, J. M.: Meteorological Aspects of the El Nino/ Southern Oscillation. Science **222** (1983) 1195

Rayleigh, J. W.: Die Theorie des Schalls. Vieweg und Sohn, Braunschweig 1879

Rechenberg, I.: Evolutionsstrategie – Optimierung technischer Systeme nach Prinzipien der biologischen Information. Fromman-Verlag, Stuttgart 1973

Reichardt, H.: Vollständige Darstellung der turbulenten Geschwindigkeitsverteilung in glatten Leitungen. ZAMM **31** (1951) 208

Rensing, L., Jaeger, N. I. (Hrsg.): Temporal Order. Springer-Verlag, Berlin 1985

Renyi, A.: Probability Theory. North-Holland, Amsterdam 1970; Wahrscheinlichkeitsrechnung. Dt. Verlag der Wiss., Berlin 1977

Röpke, G.: Statistische Mechanik für das Nichtgleichgewicht. Dt. Verlag der Wiss., Berlin 1987

Rössler, O. E.: Chaotic Behaviour in Simple Reaction Systems. Zeitschr. f. Naturforsch. **31a** (1976) 259

Romanovskij, Yu. M., Stepanova, N. V., Chernavskij, D. S.: Mathematische Biophysik (*russ.*), Nauka, Moskau 1984

Rompe, R., Treder, H. J.: Über Physik. Akademie-Verlag, Berlin 1979

Rompe, R., Treder, H. J., Ebeling, W.: Zur Großen Berliner Physik. Teubner-Verlag, Leipzig 1987

Roth, M.: Die intelligente Maschine. Urania-Verlag, Leipzig 1988

Roux, J. C., Simoyi, P. H., Swinney, H. L.: Observation of a Strange Attractor. Physica **8D** (1983) 257

RUELLE, D.: Diagnosis of Dynamical Systems With Fluctuating Parameters. Proc. R. Soc. Lond. **413 A** (1987) 5

RUELLE, D., TAKENS, F.: On the Nature of Turbulence. Comm. Math. Phys. **20** (1971) 167

SANO, M., SAWADA, Y.: Measurement of the Lyapunov Spectrum From a Chaotic Time Series. Phys. Rev. Lett. **55** (1985) 1082

SCHLICHTING, H.: Grenzschichttheorie. Braun-Verlag, Karlsruhe 1951

SCHMIDT, G.: Parametererregte Schwingungen. Dt. Verlag der Wiss., Berlin 1975

SCHIMANSKY-GEIER, L.: Zu Rauschen und Diffusion in bistabilen und oszillierenden Systemen. Diss. B, Berlin 1986

SCHIMANSKY-GEIER, L.: Effect of Additive Colored Noise on the Motion in an External Field. Phys. Lett. **126 A** (1988) 455

SCHIMANSKY-GEIER, L., TOLSTOPJATENKO, A. V., EBELING, W.: Effect of Additive White Noise on Hopf-Bifurcating Systems. Phys. Lett. **108 A** (1985) 329

SCHULMEISTER, TH.: Chaos in a Lotka Scheme with Depot. studia biophysica **72** (1978) 205

SCHULMEISTER, TH., HERZEL, H.: Chaos in Forced Selkov Systems. ZAMM **66** (1986) 375

SCHULMEISTER, TH., SELKOV, E. E.: Dynamical Properties of a Generalized Lotka-Model. studia biophysica **65** (1977) 121

SCHUSTER, P.: Dynamics of Molecular Evolution. Physica **22 D** (1986) 100

SCHUSTER, P.: Structure and Dynamics of Replication-Mutation Systems. Physica Scripta **35** (1987) 402

SCHWEFEL, H. P.: Numerische Optimierung von Computerwellen mittels der Evolutionsstrategie. Birkhäuser-Verlag, Basel 1977

SELKOV, E. E.: Self-Oscillations in Glycolysis. A Simple Kinetic Model. Europ. J. Biochem. **4** (1968) 79

SELIGMAN, T. H., VERBAARSCHOT, J. J. M., ZIRNBAUER, M. R.: Scale-Invariant Lyapunov Exponents For Classical Hamiltonian Systems. Phys. Lett. **110 A** (1985) 231

SHANNON, C. E.: A Mathematical Theory of Communication. The Bell System Technical Journal **27** (1948) 379; 623

SHEINTUCH, M., LUSS, D.: Dynamic Features of two Ordinary Differential Equations With Widely Separated Time Scales. Chem. Engng. Sci. **40** (1985) 1653

SHEINTUCH, M., LUSS, D.: Identification of Observed Dynamic Bifurcations and Development of Qualitative Models. Chem. Engng. Sci. **42** (1987*a*) 41

SHEINTUCH, M., LUSS, D.: Identification of Observed Dynamic Centres For Analysis of Experimental Data. Chem. Engng. Sci. **42** (1987*b*) 233

SHIMADA, I., NAGASHIMA, T.: A Numerical Approach to Ergodic Problems of Dissipative Dynamical Systems. Progr. Theor. Phys. **61** (1979) 1605

SINAI, Y.: JMH **25** (1970) 141

SINAI, Y.: Uspekhi Math. Nauk **27** (1972) 137

STERN, V. N.: Geordnete Strukturen bei der Entstehung und Entwicklung der Turbulenz (*russ.*). *In*: Mathematische Mechanismen der Turbulenz. Inst. f. Math. AN USSR, Kiev 1986, 122

STOOP, R., MEIER, P. F.: Evaluation of Lyapunov Exponents and Scaling Functions from Time Series. J. Opt. Soc. Am. B. **5** (1988) 1037

STRATONOVICH, R. L.: Topics in the Theory of Random Noise. Gordon and Breach, New York 1963

STRATONOVICH, R. L.: Nichtlineare Thermodynamik des Nichtgleichgewichts (*russ.*). Nauka, Moskau 1985

SWINNEY, H. L.: Observation of Order and Chaos in Nonlinear Systems. Physica **7 D** (1983) 3

SWINNEY, H. L., GOLLUB, J. P. (Hrsg.): Hydrodynamic Instabilities and the Transition to Turbulence. Springer-Verlag, New York 1981

TAKENS, F.: Detecting Strange Attractors in Turbulence. *In*: Dynamical Systems and Turbulence. Lecture Notes in Math. 898, Springer-Verlag, Berlin 1981, 366

TAUBENHEIM, J.: Statistische Auswertung geophysikalischer und meteorologischer Daten. Akad. Verlagsges. Geest & Portig, Leipzig 1969

TEL, T.: On the Stationary Distribution of Self-Sustained Oscillations Around Bifurcation Points. J. Stat. Phys. **50** (1988) 897

TEMBROCK, G.: Innovationsstrategien im organismischen Verhalten. *In*: Das Neue (Hrsg.: H. Parthey). Akademie-Verlag, Berlin 1989

THOM, R.: Topological Models in Biology. Topology **8** (1969) 313

THOM, R.: Structural Stability and Morphogenesis. Benjamin, New York 1975

TICHONOV, V. I., MIRONOV, M. A.: Markovsche Prozesse (*russ.*). Sovetskoe Radio, Moskau 1977

TOLSTOPJATENKO, A. V., SCHIMANSKY-GEIER, L.: On the Properties of the Non-Equilibrium Potential Near Bifurcation Points. *In*: Selforganization by Nonlinear Irreversible Processes (Hrsg.: W. Ebeling, H. Ulbricht). Springer Series in Synergetics **33** (1986) 76

TOMITA, K.: Chaotic Response of Nonlinear Oscillators. Phys. Rep. **86** (1982) 113

TOMITA, K., TOMITA, H.: Irreversible Circulation of Fluctuation. Prog. Theor. Phys. **51** (1974) 1731

UEDA, Y., HAYASHI, C., AKAMATSU, N.: Computer Simulation of Nonlinear Ordinary Differential Equations and Nonperiodic Oscillations. Electronics and Commun. in Japan **56 A** (1973) 2

VALLIS, G. K.: El Niño: A Chaotic Dynamical System? Science **232** (1986) 243

VALUEV, A. A., NORMAN, G. F., PODLIPSHUK, V. Yu.: Equations of Molecular Dynamics. *In*: LOPUSHANSKAYA (1987)

VÖLZ, H.: Information. Akademie-Verlag, Berlin 1982 (Bd. I), 1983 (Bd. II)

VASILIEV, V. A., ROMANOVSKIJ, YU. M., CHERNAVSKIJ, D. S., YAKHNO, V. G.: Autowave Processes in Kinetic Systems. Akademie-Verlag, Berlin 1987

WEHRL, A.: General Properties of Entropy. Rev. Mod. Phys. **50** (1978) 221

WEISSMANN, M. B.: 1/*f* Noise and Other Slow, Nonexponential Kinetics in Condensed Matter. Rev. Mod. Phys. **60** (1988) 537

WERMKE, K.: Begründung und Nachweis der Eignung des Säuglingsschreies als Indikator für zentralnervöse Funktionsstörungen des Neugeborenen — Fallstudien unter Einsatz von speziellen Computerverfahren. Diss. A, Berlin 1987

WERMKE, K., GRAUEL, L.: Diagnose aus dem Schrei. Spektrum **10** (1988) 1

WERMKE, K., MENDE, W., GRAUEL, L., WILZOPOLSKI, K., SCHMUCKER, U., SCHROEDER, G.: The Significance and Determination of Pitch in Newborn Cries and the Melodyspectrum as a Measure of Fundamental Frequency Variability. Cry Report, Spec. Issue 1987, Massay Univ. Press, Palmerston North, S. 57

WISDOM, J.: Chaotic Behaviour in the Solar System. Proc. R. Soc. Lond. **413 A** (1987) 100

WOLF, A., SWIFT, J. B., SWINNEY, H. L., VASTANO, J. A.: Determining Lyapunov Exponents From a Time Series. Physica **16 D** (1985) 285

WOLKENSTEIN, M. W.: Biophysik (*russ.*). Nauka, Moskau 1988

WOLKENSTEIN, M. W.: Entropie und Information. Akademie-Verlag, Berlin 1989

WYRTKI, K.: El Niño — the Dynamic Response of the Equatorial Pacific Ocean to Atmospheric Forcing. J. Phys. Ocean. **5** (1975) 572

ZASLAVSKIJ, A. J.: Stochasticity of Dynamical Systems. Nauka, Moskau 1984

ZHABOTINSKY, M. H.: Selbsterregte Konzentrationsschwingungen (*russ.*). Nauka, Moskau 1974

ZUBAREV, D. N.: Statistische Thermodynamik für das Nichtgleichgewicht. Akademie-Verlag, Berlin 1976

Sachverzeichnis

ISBN 3-05-500709-3
ISSN 0084-098X

Die Autoren

- geben einen Überblick über die Vielfalt zeitlicher Strukturen (selbsterregte Schwingungen, chaotische Dynamik, Effekte von weißem und farbigem Rauschen u. a. m.)
- diskutieren die Beziehungen von Reversibilität und Irreversibilität
- stellen verschiedene Entropiebegriffe vor und erläutern die Entropie als Ordnungsmaß
- erläutern Methoden der Zeitreihenanalyse und wenden sie auf Daten aus verschiedensten Gebieten an (chemische Reaktionssysteme, Klimadaten, Säuglingsschreie)
- diskutieren verschiedene zeitliche Aspekte der Evolution
- wenden sich an einen breiten Kreis von Studenten und Wissenschaftlern, die sich für Aspekte der Selbstorganisation in nichtlinearen Systemen interessieren.

WISSENSCHAFTLICHE TASCHENBÜCHER

Zeitfracht Medien GmbH
Ferdinand-Jühlke-Straße 7
99095 Erfurt, Deutschland
produktsicherheit@kolibri360.de